Nationalpark-Forschung in der Schweiz
Band 110

Haupt

Nationalpark-Forschung in der Schweiz
Herausgegeben von der Forschungskommission des Schweizerischen Nationalparks – eine Kommission der Akademie der Naturwissenschaften Schweiz SCNAT

Recherches scientifiques au Parc National Suisse
Publié par la Commission de recherche du Parc National Suisse – une Commission de l'Académie suisse des sciences naturelles SCNAT

Ricerca scientifica sul Parco Nazionale Svizzero
Pubblicato dalla Commissione di ricerca del Parco Nazionale Svizzero – una Commissione dell'Accademia svizzera di scienze naturali SCNAT

Perscrutaziuns scientificas en il Parc Naziunal Svizzer
Publitgà da la Cumissiun da perscrutaziun dal Parc Naziunal Svizzer – ina Cumissiun da l'Academia svizra da las scienzas natiralas SCNAT

Scientific Research in the Swiss National Park
Published by the Research Council of the Swiss National Park – A Council of the Swiss Academy of Sciences SCNAT

scnat akademie der naturwissenschaften

parc naziunal svizzer

Früherer Titel der Reihe (bis Nr. 84):
Ergebnisse der wissenschaftlichen Untersuchungen im Schweizerischen Nationalpark
(vgl. Verzeichnis der bisher erschienenen Arbeiten am Schluss des Buches)

Stefanie Gubler und Christopher T. Robinson
(Hrsg.)

Alpine Ökosysteme im Schweizerischen Nationalpark

Die Seenplatte Macun

Haupt Verlag

Herausgeberin:	Forschungskommission des Schweizerischen Nationalparks, eine Kommission der Akademie der Naturwissenschaften Schweiz (SCNAT)
Bandherausgebende:	Stefanie Gubler und Christopher T. Robinson
Begutachtung:	Angelika Abderhalden, Noé Balsiger, Stefanie Gubler, Ruedi Haller, Anita Risch, Markus Stoffel, Christoph Vorburger, Sonja Wipf, Stephan Zimmermann
Lektorat:	Andrea Weibel (Lektorat Andrea Weibel)
Karten:	Christine Rösch, Tamara Estermann, Samuel Wiesmann (Schweizerischer Nationalpark)
Umschlaggestaltung, Layout und Satz:	Die Werkstatt Medien-Produktion GmbH, Göttingen
Zitiervorschlag:	Gubler, S. & Robinson, C.T. (Hrsg.) (2025) Alpine Ökosysteme im Schweizerischen Nationalpark – die Seenplatte Macun. Nat.park-Forsch. Schweiz 110
Umschlagbild:	Übersicht über die Seenplatte Macun mit seinen Blockgletschern und Seen. Foto: Hans Lozza (Schweizerischer Nationalpark)
Bemerkung:	Die Verantwortung für die Inhalte der einzelnen Kapitel liegt bei den jeweiligen Autor:innen.

Die Herausgeber:innen und der Verlag danken folgenden Institutionen für ihren Beitrag zur Publikation dieses Buchs: Kiefer Hablitzel Stiftung und Biedermann-Mantel-Stiftung.

Die ganzseitigen Fotos im Buch stammen von der Forschungsdrohne zur Vermessung der Blockgletscher B1 und B3 am 11. November 2024 (97 m über Grund). Die Aufnahmen entstanden bei schönem Spätherbstwetter, fast ohne Schnee, aber mit Seen, die teils von klarem Schwarzeis bedeckt waren.
Fotos: Schweizerischer Nationalpark / Samuel Wiesmann mit Unterstützung durch Parkwächter Not Armon Willy
Bildauswahl und -bearbeitung: Tamara Estermann und Stefanie Gubler

1. Auflage: 2025

ISBN 978-3-258-08422-0 (Print)

FSC www.fsc.org
MIX
Papier | Fördert gute Waldnutzung
FSC® C106600

Wir drucken mit mineralölfreien Farben und verwenden FSC®-zertifiziertes Papier. FSC® sichert die Nutzung der Wälder gemäß sozialen, ökonomischen und ökologischen Kriterien.
Gedruckt in Slovenien.

Diese Publikation ist in der Deutschen Nationalbibliografie verzeichnet. Mehr Informationen dazu finden Sie unter http://dnb.dnb.de.

Der Haupt Verlag wird vom Bundesamt für Kultur für die Jahre 2021–2025 unterstützt.

Haupt Verlag AG
Falkenplatz 14
3012 Bern
SCHWEIZ
herstellung@haupt.ch
www.haupt.ch

Verantwortlich in der EU (GPSR):
Brockhaus Kommissionsgeschäft GmbH
Kreidlerstr. 9
70806 Kornwestheim
DEUTSCHLAND
haupt@brocom.de

Autorinnen und Autoren:
Jogscha Abderhalden, Western Norway University of Applied Sciences, Sogndal, Norwegen
Guido Ackermann, Heiligkreuz (Mels)
Pia Anderwald, Parc Naziunal Svizzer, Zernez
Stephan Bader, Bundesamt für Meteorologie und Klimatologie MeteoSchweiz, Zürich-Flughafen
Bruno Baur, Universität Basel, Basel
Michael Begert, Bundesamt für Meteorologie und Klimatologie MeteoSchweiz, Zürich-Flughafen
Simon Bloem, Wasserforschungsinstitut des ETH-Bereichs Eawag, Dübendorf
Christophe Bornand, InfoFlora, Bern
Niklas Bosch, HYDRA AG, Kreuzlingen
Eliane Demierre, Haute école du paysage, d'ingénierie et d'architecture de Genève (HEPIA), Genf
Christian Ebi, Wasserforschungsinstitut des ETH-Bereichs Eawag, Dübendorf
Stefan Eggenberg, InfoFlora, Bern
Silvia Egler, Zernez
Tamara Estermann, Parc Naziunal Svizzer, Zernez
Julie C. Fahy, Haute école du paysage, d'ingénierie et d'architecture de Genève (HEPIA), Genf
Bogdan Favre, Université de Neuchâtel, Neuenburg
Flurin Filli, Parc Naziunal Svizzer, Zernez
Robert Giacometti, Zernez
José D. Gilgado, University of Alcalá, Madrid, Spanien
Andres Grolimund, Wasserforschungsinstitut des ETH-Bereichs Eawag, Dübendorf
Stefanie Gubler, Akademie der Naturwissenschaften Schweiz, Bern
Ruedi Haller, Parc Naziunal Svizzer, Zernez
John Hesselschwerdt, HYDRA AG, Kreuzlingen
Lukas Inderbitzin, Amt für Wald und Natur, Schwyz
Hannes Jenny, Zizers
Claire Le Bayon, Université de Neuchâtel, Neuenburg
Brigitte Lods-Crozet, Muséum cantonal des sciences naturelles, Lausanne
Hans Lozza, Parc Naziunal Svizzer, Zernez
Christoph Marty, WSL-Institut für Schnee- und Lawinenforschung SLF, Davos
Jürg Paul Müller, Science & Communication, Bonaduz
Mathis Müller, Pfyn
Beat Oertli, Haute école du paysage, d'ingénierie et d'architecture de Genève (HEPIA), Genf
Jérôme Pellet, n+p biologie, Lausanne
Łukasz Peszek, University of Rzeszów, Rzeszów, Polen
Eric Pointner, Rovina & Partner AG, Visp
Peter Rey, HYDRA AG, Kreuzlingen
Christian Rixen, WSL-Institut für Schnee- und Lawinenforschung SLF, Davos
Christopher T. Robinson, Wasserforschungsinstitut des ETH-Bereichs Eawag, Dübendorf
Christine Rösch, Parc Naziunal Svizzer, Zernez
Hans-Peter Rusterholz, Universität Basel, Basel
Christoph Scheidegger, Eidgenössische Forschungsanstalt für Wald, Schnee und Landschaft WSL, Birmensdorf
Simon C. Scherrer, Bundesamt für Meteorologie und Klimatologie MeteoSchweiz, Zürich-Flughafen
Markus Stoffel, Université de Genève, Genf
Pascal Vittoz, Université de Lausanne, Lausanne
Stefanie von Fumetti, Universität Basel, Basel
Christoph Vorburger, Wasserforschungsinstitut des ETH-Bereichs Eawag, Dubendorf
Diego Walder, Sezione forestale cantonale, Bellinzona
Wanda Wietlisbach, Université de Lausanne, Lausanne
Samuel Wiesmann, Parc Naziunal Svizzer, Zernez
Not Armon Willy, Parc Naziunal Svizzer, Zernez
Sonja Wipf, Parc Naziunal Svizzer, Zernez
Stephan Zimmermann, Eidgenössische Forschungsanstalt für Wald, Schnee und Landschaft WSL, Birmensdorf

Lai d'Immez mit Brücke und Schatten der me-
rologischen Station (unten, links vom Weg)

Inhaltsverzeichnis

Vorwort 13

Kapitel 1: Das Kar der Seenplatte Macun: eine alpine Landschaft im Schweizerischen Nationalpark 17

Christopher T. Robinson, Stefanie Gubler und Ruedi Haller

Kapitel 2: Erinnerungen an Macun – vor der Eingliederung des Gebiets in den Schweizerischen Nationalpark 21

Robert Giacometti, Silvia Egler und Andres Grolimund

2.1 Macun und der Lai dal Dragun 21

2.2 Die Nutzung von Macun vor dem Jahr 2000 22

2.3 Macun als Teil des Schweizerischen Nationalparks 28

Kapitel 3: Das Klima der Seenplatte Macun 31

Stefanie Gubler, Jogscha Abderhalden, Stephan Bader, Michael Begert, Simon Bloem, Christian Ebi, Christoph Marty, Simon C. Scherrer und Samuel Wiesmann (nach Erstautorin alphabetisch aufgeführt)

3.1 Das Klima des Schweizerischen Nationalparks – eine kurze Übersicht 31

Simon C. Scherrer, Stephan Bader und Stefanie Gubler

3.2 Von der Parkgründung bis heute: Die klimatische Entwicklung im SNP 32

Stephan Bader, Stefanie Gubler, Michael Begert und Simon C. Scherrer

3.2.1 Mehr Wärme 32

3.2.2 Die Erwärmung im räumlichen Vergleich 33

3.2.3 Aktuell weniger Niederschlag 34

3.3 Das Klima seit Eingliederung von Macun in den Nationalpark 35

Stefanie Gubler und Simon C. Scherrer

3.3.1 Ausgeprägter Temperaturanstieg 36

3.3.2 Weniger Niederschlag seit 2010 38

3.4 Wetterbeobachtungen auf der Seenplatte Macun 38

Christian Ebi, Simon Bloem, Stefanie Gubler und Simon C. Scherrer

3.5 Das Klima auf Macun und Buffalora im Vergleich 41

Stefanie Gubler, Stephan Bader, Michael Begert, Christian Ebi, Simon Bloem und Simon C. Scherrer

3.5.1 Im Winter vergleichbar – im Sommer auf Macun deutlich kühler 41

3.5.2 Schwächere Tag-Nacht-Schwankungen 44

3.5.3 Vergleichbare Niederschläge 45

3.5.4 Etwas schwächere Globalstrahlung 45

3.5.5 Stärkere Winde und Prägung durch die Topografie 46

3.5.6 Geringerer Luftdruck – gleicher Verlauf 48

3.6 Die Schneedecke auf Macun ... 48

Christoph Marty, Stefanie Gubler und Simon C. Scherrer

3.6.1 Schneehöhenverlauf ... 49

3.6.2 Zeitliche Entwicklung im räumlichen Vergleich ... 50

3.7 Boden- und Oberflächentemperaturen im Gebiet Macun Chavagliet ... 51

Jogscha Abderhalden und Samuel Wiesmann

3.7.1 Temperaturlogger ... 51

3.7.2 Fernerkundung von Oberflächentemperaturen ... 52

3.7.3 Verläufe der Boden- und Oberflächentemperaturen ... 53

3.8 Fazit ... 55

Kapitel 4: Geologie und Geomorphologie der Seenplatte Macun ... 59

Markus Stoffel, Lukas Inderbitzin, Eric Pointner, Christine Rösch, Tamara Estermann, Samuel Wiesmann und Hans Lozza

4.1 Die etwas andere Geologie ... 59

4.2 Spuren der Eiszeiten und Gletscher ... 66

4.3 Das Wechselspiel von Frost und Tau ... 69

4.4 Blockgletscher so weit das Auge reicht ... 71

4.5 Die Landschaft im Klimawandel – Rückblick und Ausblick ... 74

Kapitel 5: Ökohydrologie der Oberflächengewässer im Kar auf Macun ... 77

Christopher T. Robinson, Christian Ebi, Julie C. Fahy, Eliane Demierre und Beat Oertli

5.1 Alpine Gewässer im Wandel ... 77

5.2 Langzeit-Monitoring alpiner Gewässer auf Macun ... 80

5.2.1 Stehende Gewässer (Seen und Weiher) ... 80

5.2.2 Fliessgewässer ... 81

5.2.3 Fortlaufendes Monitoring in der Nähe des Abflusses des Lai d'Immez ... 82

5.3 Wasserchemie und Temperaturveränderungen der Gewässern ... 82

5.3.1 Stehende Gewässer (Seen und Weiher) ... 82

5.3.2 Wassertemperatur in den Weihern ... 83

5.3.3 Fliessgewässer ... 84

5.3.4 Fortlaufendes Monitoring in der Nähe des Abflusses des Lai d'Immez ... 86

5.4 Diskussion ... 89

5.4.1 Seen und Weiher von Macun ... 89

5.4.2 Fliessgewässer von Macun ... 89

5.5 Zusammenfassung ... 91

Kapitel 6: Böden und Vegetation ... 95

Pascal Vittoz, Claire Le Bayon, Wanda Wietlisbach und Bogdan Favre

6.1 Kontext und Methoden ... 95

6.2 Diversität der Pflanzengesellschaften 96
6.2.1 Krummseggenrasen (*Caricion curvulae*) 96
6.2.2 Kalkarmes Schneetälchen (*Salicion herbaceae*) 98
6.2.3 Alpine Silikatschuttflur (*Androsacion alpinae*) 98
6.2.4 Andere Lebensräume 99
6.3 Böden und Humusformen 100
6.3.1 Geringmächtige, wenig differenzierte Böden 100
6.3.2 Wenig entwickelte Böden mit Verlagerungsprozessen 103
6.3.3 Böden mit fortgeschrittener Bodenbildung 103
6.3.4 Böden und ihre funktionalen Zusammenhänge 105
6.4 Verteilung von Böden und Pflanzengesellschaften in der Landschaft 107
6.4.1 Temperatur 108
6.4.2 Wasser 108
6.4.3 Natur und Alter des Substrats 108
6.4.4 Topografie 109
6.5 Fazit 112

Kapitel 7: Quellen 115

Stefanie von Fumetti

7.1 Einführung in den Lebensraum Quelle 115
7.2 Quellen oberhalb der Waldgrenze 117
7.3 Die Quellen auf der Seenplatte Macun 119
7.4 Quellen auf Macun und in anderen hochalpinen Regionen Graubündens im Vergleich 123
7.5 Ausblick 124

Kapitel 8: Flora und Fauna von Oberflächengewässern 127

Christopher T. Robinson, Niklas Bosch, Eliane Demierre, Julie Fahy, John Hesselschwerdt, Brigitte Lods Crozet, Beat Oertli, Łukasz Peszek und Peter Rey (nach Erstautor alphabetisch aufgeführt)

8.1 Zooplankton und Diatomeen 127

Łukasz Peszek und Christopher T. Robinson

8.1.1 Diversität des Zooplanktons in den Macun-Seen 127
8.1.2 Diatomeen (Kieselalgen) 129
8.1.3 Untersuchungen von Diatomeen im Schweizerischen Nationalpark 129
8.1.4 Allgemeine Methoden 130
8.1.5 Resultate 131
8.2 Aquatische Makroinvertebraten 135

Beat Oertli, Eliane Demierre, Julie Fahy, Brigitte Lods-Crozet und Christopher T. Robinson

8.2.1 Eine zwanzigjährige Bestandsaufnahme der Makroinvertebraten in Seen und Bächen ... 135
8.2.2 51 Taxa in den Seen und Weihern – mehrere bedrohte Arten ... 138
8.2.3 Makroinvertebraten typisch für Süsswasserökosysteme in höheren Lagen ... 139
8.2.4 Starke Zugehörigkeit der Makroinvertebraten in Fliessgewässern zum Einzugsgebiet ... 139
8.2.5 Vergleich von Makroinvertebraten aus Weihern und Bächen ... 140
8.2.6 Klimawandel und langfristige Trends in den Makroinvertebratengemeinschaften ... 141
8.2.7 Ein Fokus auf Chironomiden (Diptera) ... 141
8.2.8 Drei neue Arten entdeckt ... 144
8.2.9 Schutzmassnahmen für die Zukunft ... 147

8.3 Fische ... 147

Niklas Bosch, John Hesselschwerdt und Peter Rey

8.3.1 Wie kamen die Fische nach Macun? ... 147
8.3.2 In welchen Seen und Weihern Macuns kommen Fische vor? ... 148
8.3.3 Die körperliche Verfassung der Fische von Macun ... 151
8.3.4 Wachstum, Alter und Laichreife ... 152
8.3.5 Die Nahrung der Fische auf Macun ... 153
8.3.6 Fortpflanzung ... 156
8.3.7 Überlebenskünstler in grosser Höhe ... 157

Kapitel 9: Flora, Flechten und Fauna der terrestrischen Landschaften ... 163

Guido Ackermann, Pia Anderwald, Bruno Baur, Christophe Bornand, Stefan Eggenberg, Flurin Filli, José D. Gilgado, Hannes Jenny, Jürg Paul Müller, Mathis Müller, Jérôme Pellet, Christian Rixen, Hans-Peter Rusterholz, Christoph Scheidegger, Diego Walder, Not Armon Willy, Sonja Wipf und Stephan Zimmermann (Autor:innen alphabetisch geordnet)

9.1 Der Zwerg von Macun – Verbreitung, Ökologie und Geschichte der glazialen Reliktpflanzenart *Ranunculus pygmaeus* (Zwerg-Hahnenfuss) auf Macun ... 163

Sonja Wipf, Christophe Bornand, Stefan Eggenberg, Christian Rixen und Diego Walder

9.1.1 Einleitung ... 163
9.1.2 Artbeschreibung, Verbreitung und Habitat ... 164
9.1.3 Weltweite und lokale genetische Untersuchungen ... 165
9.1.4 Entdeckung des Zwerg-Hahnenfusses auf Macun ... 165
9.1.5 Historische Erforschung und Herbarbelege des Zwerg-Hahnenfusses auf Macun ... 166
9.1.6 Heutige Vorkommen in der Schweiz und Fundorte auf Macun ... 167
9.1.7 Aktuelle und zukünftige Gefährdung ... 168

9.2 Flechten ... 169

Christoph Scheidegger

9.2.1 Einleitung ... 169
9.2.2 Vielfalt der Flechten auf Macun ... 170

9.2.3 Wachstum und Alter von Flechten auf Macun ... 176
9.3 Bodenlebende Gliedertiere ... 179
Bruno Baur, José D. Gilgado, Stephan Zimmermann und Hans-Peter Rusterholz
9.3.1 Die Seenplatte Macun als Lebensraum für bodenlebende Gliedertiere ... 179
9.3.2 Spezielle Artengemeinschaften auf Macun ... 181
9.3.3 Besondere Arten auf Macun ... 183
9.3.4 Fazit ... 188
9.4 Manche mögen's kalt: die Tagfalter und Widderchen auf Macun ... 188
Jérôme Pellet
9.5 Die Vogelwelt der Seenplatte Macun und ihrer Umgebung ... 191
Mathis Müller, Guido Ackermann und Hannes Jenny
9.5.1 Avifaunistische Bedeutung der Seenplatte Macun ... 191
9.5.2 Methodisches ... 192
9.5.3 Brut- und Gastvogelarten auf der Seenplatte Macun ... 192
9.5.4 Fazit ... 203
9.5.5 Ausblick ... 204
9.6 Säugetiere ... 205
Pia Anderwald, Jürg Paul Müller, Not Armon Willy und Flurin Filli
9.6.1 Einleitung ... 205
9.6.2 Huftiere ... 205
9.6.3 Schneehase ... 206
9.6.4 Nagetiere und Insektenfresser ... 206
9.6.5 Rotfuchs ... 207
9.6.6 Marder ... 208

Kapitel 10: Synthese ... 213
Stefanie Gubler und Christopher T. Robinson

Übersicht mit den fünf grossen Macun-Seen
sowie die Weiher M16 und M17.

Vorwort

Die Gründung des Schweizerischen Nationalparks im Jahr 1914 war eine Pionierleistung, deren Wichtigkeit nicht zu überschätzen ist. Er war der erste Nationalpark der Alpen und Mitteleuropas. Darauf darf die Schweiz stolz sein, auch wenn er bis heute leider der einzige Nationalpark des Landes geblieben ist. Von Anfang an diente er nicht nur dem konsequenten Schutz seiner einzigartigen Natur, sondern auch deren Erforschung. Diese wird von der Forschungskommission des Schweizerischen Nationalparks geleitet. Dank ihrer Ausrichtung auf langfristige Beobachtungen liefert diese Forschung laufend wichtige Erkenntnisse, heutzutage besonders auch über die Auswirkungen des Klimawandels auf alpine Lebensräume und ihre Arten.

Bis vor einem Vierteljahrhundert suchte man im Nationalpark einen Lebensraum fast vergeblich: alpine Seen. Man muss die Karte des Nationalparks schon genau betrachten, bis man den Lei da Müschauns am Piz Serra entdeckt, das einzige grössere Seelein im ursprünglichen Gebiet des Parks. Das hat sich mit der Eingliederung des Seenplateaus von Macun in den Nationalpark im Jahr 2000 geändert. Macun, ein von Gletschern geformtes alpines Kar, ist geologisch und hydrologisch sehr interessant und vielfältig. Es weist nicht weniger als fünf Seen und über 30 Weiher und Tümpel auf, die mehrheitlich durch Bäche miteinander verbunden sind. Seit das wunderschöne Gebiet unter Schutz gestellt wurde, dient Macun auch als Langzeit-Untersuchungsgebiet, wie es der Tradition des Nationalparks entspricht.

Dieses Buch liefert eine erste Zusammenfassung der Forschungsarbeiten, die seit 25 Jahren auf der Seenplatte Macun laufen. Von den jeweiligen Expert:innen erfahren wir viel über die Geologie, die Hydrologie und das Klima auf Macun, Faktoren, die die vielfältigen Lebensräume im Wasser und an Land prägen. In mehreren biologischen Kapiteln werden verschiedene Artengruppen vorgestellt, die diese Lebensräume bewohnen. Auf Macun wurden sogar neue Arten entdeckt, die der Wissenschaft bislang unbekannt waren! Ebenfalls bemerkenswert sind die zum Teil markanten Veränderungen, die über einen noch relativ kurzen Untersuchungszeitraum zu beobachten sind, insbesondere bei Wetter und Temperaturen. Das zieht unweigerlich biologische Veränderungen nach sich. Kaum ein Lebensraum verändert sich im Zuge des Klimawandels so rasch und stark wie die Alpen. Dieses Buch bildet darum eine wichtige Grundlage zur Dokumentation und für das Verständnis zukünftiger Entwicklungen. Der wissenschaftliche Wert solcher Langzeitdaten steigt exponentiell mit der Dauer der Beobachtung, weshalb diese Untersuchungen unbedingt weitergeführt werden sollten.

Wie wir in dieser Publikation auch erfahren, hatte Macun immer eine grosse Bedeutung für die lokale Bevölkerung. Die Seenlandschaft wurde – mit der nötigen Ehrfurcht vor dem ansässigen, offenbar gutmütigen Drachen – regelmässig besucht und zur Beweidung, für die Jagd und die Fischerei genutzt. Es ist der Gemeinde Lavin darum hoch anzurechnen, dass sie dieses Juwel dem Nationalpark zur Verfügung gestellt hat.

Ich danke allen Autor:innen dafür, dass sie ihr Wissen und ihre Begeisterung für dieses einzigartige Gebiet mit uns teilen. Ferner danke ich Stefanie Gubler und Christopher (Chris) T. Robinson, die das Buch herausgegeben haben, für ihre grosse Arbeit. Besonders erwähnen möchte ich meinen Kollegen und Freund Chris Robinson, denn er wird ungefähr zeitgleich mit dem Erscheinen dieses Buches in den verdienten Ruhestand treten. Seine hervorragende Forschung für die Eawag und seine langjährige Mitarbeit in der Forschungskommission des Nationalparks verdienen grossen Dank und Anerkennung.

Dübendorf, im September 2024
Christoph Vorburger, Abteilungsleiter, Abteilung für Aquatische Ökologie, Eawag

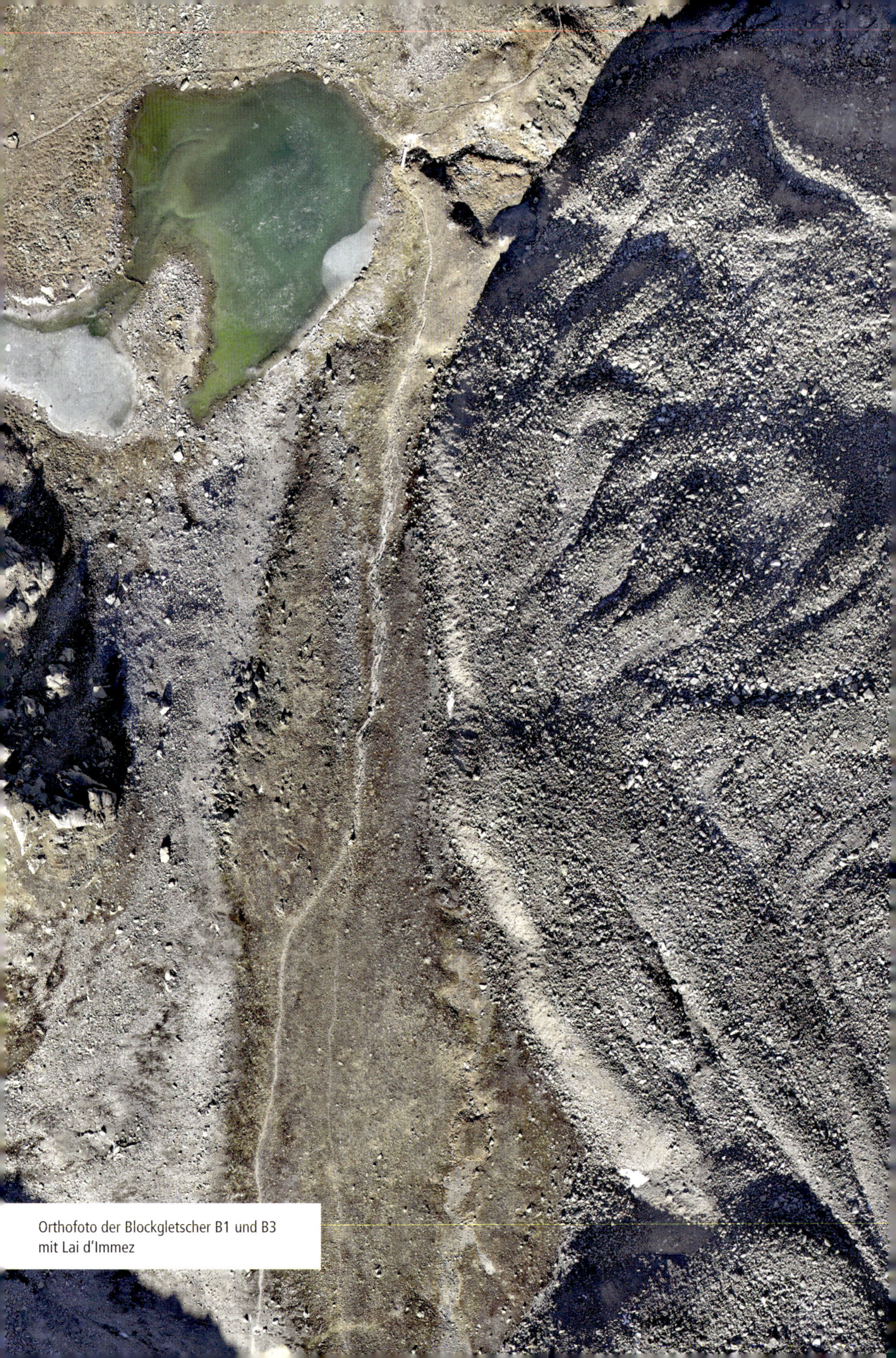

Orthofoto der Blockgletscher B1 und B3
mit Lai d'Immez

Gefrorener Lai d’Immez sowie Weiher M16

Kapitel 1: Das Kar der Seenplatte Macun: eine alpine Landschaft im Schweizerischen Nationalpark

Christopher T. Robinson, Stefanie Gubler und Ruedi Haller

Die europäischen Alpen umfassen eine Landfläche von rund 240 000 km², die sich über 1000 km von Nordosten nach Südwesten erstreckt. Die Breite ist mit 130–250 km relativ schmal (Ward & Uehlinger 2003). Viele Berge sind über 3000 m hoch, wobei der Mont Blanc mit 4807 m ü. M. der höchste ist. Aus geologischer Sicht sind die Alpen jung und beherbergen eine Reihe von vergletscherten Einzugsgebieten (Haeberli et al. 2002), obwohl die Gletschervolumina in den letzten Jahrzehnten dramatisch abgenommen haben (Intergovernmental Panel on Climate Change 2023).

Der Schweizerische Nationalpark im Kanton Graubünden ist ein relativ kleines, geschütztes Gebiet innerhalb der Alpenzone der Schweiz. Er grenzt an andere Parks in benachbarten Alpenländern – beispielsweise an den Stelvio Nationalpark –, die zusammen eine grosse Fläche alpiner Landschaft abdecken. Innerhalb des Schweizerischen Nationalparks repräsentiert das Macun-Seengebiet (2 805 882 E, 1 178 679 N) ein hochalpines Kar auf über 2600 m ü. M. (siehe Abbildung 1.1). Die umliegenden Gipfel im Macun-Kar erreichen Höhen von 2800–3000 m ü. M.

Dieses kleine alpine Gebiet (3,6 km²) wurde im Jahr 2000 an den Nationalpark angegliedert (siehe Kapitel 2) und dient den Forschenden als Langzeitüberwachungsgebiet für Bäche und Seen sowie als Pflanzenbeobachtungsstandort im GLORIA-Netzwerk. Das bereits vor dem Jahr 2000 bestehende Forschungsprojekt am grossen Blockgletscher B1 (Abbildung 1.1) wurde weitergeführt. Hinzu kamen im Laufe der Zeit weitere geologische, morphologische Aufnahmen (Kapitel 4) und eine Vegetationskartierung (Kapitel 6). Das grosse Interesse an diesem aussergewöhnlichen Gebiet bereits kurz nach der Eingliederung in den SNP erzeugte auch Bedenken. Wie sollte der Schutz des Gebietes verbessert und das nun neu geltende Wegegebot für die Wanderer durchgesetzt werden, wenn in der kurzen Sommersaison immer wieder Forschende abseits der Wege anzutreffen waren? Die Lösung war, die Forschung auf Macun auf eine einzige Woche Ende Juli zu beschränken und nur Ausnahmen zu bewilligen, wenn ein längerer Aufenthalt oder mehrere Besuche im Jahresverlauf unumgänglich waren. Die «Macuntage» Ende Juli, wie sie fortan genannt wurden, entwickelten sich im Laufe der Jahre zu einem eigentlichen mehrtägigen Zusammentreffen und konstruktiven Austausch über die Forschungsdisziplinen hinaus zwischen jüngeren und erfahrenen Forschenden. Die ehemalige Militärhütte am Nordende des Kars knapp ausserhalb der Nationalparkgrenze dient dabei bis heute als Stützpunkt.

Das Grundgestein im Kar besteht aus langsam verwitterndem kristallinem Gestein (Ortho-Gneis, Meta-Granitoid); das Gebiet liegt über der lokalen Baumgrenze (derzeit rund 2200 m ü. M). Die terrestrische Vegetation besteht aus typischen alpinen Gräsern und Kräutern zwischen Bereichen aus blankem Felsen und aktiven Schutthalden. Die Niederschläge, meist in Form von Schnee, betragen rund 900 mm pro Jahr und die

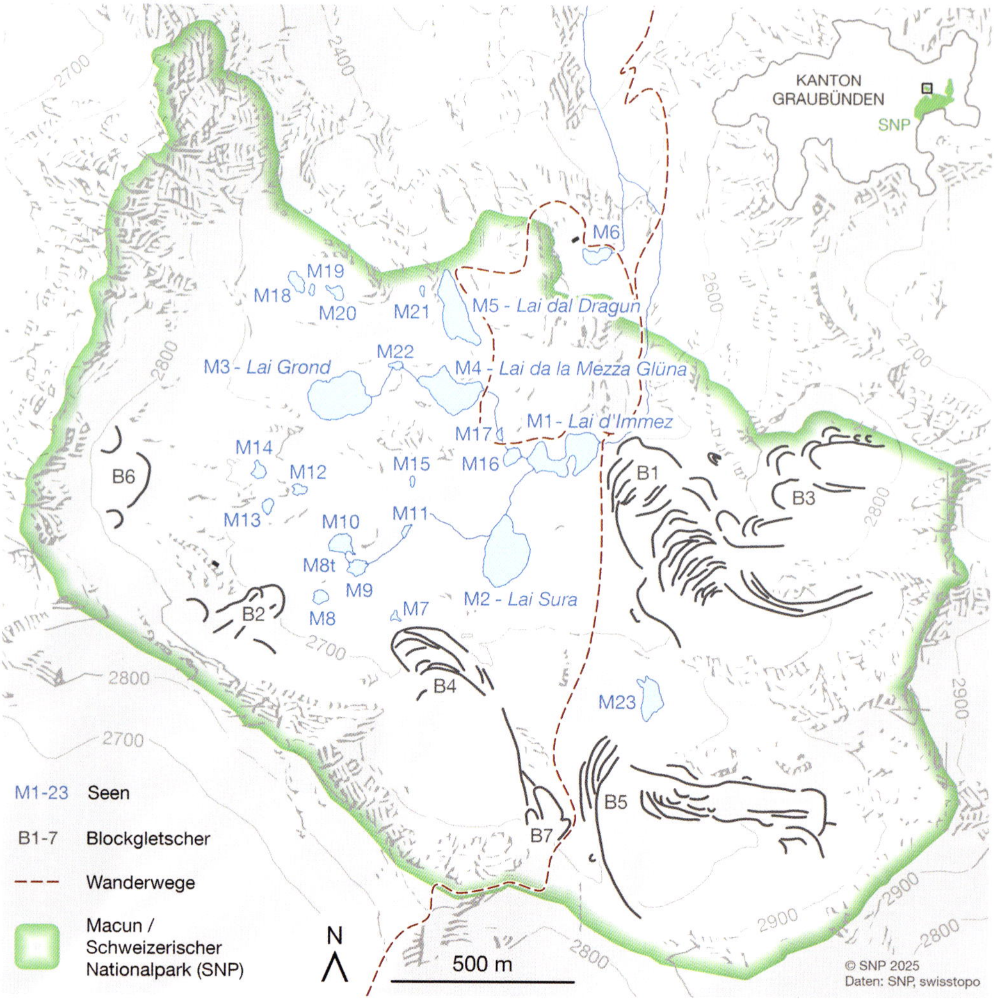

Abb. 1.1: Übersicht über die Seenplatte Macun im Schweizerischen Nationalpark mit vielzähligen Bächen und Seen sowie sieben Blockgletschern

Lufttemperaturen reichen von 19 °C im Sommer bis -16 °C im Winter (meteorologische Station Buffalora, 1971 m ü. M., rund 14 km südöstlich von Macun). Aktuelle Temperaturaufzeichnungen in Macun (Immez-Überwachungsstation; installiert 2019) verzeichneten ein Sommermaximum von rund 12 °C und ein Winterminimum von -13 °C (siehe Kapitel 3).

Seit den frühen 1900er-Jahren gibt es im Gebiet von Macun keine Gletscher mehr, doch sind sieben aktive Blockgletscher zu verzeichnen (Barsch 1969) (siehe Abbildung 1.1). Das Fliessgewässernetz besteht aus zwei getrennten Einzugsgebieten. Die meisten Blockgletscher sind mit dem südlichen Becken verbunden, wo ihre Einflüsse in der physikalisch-chemischen Beschaffenheit der Oberflächengewässer erkennbar sind (Robinson et al. 2022). Der grösste Blockgletscher (B1, dazu siehe Barsch 1969; Fehr & Reich 2015; Derungs & Tischhauser 2017) trägt hauptsächlich Schmelzwasser zum Ausflussstrom (Zeznina) des Einzugsgebiets. Das Macun-Gebiet umfasst 26 Weiher und Seen und 10 temporäre Tümpel; 23 davon werden überwacht. Die grössten Seen und Weiher (je rund 0,12 km² und über 10 m tief) sind in jedem Becken durch bis zu 500 m lange fliessende Wasserabschnitte miteinander verbunden, bevor sie im Lai d'Immez zusammenfliessen. Dessen Abfluss, der Bach Aua di Zeznina, fliesst etwas unterhalb des Engadiner Dorfs Lavin in den Inn. Das Flussnetz schrumpft im Winter um rund 60 Prozent, da die Zuflüsse der Blockgletscher aufgrund des Einfrierens abnehmen (Robinson & Matthaei 2007).

Dieses Buch dokumentiert die Forschungsergebnisse zu den aquatischen und terrestrischen Ökosystemen des Macun-Kars. Einige Kapitel beziehen auch andere alpine Gebiete im schweizerischen Nationalpark mit ein, um Datenlücken für Macun zu schliessen. Eingeladen wurden Autor:innen, die möglichst viele Facetten des Themenfeldes Macun abdecken. Das Buch beginnt mit einem Kapitel zur Geschichte von Macun. Darauf folgen spezifische Kapitel zu den Thematiken Klima, Geologie und Hydrologie sowie mehrere Kapitel zur Fauna und Flora im Wasser und an Land. Die Autor:innen versuchten, in den meisten Kapiteln die historische Literatur sowie aktuelle Berichte und wissenschaftliche Artikel einzubeziehen, um zukünftige Langzeitbeobachtungen alpiner Landschaften im Park und in der Alpenregion im Allgemeinen zu erleichtern und zu unterstützen. Trotz ihrer kleinen Fläche beherbergt die Macun-Landschaft eine Vielfalt von aquatischen und terrestrischen Lebensräumen, die entlang eines starken Höhengradienten nebeneinander liegen. Die Autor:innen und Herausgeber:innen hoffen, dass das Buch den Leser:innen und Forscher:innen, die sich für die alpine Welt interessieren, Einblicke und Inspirationen bietet.

Literatur

Barsch, D. (1969): Studien und Messungen an Blockgletschern in Macun, Unterengadin. Zeitschrift für Geomorphologie / Annals of Geomorphology / Annales de Geomorphologie, Supplementbd. 8, 11–30.

Derungs, D., & Tischhauser, M. (2017): Blockgletscher Macun – Dritte Folgemessung. Bachelor-Thesis Fachhochschule Nordwestschweiz (FHNW), Hochschule für Architektur, Bau und Geomatik, Institut Vermessung und Geoinformation.

Fehr, M., & Reich, R. (2015): Blockgletscher Macun – Zweite Folgemessung. Bachelor-Thesis, Fachhochschule Nordwestschweiz (FHNW), Hochschule für Architektur, Bau und Geomatik, Institut Vermessung und Geoinformation.

Haeberli, W., Maisch, M., & Paul, F. (2002): Mountain glaciers in global climate-related observation networks. World Meteorological Organization Bulletin, 51(1), 18–25.

Intergovernmental Panel on Climate Change (IPPC) (2023): AR6 Synthesis Report Climate Change 2023: Longer Report. The Intergovernmental Panel on Climate Change. Retrieved from URL: https://www.ipcc.ch/report/ar6/syr/

Robinson, C. T., Jolidon, C., Consoli, G., Bloem, S., & Ebi, C. (2022): Temporal dynamics in the physicochemistry of a high-alpine stream network in the Swiss National Park. Eco.mont: Journal on Protected Mountain Areas Research and Management, 14(2), 22–34. DOI: https://doi.org/10.1553/eco.mont-14-2s11.

Robinson, C. T., & Matthaei, S. (2007): Hydrological heterogeneity of an alpine stream-lake network in Switzerland. Hydrological Processes 21(23), 3146–3154. DOI: https://doi.org/10.1002/hyp.6536.

Ward, J. V., & Uehlinger, U. (eds.) (2003): Ecology of a Glacial Flood Plain. Springer Netherlands.

Lai da la Mezza Glüna und Lai dal Dragun

Kapitel 2: Erinnerungen an Macun – vor der Eingliederung des Gebiets in den Schweizerischen Nationalpark

Robert Giacometti, Silvia Egler und Andres Grolimund

Robert Giacometti hat sich als Präsident der Gemeinde Lavin (1986–2000), als Vertreter für den Kreis Obtasna im Grossen Rat des Kanton Graubünden (1997–2006), als Vize-Präsident (2001–2008) und als Präsident (2008–2015) der Eidgenössischen Nationalparkkommission stark für den Schweizerischen Nationalpark eingesetzt. Er ist in Lavin aufgewachsen und als Jäger und Fischer schon sein ganzes Leben auf der Seenplatte Macun unterwegs. Dieses Kapitel gibt mit Robert Giacomettis Erinnerungen einen kleinen Einblick in die Zeit, bevor Macun im Jahr 2000 in den Schweizerischen Nationalpark aufgenommen wurde. Robert Giacometti erzählt vom Drachen im Lai dal Dragun, von den menschlichen Aktivitäten auf Macun und der Eingliederung der Seenplatte in den Schweizerischen Nationalpark. Dieses Kapitel basiert auf Erinnerungen und Erzählungen von Robert Giacometti und wurde mit Unterstützung von Silvia Egler und Andres Grolimund geschrieben. Die Erzählform in der ersten Person Singular widerspiegelt Erinnerungen und Aussagen von Robert Giacometti.

2.1 Macun und der Lai dal Dragun

Andrea Schorta hat im Buch *Wie der Berg zu seinem Namen kam: kleines rätisches Namenbuch mit zweieinhalbtausend geographischen Namen Graubündens* (1988) über die Bedeutung des Namens Macun Folgendes geschrieben:

«**Macun**, *Piz –* , *Lais da –* dazu *Macunet* (Lavin). Der Name erscheint auch in Puntraschigna, Poschiavo, ferner in Italien und im Vorarlberg, was die Annahme vorröm. Herkunft berechtigt. Für *Macun* in Lavin ist jedoch auch Abl. aus einem PN. möglich, da urk. 1509 ein *Clau Mackun de Zernez* bezeugt ist. Abl. aus einem nicht existierenden rom. *macun ‹Steinbock› ist Phantasie.*» (Schorta, 1988)

Die Seenlandschaft von Macun hatte, soweit ich mich erinnern kann, immer eine grosse Bedeutung für die Bevölkerung von Lavin und für die landwirtschaftliche Nutzung. Bis zur Eingliederung dieser Landschaft in den Nationalpark, also im Jahr 2000, weideten jährlich zwanzig bis dreissig Rinder für vier bis sechs Wochen auf Macun. Die Landwirte behaupteten, das Gras sei dort besonders gut und die Rinder kämen jeweils gut genährt zur Alp Zeznina zurück. Macun war und ist noch heute ein sehr spezielles Gebiet.

Vor allem der Drachensee (Lai dal Dragun) ist ein mystischer Ort, der zum Verweilen und Nachdenken einlädt. Viele Laviner:innen wandern fast jährlich zu den Macun-Seen. Auch für unsere Familie war es immer ein ganz besonderer Ausflug. Wir wanderten zu Fuss von Lavin aus bis Macun und zurück. Oft waren es drei Generationen, die gemeinsam unterwegs waren. Die Älteste war unsere Grossmutter (siehe Abbildung 2.1). Gegen Mittag kamen wir meist am Lai dal Dragun an. Dort erzählte Grossmutter dann die Geschichte des Drachens. Mit unserer Fantasie versuchten wir, uns den Drachen vorzustellen: seine Grösse, seine Farben, die Zähne, den Körper und den Schwanz. Grossmutter wollte danach eine Mittagspause geniessen, und dies in aller Ruhe! Möglichst ohne den Lärm von uns Kindern. Deshalb behauptete sie, dass der Drache über Mittag schlafe und wir ihn nicht stören sollten, sonst werde er ungeduldig. Sie sagte uns, dass er ein Ei ausbrüte. Die Brutzeit dauere hundert Jahre. Sie wisse aber nicht, wann der Drache

Abb. 2.1: Am Lai dal Dragun, 1956. Unsere Grossmutter Annina Egler mit mir in der Mitte und meinen Geschwistern, rechts Annina und links Mario Giacometti (Foto: Familie Giacometti)

angefangen habe zu brüten. Deshalb sei es so schwierig zu wissen, wann der kleine Drachen schlüpfen werde. Meistens sei das Weibchen am Brüten. Das Männchen sei nicht immer auf Macun, sondern wandere manchmal zum Lai da Rims oder zu den Oberengadiner Seen. Auch in den Jöriseen, im Lai Glims und im Lai Blau in der Val Tuoi habe man ihn schon gesehen. Laut unserer Grossmutter gibt es in den Alpen mystische Wesen wie Drachen, Zwerge und andere Fabelwesen (Dialas). Diese beschützen Menschen und Tiere. Weiter erzählte sie uns, dass sie als kleines Mädchen mit ihrem Grossvater hier gewesen sei. Es hatte dicken Nebel und durch die Nebelschwaden habe sie den Drachen gesehen. Sie beschrieb den Drachen als gutmütiges Tier. Er sei auch der Beschützer der Zwerge, die ebenfalls auf Macun zu Hause seien. Der Drache sei ungefähr so gross wie ein Fischotter. Er fresse gelegentlich Schneemäuse, geniesse aber auch fette Gräser. Den Getüpfelten Enzian liebe er ganz besonders. Deshalb sei der Drache grün und habe gelbliche Punkte. Nach all diesen Informationen verhielten wir uns meist ruhig, stiegen auf einen Felskopf und schauten auf den See, in der Hoffnung, dass der Drache sich zeigen würde. Einmal war ich fest davon überzeugt, einen Schatten und daneben ein grosses, gelbes Ei gesehen zu haben! Noch heute behaupte ich, dass es so gewesen ist.

Der Zwerg Janaiverin und die restlichen Zwerge von Macun waren auch immer ein spannendes Thema. Am Nachmittag begann die Suche nach Zwergenspuren. Leider entdeckten wir jeweils nur ganz viele Murmeltiere. Die Geschichte von Janaiverin besagt, dass sich jeder Zwerg, der von einem Menschen gesehen wird, sofort in ein Murmeltier verwandelt!

2.2 Die Nutzung von Macun vor dem Jahr 2000

Während des Zweiten Weltkriegs war Macun ein wichtiger Fliegerabwehr-Beobachtungsposten. Auf der Seenplatte wurden in den Jahren 1940–1942 zwei Militärunterkünfte gebaut (siehe Abbildung 2.2). Nach dem zweiten Weltkrieg fanden hier Militärübungen statt. Es ist nicht ausgeschlossen, dass sich immer noch Teile von Handgranaten und alter Munition auf dem Grund der Seen befinden. Später nutzte die Sektion Engiadina Bassa des Schweizerischen Alpen-Clubs (SAC) die nördliche Militärunterkunft für ein paar Jahre.

Nach dem Zweiten Weltkrieg wurden auf der Seenplatte Macun interessante Mineralien gefunden, unter anderem Granatsteine (siehe Abbildung 2.3). Am Chavagliet traten in den 1960er-Jahren Reste einer Transportbahn zutage, was vermuten lässt, dass Bestrebungen im Gange waren, Granatstein abzubauen. Michel Rauch, einer meiner Jagdkollegen, erinnert sich an die Reststücke dieser Bahn. Er kann aber keine konkreten Angaben über einen Abbau machen. Ein Forscher äusserte vor vielen Jahren während einer Begehung von Macun ebenfalls die Vermutung, dass hier Granatsteine abgebaut worden seien. Leider habe ich niemanden sonst gefunden, der konkretere Angaben zu

Abb. 2.2: Aufstieg zur Alp Zeznina Dadaint, 1942. Transport von Baumaterial für die zwei Militärhütten auf der Seenplatte Macun (Foto: Hans Zinsel, Safien, Besitz: Michel und Ursina Rauch)

Abb. 2.3: Granatsteinplatte auf Macun Chavagliet (Foto: Robert Giacometti)

diesem Projekt machen konnte. Somit bleibt es bei einer Vermutung. Granatstein findet wegen seiner Härte Anwendungen in der Industrie, während sein vielseitiges Farbspektrum ihn auch als Schmuckstein interessant macht. Ich habe beim Chavagliet mehrere schöne Granatsteine gefunden. Einen liess ich verarbeiten, damit er als Anhänger getragen werden kann.

Die nördliche Militärhütte wurde nach dem Krieg während der Jagdsaison auch von Jägern benutzt. Da sie nicht im Perimeter des Schweizerischen Nationalparks liegt, wird sie jetzt noch von Michel Rauch, Rico Viletta und mir als Jagdhütte genutzt. Michel verbrachte seit den 1960er-Jahren regelmässig mit seiner Familie Ferien auf Macun. Er kennt dort fast jeden Stein. Für die Hütte haben wir vom Park ein lebenslanges Nutzungsrecht erhalten. Sie ist im Besitz der Gemeinde Lavin. Beim Abschluss des Nationalparkvertrages wurde sie dem Nationalpark für 99 Jahre verpachtet. Bewohner:innen der Fraktion Lavin haben aber in beschränktem Masse die Möglichkeit, nach Absprache mit dem Schweizerischen Nationalpark, die Hütte zu nutzen. Zugunsten des Schutzes der Natur und des Nationalparks haben wir im Jahr 2000 unser ehemaliges Jagdgebiet aufgegeben und geniessen jetzt die Natur und das Jagdgebiet ausserhalb des Nationalparks. Unterdessen sind es aber unserem Alter entsprechend eher Jagdferien ohne Beute geworden (siehe Abbildung 2.4).

Vor der Integration Macuns in den Nationalpark begaben sich oft Fischer:innen auf die Seenplatte (siehe Abbildung 2.5). Laut Aussage von Fischereiaufseher Nicola Gaudenz hat das Amt für Jagd und Fischerei während einiger Jahre in den Seen Lai Grond, Lai da la Mezza Glüna, Lai dal Dragun, Lai d'Immez und Lai Sura Bachforellen und Amerikanische Seesaiblinge (genannt «Namaycush») aus Zuchten eingesetzt. Die erste Bewirtschaftung erfolgte im Jahre 1964 im Lai Grond und im Lai da la Mezza Glüna (siehe Abbildung 1.1), im Jahr 1972 erfolgte sie dann in allen fünf grösseren Seen. Mit Unterbrüchen wurden die Bergseen bis ins Jahr 1993 bewirtschaftet: Im Lai Grond wurden 1550 Amerikanische Seesaiblinge, im

Abb. 2.4: Macun, 1998; Michel Rauch auf der Jagd (Foto: Robert Giacometti)

Lai da la Mezza Glüna ebenfalls 1550 Amerikanische Seesaiblinge, im Lai dal Dragun 600 Bachforellen und 1200 Amerikanische Seesaiblinge, im Lai d'Immez 1800 Amerikanische Seesaiblinge, im Lai Sura 600 Bachforellen und 2000 Amerikanische Seesaiblinge ausgesetzt. Insgesamt waren das 9300 Fische (8100 Amerikanische Seesaiblinge und 1200 Bachforellen). Laut dem Amt für Jagd und Fischerei wollte man die Attraktivität und das Angebot der Fischerei durch die Bewirtschaftung der Bergseen im Kanton Graubünden allgemein steigern. Das Ziel war, den begeisterten Fischer:innen die Möglichkeit zu geben, bei einer Bergwanderung in den Bergseen zu fischen. Ich habe mich bei Fischereiaufseher Nicola Gaudenz erkundigt, weshalb man ab 1993 mit der Bewirtschaftung der Macunseen aufgehört hat. Nicola Gaudenz teilte mit, dass er nach Rücksprache mit Pio Pitsch, dem damaligen Fischereiaufseher, der Meinung sei, dass schon zu dieser Zeit über eine Integrierung von Macun in den Nationalpark diskutiert worden sei und man deshalb von einer weiteren Bewirtschaftung abgesehen habe.

Auf Macun wurde das Angebot von Fischer:innen rege genutzt. Auch ich profitierte so oft es ging von dieser Möglichkeit. Wir haben nie im Lai dal Dragun gefischt. Ich habe mich bei einigen Fischerfreund:innen erkundigt, ob sie je dort gefischt hätten und weshalb. Einige bejahten die Frage, meinten aber, sie hätten nie Erfolg gehabt. Danach seien sie überzeugt gewesen, dass die ausgesetzten Fische vom Drachen gefressen worden waren. Die Legende vom Drachen lebte also auch bei den Fischer:innen weiter. Wahrscheinlicher ist, dass die Lebensbedingungen im Lai dal Dragun nicht optimal waren und das Angebot an Nahrung eher klein. Der Lai dal Dragun ist sehr tief und die Ufer bestehen aus steilen Felswänden. Diese Faktoren wirken sich ungünstig auf die Reproduktion aus. Auch hat der See keinen oberflächlichen Wasserzufluss. Wenn man also den ganzen mühsamen Weg nach Macun auf sich nahm, um zu fischen, machte man dies in den Seen, die den grössten Fangerfolg versprachen.

Im Jahr 1976 planten die Engadiner Kraftwerke mit dem folgenden Projektbeschrieb ein Pumpspeicherwerk auf Macun (siehe Abbildung 2.6):«Die vorgeschlagene Pumpspeicheranlage Macun – Ova Spin fusst auf günstigen topographischen Voraussetzungen, die es erlauben, auf dem Seenkessel Macun in einer Höhe von über 2600 m ü. M. ein Oberbecken mit einem möglichen Nutzvolumen von 6,5

Abb. 2.5: Lai da la Mezza Glüna, 1991. Michel Rauch beim Fischen (Foto: Ursina Rauch)

Mio. m^3 zu erstellen und dieses über eine Horizontaldistanz von rund 5 km mit dem bestehenden Stollen Ova Spin – Pradella und dem Ausgleichsbecken Ova Spin, Kote 1630 m ü. M., zu verbinden. Das Oberbecken und der grösste Teil des Druckstollens kommt dabei auf das Gebiet der Gemeinde Lavin zu liegen, während für den Rest der Anlagen Zernezer Gemeindegebiet beansprucht würde.» (Engadiner Kraftwerke AG, 1976)

Weiter wird im Projektbeschrieb vom 8. April 1976 erwähnt, dass von den vorhandenen zwanzig Seen sechs in das geplante Oberbecken eingegliedert würden, unter anderem die drei grösseren Seen Lai d'Immez, Lai da la Mezza Glüna und Lai Sura (siehe Abbildung 1.1). Hätte man den Lai Grond und den Lai dal Dragun auch in das Projektperimeter einbezogen, hätte man mehrere Millionen Kubikmeter Wasser mehr speichern können. Bei diesem Projekt wollte man aber die beiden Seen nicht einbeziehen. Der Lai Grond und der Lai dal Dragun wären unberührt geblieben und somit wäre auch der Drache verschont geblieben. War der Glaube an die Existenz und die Ehrfurcht vor dem Drachen auch bei den Planern vorhanden? Ich vermute eher, dass man mit der Einschränkung die Zustimmung der Bevölkerung erreichen wollte. Mittels einer Baustrasse bis zur Alp Zeznina Dadaint und von dort mit einer Schwertransport-Seilbahn hätte man den Bau realisiert.

Ich muss gestehen, dass ich damals als junger 25-jähriger Geschäftsmann sehr grosse Sympathien für dieses Vorhaben hatte. Der Schutz der Natur war für die Befürworter:innen zu diesem Zeitpunkt nebensächlich. Eine Gruppe von jüngeren Personen hatte sich anfänglich für dieses Projekt stark gemacht. Wir sahen nur den wirtschaftlichen Nutzen für die Gemeinde Lavin: die Schaffung von Arbeitsplätzen, Einnahmen während des Baus und die Wasserzinsen. In der kleinen Gemeinde gab es grosse Diskussionen. Ich möchte hier noch erwähnen, dass das Frauenstimmrecht am 14. Dezember 1971 von der Gemeinde angenommen wurde. Dadurch veränderte sich das politische Denken auch in der Gemeinde Lavin stark. Ich war damals Gemeindeaktuar und habe das Protokoll für das Frauenstimmrecht von Hand geschrieben. In den Gemeindeakten fand ich leider keine Unterlagen und schriftlichen Beschlüsse über das Vorhaben der Pumpspeicheranlage Macun. Die Projektstudie hat mir die EKW zu Verfügung gestellt.

Die Verantwortlichen der Engadiner Kraftwerke fragte ich schriftlich an, ob das Macun-Projekt von ihrem Verwaltungsrat in den Jahren 1976 und 1977 an Sitzungen behandelt worden sei. Jachen Gaudenz von den Engadiner Kraftwerken schrieb mir dazu, dass der Verwaltungsrat diese Fragen an verschiedenen Sitzungen diskutiert und das Projekt beschlossen hatte. Dessen Konkretisierung hätte laut Jachen Gaudenz erarbeitet werden sollen. Der Verwaltungsrat beauftragte die Direktion, Kontakte und Abklärungen mit den betroffenen Gemeinden Zernez und Lavin aufzunehmen, allerdings nicht offiziell. Er wollte in Erfahrung bringen, ob ein solches Projekt in den Gemeinden überhaupt Zustimmung finden würde. Ich kann mich sehr gut erinnern, dass dieses Projekt vor allem bei den Frauen keine Zustimmung fand. Eine Konkretisierung des Projekts mit so vielen negativen Stimmen im Vorfeld machte also keinen Sinn. Aufgrund dieser Überlegungen wurde es nicht weiterverfolgt.

Als E. Fischer 1898 auf der Seenplatte Macun den Zwerg-Hahnenfuss *(Ranunculus pygmaeus)* entdeckte, wurde Macun international bekannt und auch häufiger von Interessierten und Forscher:innen besucht. Ajta Rauch (heute Ajta Schmid) aus Scuol fand im Jahr 1995 mehrere Standorte des Zwerg-Hahnenfusses, dokumentierte die Fundstellen auf einer Karte und schrieb ihre Maturaarbeit zu diesem Thema. Sie stellte fest, dass es mehr Standorte gibt als ursprünglich entdeckt wurden (siehe Kapitel 9.1).

Forschungsprojekte gab es schon, bevor Macun am 1. August 2000 in den Schweizerischen Nationalpark integriert wurde. Nach der Integration Macuns in den Park stellte ich fest, dass viele Forscher:innen grosses Interesse an der Landschaft und den Seen entwickelten. Ich hatte das Gefühl, dass die Natur auf der Seenplatte von der Forschung erheblich gestört wurde. Deshalb stellte ich in der Forschungskommission des Schweizerischen Nationalparks den Antrag, dass die Forscher:innen das Gebiet nur während einer kurzen Zeit gemeinsam erforschen sollten. Weiter sollte auch der Lai dal Dragun unbe-

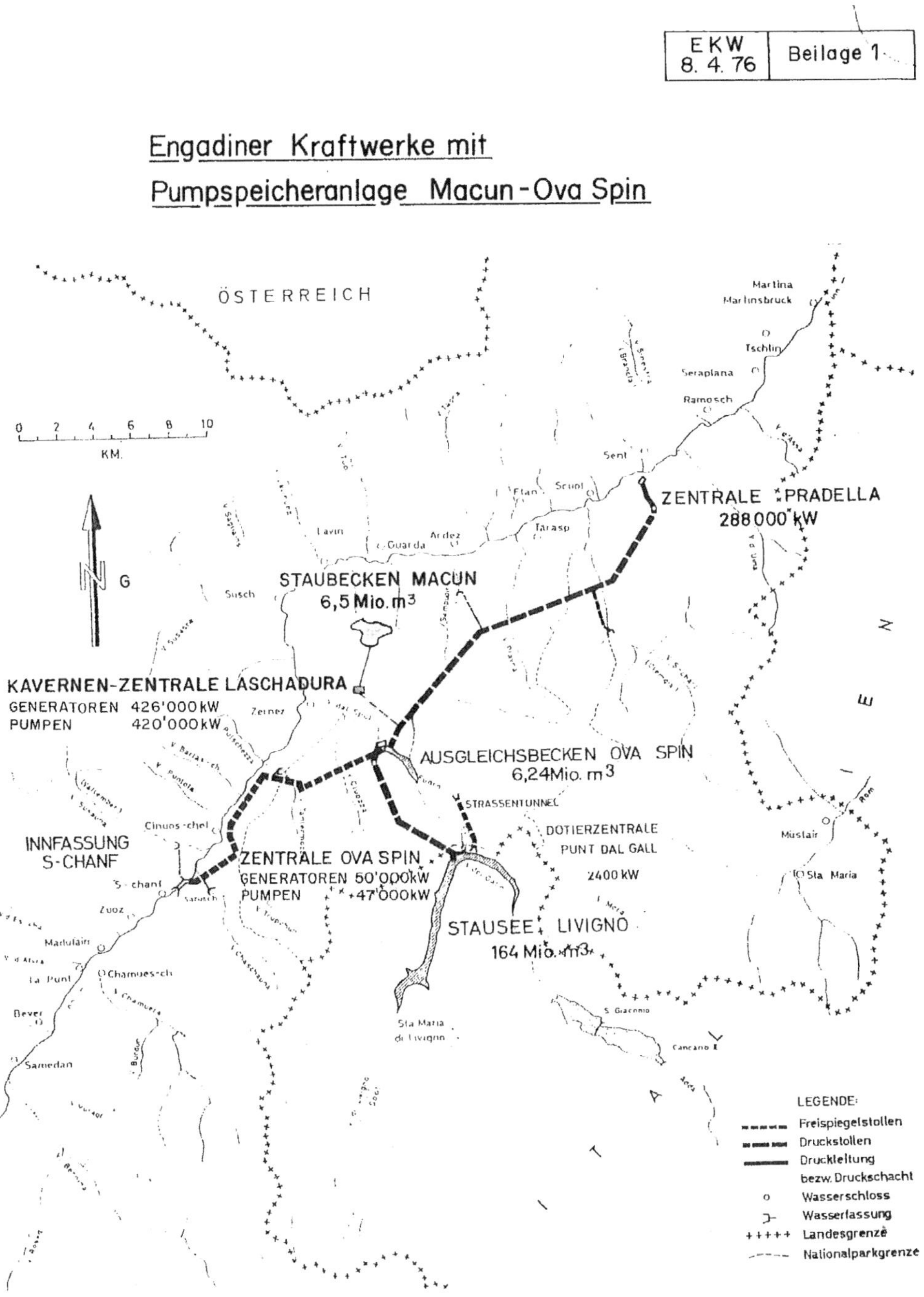

Abb. 2.6: Die Beilage 1 der Projektstudie der Engadiner Kraftwerke AG zeigt einen Übersichtsplan der damals geplanten, aber nie realisierten Pumpspeicheranlage Macun – Ova Spin (©EKW/OEE)

rührt bleiben respektive von der Forscher:innen nicht behelligt werden. Beiden Anträgen wurde zu meiner Freude zugestimmt. Die nördliche Hütte ausserhalb des Nationalpark-Perimeters dient seither auch als Stützpunkt für Forscher:innen.

2.3 Macun als Teil des Schweizerischen Nationalparks

Anfang März 1996 rief mich Heinrich Haller, der damalige Direktor des Nationalparks, an. Er informierte mich, dass die Eidgenössische Nationalparkkommission ihn beauftragt habe, sich zu erkundigen, in welchen Parkgemeinden und Gebieten eine Erweiterung des Nationalparks möglich wäre. Es kämen einige Gebiete in Frage. Die Gemeinde Lavin mit den Macun-Seen sei aber prädestiniert für eine Erweiterung. Als Gemeindepräsident von Lavin war ich somit Heinrich Hallers Ansprechpartner. Nach wenigen Erläuterungen verstanden wir uns sehr gut. Bereits wenige Tage später trafen wir uns das erste Mal, um das Thema zu besprechen. Seine Begeisterung und seine Faszination beeindruckten mich sehr. Nun ging es darum, Meinungen zu diesem Projekt und dessen Akzeptanz in der Gemeinde abzuklären. Das war der Anfang des Projekts «Ingrondimaint dal Parc Naziunal». Heinrich Haller wurde von der Eidgenössischen Nationalparkkommission beauftragt, ein Gesamtkonzept mit Erweiterungsvorschlägen zu erarbeiten, darunter auch die Eingliederung Macuns in den Nationalpark. Die Kommission wählte Duri Bezzola, Forstingenieur von Samedan, als Berater und mich als Präsident der Kommission für die Erweiterung des Nationalparks. Parallel zur Projektplanung gab es Orientierungsversammlungen in jeder Parkgemeinde und mit den Vertreter:innen des Regionalverbands Pro Engiadina Bassa. Bei Letzterem und in den Gemeinden war die Stimmung schon am Anfang alles andere als erfreulich. Obwohl wir in Lavin offen waren für Diskussionen, stiess das Projekt in anderen Gemeinden auf viel Widerstand. Die Menschen waren skeptisch und wollten sich durch eine Parkerweiterung nicht einschränken lassen. Die betroffenen Gebiete sollten wie gewohnt für die Landwirtschaft, die Jagd und die Fischerei genutzt werden können.

Obwohl es weitere Erweiterungsvorschläge gab, möchte ich bei dieser Gelegenheit nur über das Vorhaben Macun sprechen. Heinrich Haller und ich stellten einen Zeitplan auf. Das Ziel sollte sein, den Schweizerischen Nationalpark am 1. August 2000 zu erweitern. Nach fast vierzig Jahren würde dies die erste Gebietserweiterung des Parks werden. Wir hatten zweieinhalb Jahre Zeit, um das Projekt zu realisieren. In diesen Monaten kamen wir in Lavin acht Mal zu einer Sitzung mit dem Gemeinderat zusammen, zudem wurden drei Gemeindeversammlungen durchgeführt. Die erste Sitzung fand am 3. Juni 1998 statt. Konkrete Vorschläge betreffend Kern- und Umgebungszone waren schon vorhanden. Meistens nahm Heinrich Haller mit seiner grossen Kompetenz an den Sitzungen teil. Viel Unterstützung hatten wir von Duri Bezzola. Seine ruhige und überlegte Art zu kommunizieren trug massgeblich dazu bei, dass die Versammlungen respektvoll und friedlich verliefen.

Duri Bezzola erzählte mir später über seine damalige Arbeit, dass er 1998 während neun Monaten am Projekt für die Erweiterung des Nationalparks mitgearbeitet habe. In der Gemeinde Lavin und in anderen Gemeinden plante er die zukünftige Nutzung der Alpen und des Waldes für die geplante Umgebungszone. Eine solche Zone würde das Nationalparkgebiet, die Kernzone, umgeben. In der Umgebungszone wäre der Schutz von Lebensräumen und einheimischen Arten das Ziel, während auch nachhaltig gewirtschaftet werden könnte. Duri Bezzola hatte zudem die Aufgabe, die Grenzen der neuen

Kernzone auf Macun vor Ort mit Vertreter:innen der Gemeinden, der Landwirtschaft und der Jägerschaft festzulegen. Nach ausführlichen Erläuterungen und Diskussionen im Vorstand und in den Gemeindeversammlungen konnte Lavin schliesslich für die Realisierung dieser Parkerweiterung gewonnen werden. Die lebhaften Diskussionen auf Macun und bei den Gemeindeversammlungen waren für Duri Bezzola eindrücklich und blieben unvergesslich. Für ihn war die Atmosphäre dort geprägt von Sorgfalt, Neugierde, Respekt und Weitsicht. Die demokratische Kultur des Dialogs und der Meinungsbildung empfand er in Lavin als vorzüglich.

Der gesamte Gemeindevorstand von Lavin stand hinter dem Erweiterungsprojekt und arbeitete mit grosser Begeisterung mit. Ohne diese Unterstützung wäre das Vorhaben nicht zustande gekommen. Wir waren alle stark gefordert, mussten wir doch sehr oft kritische Fragen zu den Themen Landwirtschaft, Fischerei, Jagd, Tourismus und Pachtzinsen beantworten. Ich glaube, dass wir mit fast allen Menschen, die in Lavin lebten, persönliche Gespräche geführt haben.

Bei Teilabstimmungen der Gemeindeversammlung gab es oft nur knappe Mehrheiten für das Projekt. Vor allem störte es die Gegner:innen, dass der Bund über die Geschehnisse auf Macun bestimmen würde, und nicht mehr die Bevölkerung. Da wir das Projekt unbedingt realisieren wollten, mussten wir flexibel sein und Kompromisse eingehen, beispielsweise einen Rundwanderweg entlang der Seen tolerieren. Diskussionen gab es auch über die Bereinigung der Grenzen und die Anpassung des Pachtzinses. Es wurde dann beschlossen, den jährlichen Pachtzins von 20 000 Schweizer Franken auf alle Interessengruppen zu verteilen, das heisst zwischen Landwirtschaft, Tourismus und Kultur. Das Projekt für eine Umgebungszone wurde von der Gemeindeversammlung vom 27. Mai 1999 mit 50 zu 10 Stimmen angenommen – allerdings mit der Auflage, dass die Nachbargemeinden ihm ebenfalls zustimmen müssten. Weil die Gemeinde Zernez das Vorhaben am 1. Dezember 2000 ablehnte, wurde die Idee einer Umgebungszone fallen gelassen. Bemerkenswert ist es aber schon, dass die Gemeinde Lavin auch einer Umgebungszone zugestimmt hätte.

In Lavin herrschte allgemein eine positive Einstellung zum Projekt. Deshalb wurde Lavin als Modellgemeinde für Nationalparkerweiterungen vorgeschlagen. An der Gemeindeversammlung vom 27. Mai 1999 wurde definitiv beschlossen, den Entscheid für die Kernzone Macun zu fällen. Mit 45 zu 26 Stimmen wurde die Kernzone klar gutgeheissen. Zudem wurde mit 45 zu 9 Stimmen beschlossen, die Integration Macuns bereits am 1. August 2000 vorzunehmen. Die Verträge wurden an verschiedenen Gemeinderatssitzungen für die Gemeindeversammlung vom 21. März 2000 vorbereitet. Hier wurde darüber abgestimmt, dass der Vertrag auf dreissig Jahre festgesetzt wird, mit der Möglichkeit, diesen immer wieder um 25 Jahre zu verlängern. Die Anwesenden stimmten dem Vertrag einstimmig zu. Die zweite Abstimmung betraf den Grenzverlauf. Auch diese Vorlage wurde einstimmig angenommen. Später, zum 100-jährigen Jubiläum des Schweizerischen Nationalparks im Jahr 2014, verlängerte die Gemeinde Lavin den Vertrag quasi als Geburtstagsgeschenk um 99 Jahre.

Die Unterzeichnung des Vertrages fand nur einen Tag nach der Gemeindeversammlung statt, am 22. März 2000 (siehe Abbildung 2.7). Anwesend waren Martin Bundi, Präsident der Eidgenössischen Nationalparkkommission; Chasper Buchli, Mitglied der Nationalparkkommission; Robert Giacometti, Gemeindepräsident von Lavin und Verfasser dieses Berichts; Robert Cantieni, Kanzlist der Gemeinde Lavin; Nuot P. Saratz, Notar sowie Anna Bonifazi und Otto Gaudenz, Kanzlistin und Präsident der Bürgergemeinde Lavin. Am 31. März 2000 endete meine 29-jährige

Abb. 2.7: Zeitungsartikel aus der *Engadiner Post* vom 25. März 2000. Unterzeichnung des Pachtvertrages zwischen der Gemeinde Lavin und dem Schweizerischen Nationalpark; von links nach rechts: Chasper Buchli, Robert Giacometti, Martin Bundi, Otto Gaudenz, Anna Bonifazi und Robert Cantieni

Sanda, 25 marz 2000

Engadiner Post
POSTA LADINA

Ils lais da Macun sun uossa üna part dal Parc naziunal svizzer

gpm. Lavin, 22 da marz 2000: Il Parc naziunal svizzer (PNS) scriva istorgia. Passa 90 ons sun passats daspö cha Zernez ha suottascrit dal 1909 il contrat dal parc cun la cumischiun per la protecziun da la natüra da la Società federala per la perscrutaziun da la natüra. Lura haja dat contrats culs cumüns da S-chanf e da Scuol avant co cha la Confederaziun ha surtut 1913 l'ouvra gratiada e fixà la fundaziun ufficiala cun surtour ils fits pels 1. d'avuost 1914. Mardi passà han uossa las instanzas respunsablas suottascrit ün contrat da dret pirvat e da dret public chi reguarda ün'ulteriura zona centrala dal PNS culs lais da Macun sül territori da Lavin. L'artichel trais stipulescha: Aint illa zona centrala es la natüra protetta da tuottas intervenziuns umanas, in special vegn surlaschada tuot la flora e fauna cun seis contuorn anorganic ad ün svilup natüral. Admissas sun be intervenziuns chi servan directamaing a l'intent da mantegner il parc. Per realisar quist intent desista il cumün cunter ün pajamaint da 20 000 francs d'ütilisar il terrain, pustüt il pas-ch e las auas. Ils drets da la Fundaziun dal PNS sun limitats a quellas cumpetenzas chi sun necessarias per far adöver dal territori sco reservat natüral. I'l rom dal dret da pulizia da fabrica federal, chantunal e cumünal è'la autorisada da far e mantegner sendas e chamonnas e d'inchaschar funtanas sül terrain dal parc. Il contrat vala per ün temp limità. Tuottas duos parts sun autorisadas da til schoglier a la fin da l'on 2030 e davo in periodas dad adüna 25 ons. Il territori «Lais da Macun» gnarà suottamiss a las ledschas dal PNS i'l rom da la procedura d'approvaziun da la confederaziun e dal chantun.

Fotografia: Il notar Nuot P. Saratz ha survaglià l'act da suottascripziun: Per la Fundaziun dal PNS han suottascrit il president Martin Bundi e'l commember Chasper Buchli, pel cumün da Lavin il president cumünal Robert Giacometti e l'actuar Robert Cantieni, pels vaschins da Lavin il president Otto Gaudenz e l'actuara Anna Bonifazi. *fotografia: Gion P. Mischol*

Amtszeit als Magistrat von Lavin, davon 15 Jahre als Gemeindepräsident.

Das Gesamtvorhaben des Projekts «Ingrondimaint dal Parc Naziunal» war sehr ambitioniert. Unser Ziel, den Park zu vergrössern, haben wir aber trotz Rückschlägen erreicht. Mit der Seenplatte Macun konnte eine der schönsten Landschaften des Engadins in den Schweizerischen Nationalpark integriert werden.

Anmerkungen und Danksagung

Mein Bericht beruht auf persönlichen Erinnerungen und auf Aussagen von Freund:innen, Fischer:innen und Verwandten, die zum Teil schon verstorben sind. Diese Aussagen sind nicht nachweislich dokumentiert. Im Weiteren habe ich Unterlagen von Jachen Gaudenz (Engadiner Kraftwerke AG) und von Nicola Gaudenz (Amt für Jagd und Fischerei) erhalten. Zu diesen Aussagen bestehen nachweisliche Dokumente. Auch im Archiv der Gemeinde Zernez fand ich einige wertvolle Protokolle. Bei allen Beteiligten, die mich beraten und unterstützt haben, möchte ich mich ganz herzlich bedanken.

Literatur

Engadiner Kraftwerke AG (1976): Entwurf T – 76/059 Projektstudie Pumpspeicheranlage Macun – Ova Spin (Archiv der Engadiner Kraftwerke AG, Zernez).

Schorta, A. (1988): Wie der Berg zu seinem Namen kam: kleines rätisches Namenbuch mit zweieinhalbtausend geographischen Namen Graubündens. Terra Grischuna Verl.

Kapitel 3: Das Klima der Seenplatte Macun

Stefanie Gubler, Jogscha Abderhalden, Stephan Bader, Michael Begert, Simon Bloem, Christian Ebi, Christoph Marty, Simon C. Scherrer und Samuel Wiesmann (nach Erstautorin alphabetisch aufgeführt)

Der anthropogene Klimawandel hat auf den sensiblen Hochgebirgsraum der Seenplatte Macun, die seit dem Jahr 2000 als Teil des Schweizerischen Nationalparks genauer erforscht wird, starke Auswirkungen. Die langjährigen Klimadaten der Station Buffalora beim Schweizerischen Nationalpark zeigen eine deutliche Erwärmung seit 1917 mit einem linearen Anstieg der Temperaturen um 2,1 °C. Eine starke Erwärmung zeigt sich ab 1987 und ab 2010. Gleichzeitig gehen die Niederschlagsmengen seit 2010 deutlich zurück. Während auf Macun die mittlere Schneehöhe stabil blieb, tritt die Schneeschmelze mittlerweile rund 15 Tage früher ein. Das folgende Kapitel beleuchtet, welche klimatologischen Veränderungen auf Macun aufgetreten sind.

3.1 Das Klima des Schweizerischen Nationalparks – eine kurze Übersicht

Simon C. Scherrer, Stephan Bader und Stefanie Gubler

Der Schweizerische Nationalpark liegt in einem inneralpinen Trockengebiet und ist stark von dieser Lage geprägt. Mit nur rund 900 mm Niederschlag pro Jahr fällt etwa an der Messstation Buffalora weniger als die Hälfte der Niederschlagssumme, die in den Glarner oder Tessiner Alpen verzeichnet wird. Der Niederschlag zeigt einen ausgeprägten Jahresgang mit einem Maximum in den Sommer- und einem Minimum in den Wintermonaten. Im Winterhalbjahr fällt der Niederschlag in höheren Lagen vorwiegend als Schnee; entsprechend liegt monatelang eine geschlossene Schneedecke. Durch die geschützte Lage scheint die Sonne im Schweizerischen Nationalpark zudem häufiger als auf der Alpennordseite.

Die Temperaturen werden grundsätzlich von der Höhenlage und der Exposition bestimmt. Tal- und Gipfellagen unterscheiden sich stark. Insbesondere im Winterhalbjahr kühlt die Luft in Tal- und Muldenlagen sehr stark aus und es bilden sich Kaltluftseen. Die häufig vorhandene geschlossene Schneedecke sowie die trockenen Verhältnisse verstärken diesen Effekt im Nationalpark zusätzlich. So können die Minimumtemperaturen in Tal- und Muldenlagen auf 1500 bis 2000 m ü. M. tiefere Werte erreichen als auf Gipfeln mit Höhen über 3000 m ü. M. Andererseits wird die Luft tagsüber durch die gute Besonnung und die trockenen Bedingungen stark erwärmt, weil wenig Feuchtigkeit verdunstet. Die mittleren Tageshöchstwerte liegen zum Beispiel im Sommer rund 3 °C höher als am Alpennordhang auf gleicher Höhenlage.

Das Klima im Nationalpark lässt sich kurz zusammengefasst als trocken, oft sonnig, im Winter als schneegeprägt und – aufgrund der Höhenlage – als kühl charakterisieren. Die Temperaturunterschiede zwischen den warmen Sommern und den kalten Wintern sind stark ausgeprägt.

3.2 Von der Parkgründung bis heute: Die klimatische Entwicklung im SNP

Stephan Bader, Stefanie Gubler, Michael Begert und Simon C. Scherrer

Das Klima verändert sich seit Gründung des Schweizerischen Nationalparks im gesamten Alpenraum stark. Um dieser langjährigen Entwicklung Raum zu geben, wird in diesem Kapitel kurz auf die Klimaänderung seit der Parkgründung eingegangen. Die Analysen basieren auf Daten der Station Buffalora, die kurz nach der Gründung des Parks im Jahre 1917 durch die MeteoSchweiz (damals: Meteorologische Zentralanstalt) installiert wurde.

3.2.1 Mehr Wärme

Der Messstandort Buffalora auf der Ofenpasshöhe auf 1971 m ü. M. ist vor allem bekannt für seine immer wieder sehr tiefen Temperaturen im Winter. Die Ursache dafür liegt in der Muldenlage, welche die Bildung eines Kaltluftsees begünstigt. Die träge Kaltluftmasse hat kaum Austausch mit der umgebenden Atmosphäre. Bei winterlichen Schönwetterlagen kühlt der Kaltluftsee dank guter Abstrahlung in klaren Nächten immer weiter aus. Trotz dieser speziellen Bedingungen zeigt die langjährige Temperaturentwicklung am Messstandort Buffalora dieselben Trends, die von den übrigen langen Temperaturmessreihen der Schweiz bekannt sind.

Ab Beginn des 20. Jahrhunderts verhielt sich das mehrjährige Temperaturmittel auf Buffalora bis in die 1980er-Jahre auffallend ruhig und ohne klaren Trend (siehe Abbildung 3.1). Die einzige vorübergehende Störung brachte die bekannte Warmperiode ab Mitte der 1940er-Jahre (Imfeld et al. 2022). Gegen Ende der 1980er-Jahre erfolgte ein sprunghafter Wechsel hin zu einer ausgeprägt wärmeren Klimaperiode. Seither bewegt sich das Temperaturmittel auf einem höheren Niveau als in den wärmsten Jahren vor 1990. Die früheren Extreme sind mit der Klimaänderung zur Norm geworden. Nach 2010 ist ein weiterer Wärmeschub zu beobachten. Ab diesem Zeitpunkt liegen selbst die kältesten Jahre auf dem Niveau der wärmsten Jahre vor 1990. Im Durchschnitt ist die Temperatur seit 1917 jährlich um rund 0,02 °C gestiegen, was auf einen Unterschied von rund 2 °C zwischen den Temperaturen von 1917 und heute hinausläuft.

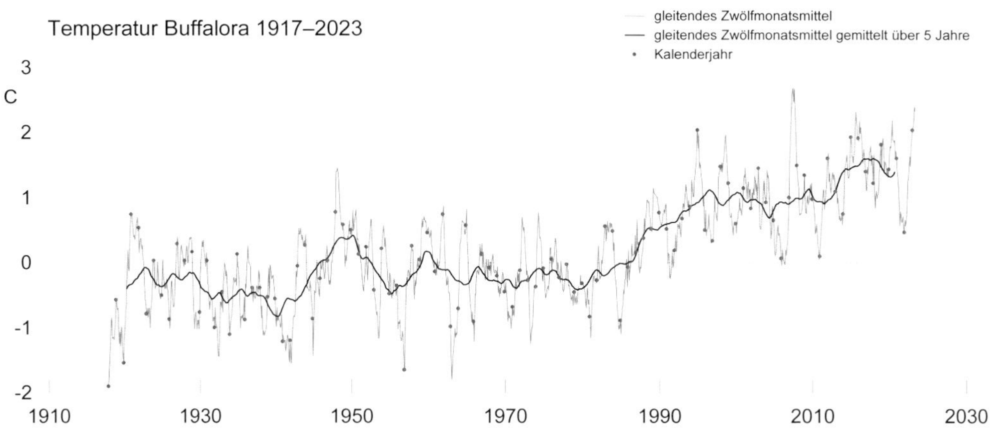

Abb. 3.1: Der Temperaturverlauf am Messstandort Buffalora (1971 m ü. M.) als gleitendes Mittel über zwölf Monate und fünf Jahre. Die Kalenderjahre (Januar bis Dezember) sind als Punkte dargestellt. Die Datenbasis sind homogene Monatswerte. (Quelle: MeteoSchweiz)

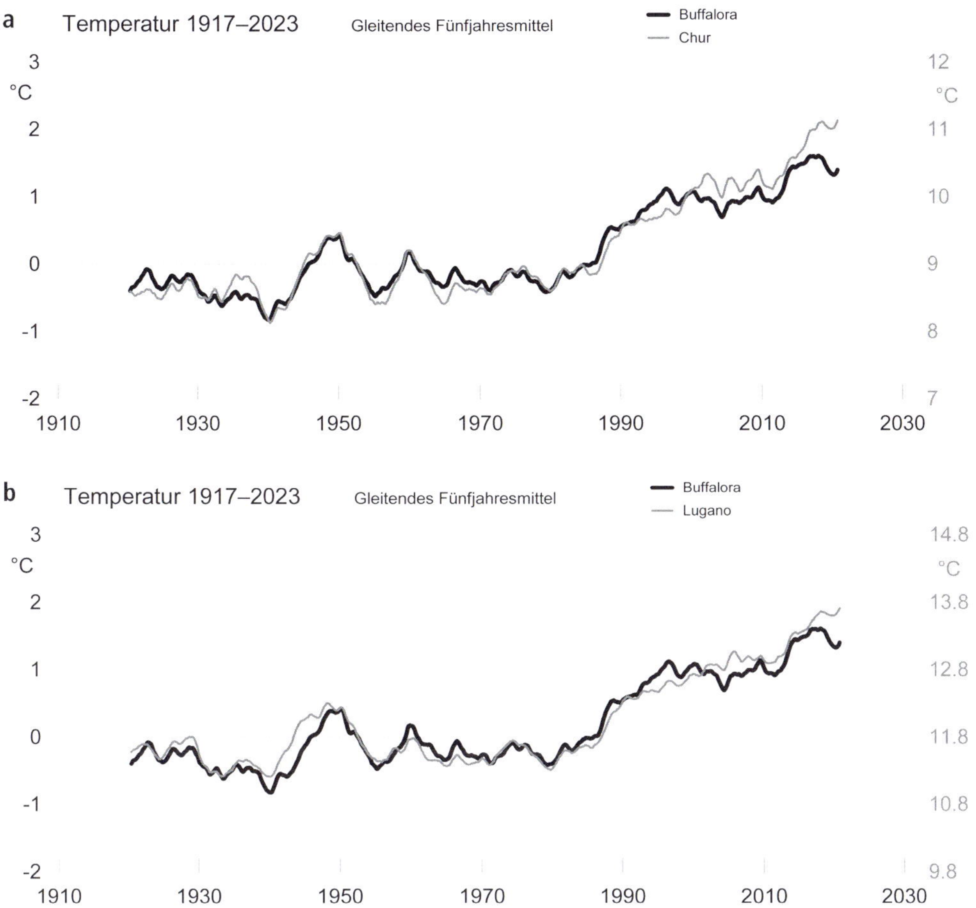

Abb. 3.2: Der Temperaturverlauf Buffalora (1971 m ü. M.) als gleitendes Mittel über fünf Jahre im Vergleich zu a) Chur (556 m ü. M.) und b) Lugano (273 m ü. M.) (Quelle: MeteoSchweiz)

3.2.2 Die Erwärmung im räumlichen Vergleich

Wie verhält sich die Temperatur am Messstandort Buffalora im Vergleich zu tiefer und höher gelegenen Messstandorten in der näheren oder weiteren Umgebung?

Die Messreihe Buffalora zeigt ab Messbeginn bis kurz nach 1990 denselben Verlauf wie die langen homogenen Messreihen Chur (556 m ü. M.) und Lugano (273 m ü. M.). Anschliessend ist bei den Reihen Chur und Lugano eine leicht stärkere Erwärmungstendenz zu erkennen (siehe Abbildung 3.2).

Die am hoch gelegenen Weissfluhjoch (2691 m ü. M.) gemessenen Temperaturverläufe und jene von Buffalora (1971 m ü. M.) sind praktisch identisch (siehe Abbildung 3.3). Der Höhenunterschied von über 700 m ist bezüglich der langjährigen Temperaturentwicklung bedeutungslos. Für verschiedene Bergregionen der Welt wurden stärkere Erwärmungen in grossen Höhen gefunden (Pepin et al. 2022). Im Alpenraum konnte diese Tendenz bisher nicht bestätigt werden (Ceppi et al. 2010; Rottler et al. 2019).

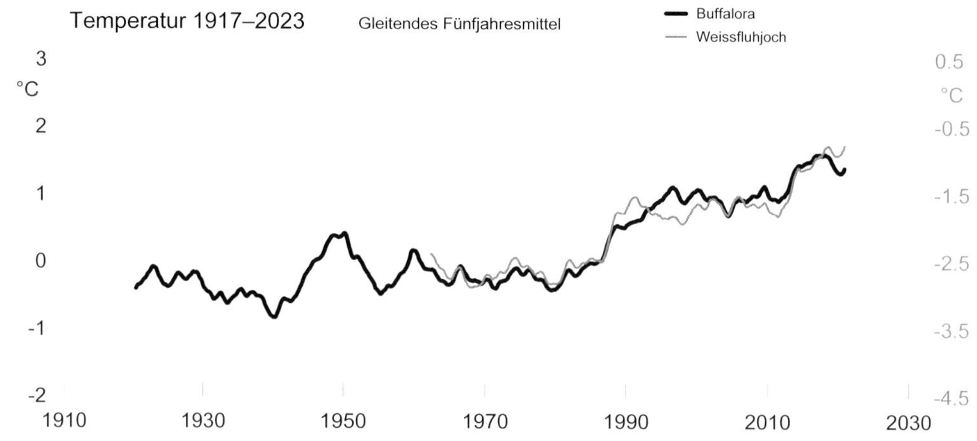

Abb. 3.3: Der Temperaturverlauf Buffalora (1971 m ü. M.) als gleitendes Mittel über fünf Jahre im Vergleich zum Weissfluhjoch (2691 m ü. M.) (Quelle: MeteoSchweiz)

3.2.3 Aktuell weniger Niederschlag

Die Niederschlagssummen haben sich am Messstandort Buffalora ab Messbeginn bis kurz nach der Jahrtausendwende im langfristigen Verlauf nicht verändert (siehe Abbildung 3.4a). Während der knapp hundert Jahre gab es einen mehr oder weniger regelmässigen Wechsel zwischen niederschlagsreicheren und -ärmeren Perioden. Ab 2010 liegt das mehrjährige Mittel der Niederschlagssummen hingegen auf einem tieferen Niveau. Zudem ist eine verminderte Variabilität feststellbar. Vor allem Ausschläge mit sehr nassen Zwölfmonatsperioden fehlen.

Ein ähnlicher Niederschlagsverlauf ist am tiefer gelegenen Messstandort Susch (1416 m ü. M.; siehe Abbildung 3.4b) im Unterengadin zu beobachten. Die periodischen Schwankungen bis zum Jahr 2000 sind geringer als am Messstandort Buffalora. Ab 2010 zeichnet sich ein Trend zu geringeren Niederschlagssummen ab. Im Laufe des Jahres 2022 sank die gleitende Zwölfmonatssumme auf das tiefste Niveau seit 1917.

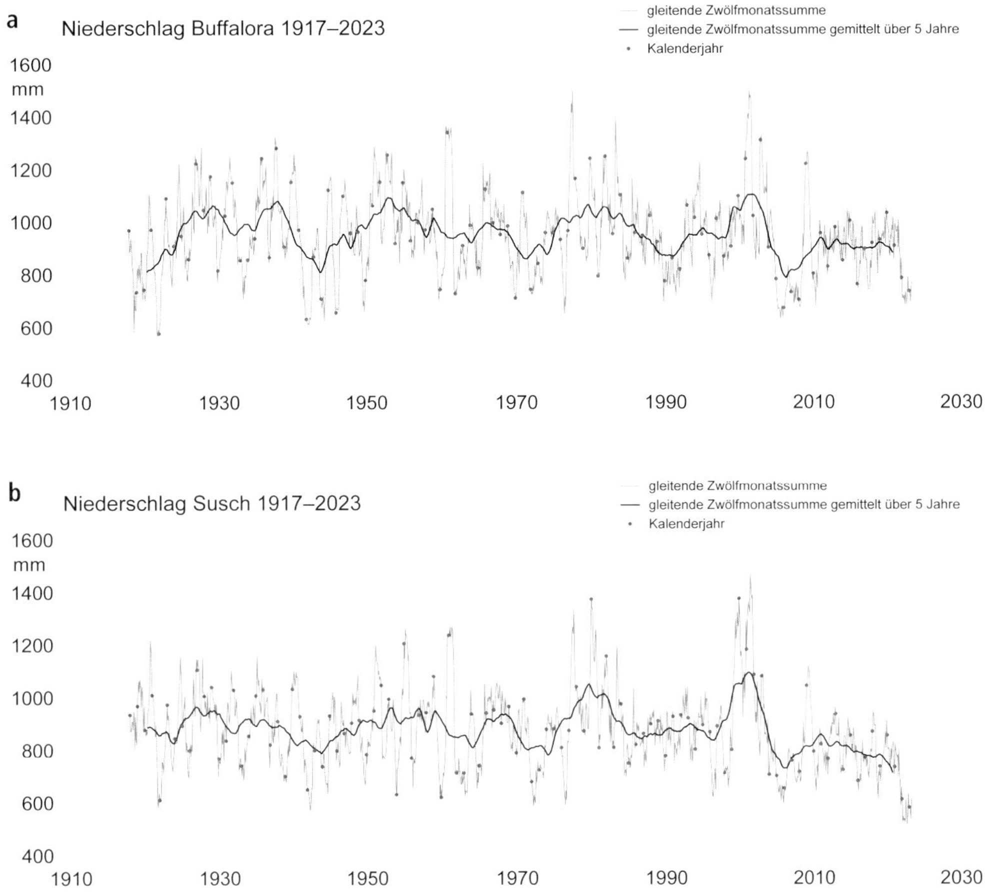

Abb. 3.4: Der Niederschlagsverlauf an den Messstandorten Buffalora (1971 m ü. M.; a) und Susch (1416 m ü. M.; b) als gleitendes Mittel über zwölf Monate und fünf Jahre. Die Kalenderjahre (Januar bis Dezember) sind als Punkte dargestellt. Die Datenbasis sind homogene Monatswerte. Homogene Monatswerte des Niederschlags sind für Susch ab 1901 verfügbar. (Quelle: MeteoSchweiz)

3.3 Das Klima seit Eingliederung von Macun in den Nationalpark

Stefanie Gubler und Simon C. Scherrer

Im Jahr 2000 wurde die Seenplatte Macun Teil des Schweizerischen Nationalparks und ab 2001 Objekt langfristiger wissenschaftlicher Untersuchungen. Aus diesem Grund wird hier speziell auf die Entwicklung des Klimas im Park von 2001 bis heute eingegangen. Diese Analyse wird auf Grundlage der Daten der Klimastation Buffalora durchgeführt, da für den Zeitraum 2001–2020 auf der Seenplatte Macun keine Messungen verfügbar sind. Sie basiert auf dem hydrologischen Jahr, das – entgegen dem Kalenderjahr – vom Oktober des Vorjahres bis zum September des genannten Jahres dauert. Das hydrologische Jahr 2001 etwa entspricht somit dem Zeitraum vom 1. Oktober 2000 bis zum 30. September 2001.

3.3.1 Ausgeprägter Temperaturanstieg

Wie in Kapitel 3.1 erläutert, weisen die Temperaturen auf Buffalora einen deutlichen Jahresverlauf auf. Die mittleren Monatstemperaturen erreichen im Januar Tiefstwerte von -9,4 °C und im Juli Höchstwerte von 11,3 °C (siehe Tabelle 3.1). Im langjährigen Mittel 2001–2023 liegt die Lufttemperatur auf Buffalora bei +1,3 °C (siehe Abbildung 3.5a). Durch den ausgeprägten Kaltluftsee sind im Winter zwischen Dezember und Februar ungefähr die Hälfte aller Tage sogenannte Eistage – also Tage, an denen die Temperatur den Gefrierpunkt nicht überschreitet. Frost tritt auf Buffalora jeden Monat auf: im Juli und August mit durchschnittlich drei Tagen selten, zwischen November und April fast täglich. Sommertage mit Temperaturen von 25 °C oder mehr sind auf dieser Höhe von knapp 2000 m ü. M. hingegen äusserst selten.

In den letzten 23 Jahren stieg die Temperatur um 0,4 °C pro Dekade. Dies entspricht einem mittleren Anstieg von rund 0,9 °C von 2001 bis 2023. Im Vergleich zur Periode 1917–2023 (siehe Kapitel 3.2) ist der Temperaturanstieg in den letzten 23 Jahren doppelt so stark.

Tab. 3.1: Langjährige Mittelwerte ausgewählter Messgrössen an der Messstation Buffalora (1971 m ü. M.) von der Aufnahme der Seenplatte Macun in den Schweizerischen Nationalpark bis heute (hydrologische Jahre 2001–2023)

		Okt.	Nov.	Dez.	Jan.	Feb.	März	April	Mai	Juni	Juli	Aug.	Sept.
Temperatur	[°C]	2,5	-3,2	-8,2	-9,3	-7,8	-3,8	0,6	5,2	9,8	11,3	10,8	6,8
Temperatur max.	[°C]	9,4	2,9	-1,6	-2,1	-0,3	3	6,4	11	16,3	18,2	17,5	13,5
Temperatur min.	[°C]	-2,9	-8,2	-14	-15,8	-15,1	-11	-5,8	-0,8	2,8	4	4	0,7
Eistage	[Tage]	0,8	7,7	18,2	20,7	14,7	7,7	2,3	0,1	0	0	0	0
Frosttage	[Tage]	23,7	27,6	30,8	31	28,2	30,7	28	18,9	5,7	2,7	3	12,8
Sommertage	[Tage]	0	0	0	0	0	0	0	0	0,2	0,5	0,6	0
Niederschlag	[mm]	93,4	92,4	48,1	47,9	30,4	41,8	53,2	90,7	98,4	113,4	132,7	70,1
Regentage	[Tage]	8	8,2	7	7,3	5,7	6,8	7,8	11,2	11,2	12	12,5	8,4

Legende:

Temperatur	[°C]	Monatsmittel der Temperatur
Temperatur max.	[°C]	Monatsmittel aller täglichen Maximumtemperaturen
Temperatur min.	[°C]	Monatsmittel aller täglichen Minimumtemperaturen
Eistage	[Tage]	Anzahl Tage mit einer Maximumtemperatur unter 0 °C
Frosttage	[Tage]	Anzahl Tage mit einer Minimumtemperatur unter 0 °C
Sommertage	[Tage]	Anzahl Tage mit einer Maximumtemperatur von mindestens 25 °C
Niederschlag	[mm]	Monatliche Summe der Niederschläge
Regentage	[Tage]	Tage mit mindestens 1 mm Niederschlag

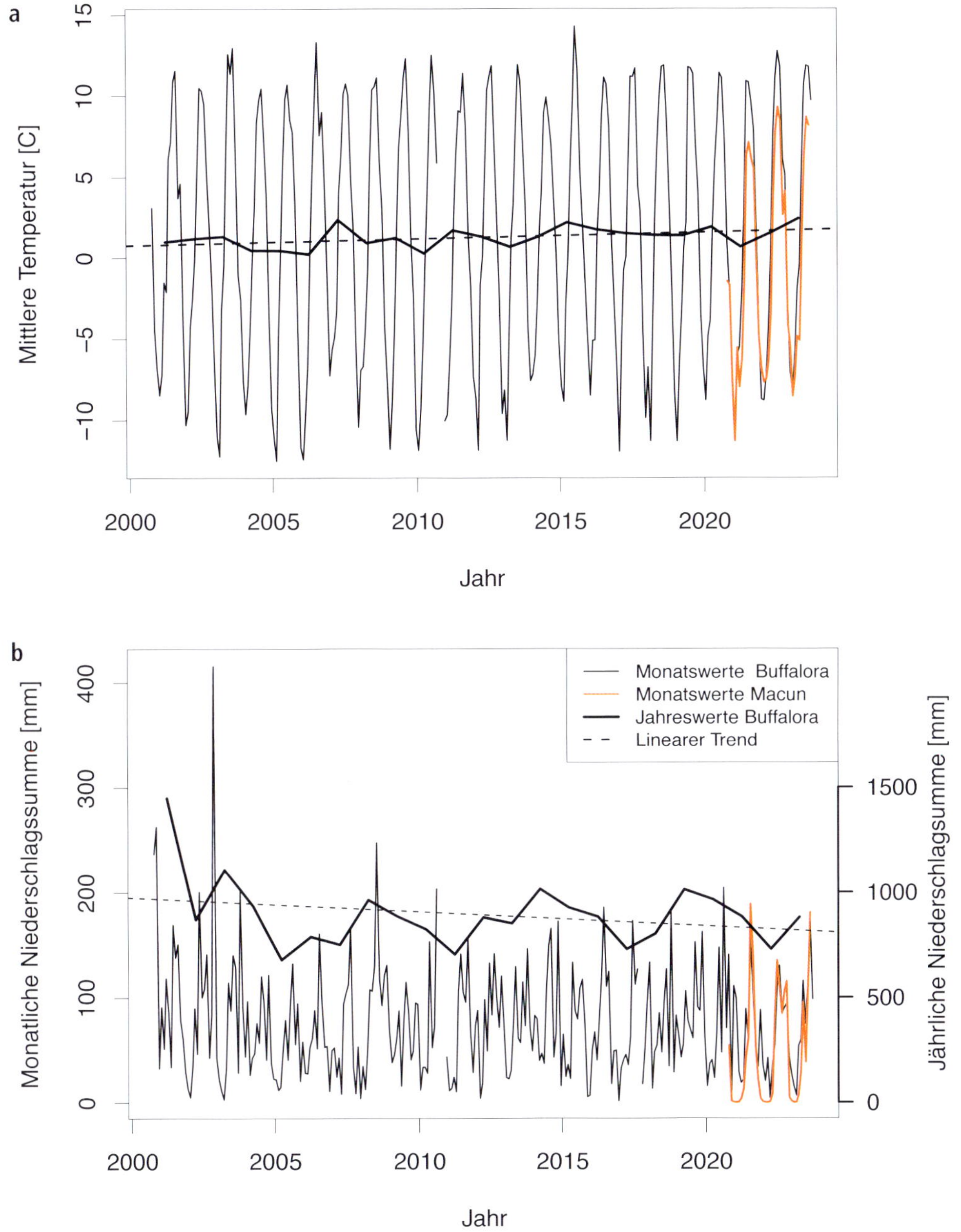

Abb. 3.5: a) Die schwarze Linie visualisiert die Mitteltemperaturen an der Messstation Buffalora seit dem Jahr 2000. Die durchgezogene orange Linie zeigt die monatlichen Mitteltemperaturen auf der Seenplatte Macun zwischen Oktober 2020 und September 2023. Die durchgezogene fette Linie repräsentiert die Mitteltemperatur des hydrologischen Jahres, während die gestrichelte dünne Linie einem linearen Trend der Jahresmitteltemperaturen in Abhängigkeit vom Jahr zeigt.
b) Monatliche Niederschlagssummen auf Buffalora (2001–2023, schwarz) und auf Macun (2021–2023, orange). Die schwarz ausgezogene, fette Linie markiert die Niederschlagssummen des hydrologischen Jahres an der Messstation Buffalora, die gestrichelte Linie zeigt den linearen Trend. (Quelle: eigene Grafik)

3.3.2 Weniger Niederschlag seit 2010

Die jährliche mittlere Niederschlagssumme an der Station Buffalora beträgt in den Jahren 2001 bis 2023 rund 900 mm (siehe Abbildung 3.5b). Der Niederschlag schwankt über die verschiedenen Monate stark: Mit 30 mm im Februar sind die Winter sehr trocken, in den Sommermonaten fällt mehr Niederschlag mit einem Maximum von 133 mm im Monat August (siehe Tabelle 3.1). Immer wieder gibt es auch einzelne Monate mit gegen 200 mm. In vier Fällen wurde dieser Wert sogar klar übertroffen: im Oktober und November 2000 (237 mm und 262 mm), im Juli 2008 (248 mm) und im November 2002, als sogar 415 mm Niederschlag fielen. Im Durchschnitt regnet es im Sommer auf Buffalora jeden zweiten bis dritten Tag. In den restlichen Jahreszeiten fällt im Durchschnitt an jedem vierten Tag Niederschlag in Form von Regen oder Schnee.

Wie im vorigen Kapitel beschrieben, bewegt sich der Jahresniederschlag seit dem Jahr 2010 (864 mm) auf einem tieferen Niveau als vor 2010 (937 mm) (siehe Abbildung 3.4a). Die jährliche Niederschlagssumme hat an der Messstation Buffalora seit 2001 um 67 mm pro Dekade abgenommen.

3.4 Wetterbeobachtungen auf der Seenplatte Macun

Christian Ebi, Simon Bloem, Stefanie Gubler und Simon C. Scherrer

Die Seenplatte von Macun, ihre Seen und Bäche, die Blockgletscher und die auf Macun lebenden Gemeinschaften sind seit 2001 Gegenstand wissenschaftlicher Untersuchungen. Um diese langjährige Forschung zu ergänzen, hat die Eawag, ein weltweit führendes Wasserforschungsinstitut des ETH-Bereichs, im Sommer 2017 eine Wetterstation auf Macun installiert. Aufgrund der gelieferten Daten können heute auch Informationen über das lokale Klima auf der Seenplatte gewonnen werden. Die Wetterstation liegt auf 2620 m ü. M. an der Zunge des grössten Blockgletschers B1 innerhalb der Nationalparkparkgrenzen (siehe Abbildung 3.6a).

Seit 2017 werden an dieser automatischen Station vom Typ WS700-UMB der Firma OTT HydroMet GmbH die atmosphärischen Bedingungen gemessen (Box 3.1). Aufgrund diverser Ausfälle und Messlücken im Winter werden diese Messungen seit Juli 2020 durch eine Parallelmessung einer Station vom Typ ATMOS 41 der Firma Meter Group ergänzt, die im Winter von keinen Ausfällen betroffen ist. Da die Kompakt-Wetterstation ATMOS 41 während des Jahres zuverlässige Messungen generiert, wurden die Untersuchungen des lokalen Klimas auf Macun anhand dieser Station durchgeführt. Einzig der Niederschlag im Winter wird nicht zuverlässig gemessen, da der eingebaute Sensor Niederschlag in Form von Schnee nicht erfassen kann (Box 3.1). Die Messungen sind ab Sommer 2020 verfügbar.

Abb. 3.6a) Lage der Wetterstation und der virtuellen Schneestation auf der Seenplatte Macun. Das Gebiet Macun Chavagliet, in dem die Bodentemperaturen untersucht wurden, ist mit einem kleinen Kasten markiert.
b) Wetterstation am Abfluss des Lai d'Immez direkt unterhalb der grossen Blockgletscher-Front B1.
c) Bezeichnung der Messgeräte: 1) ATMOS 41 Kompakt-Wetterstation (METER Group); 2) Solarpanel 40Wp (M40, Megasol); 3) PAR/Quantum-Sensor (Apogee SQ-110); 4) WS700-UMB Kompakt-Wetterstation OTT HydroMet); 5) Iridium 9602 Satelliten-Modem (Ground Control RockBLOCK Plus); 6) Batterie, Laderegler, Datenaufzeichnung; 7) Blitzschutz
(Fotos: Simon Bloem und Christian Ebi)

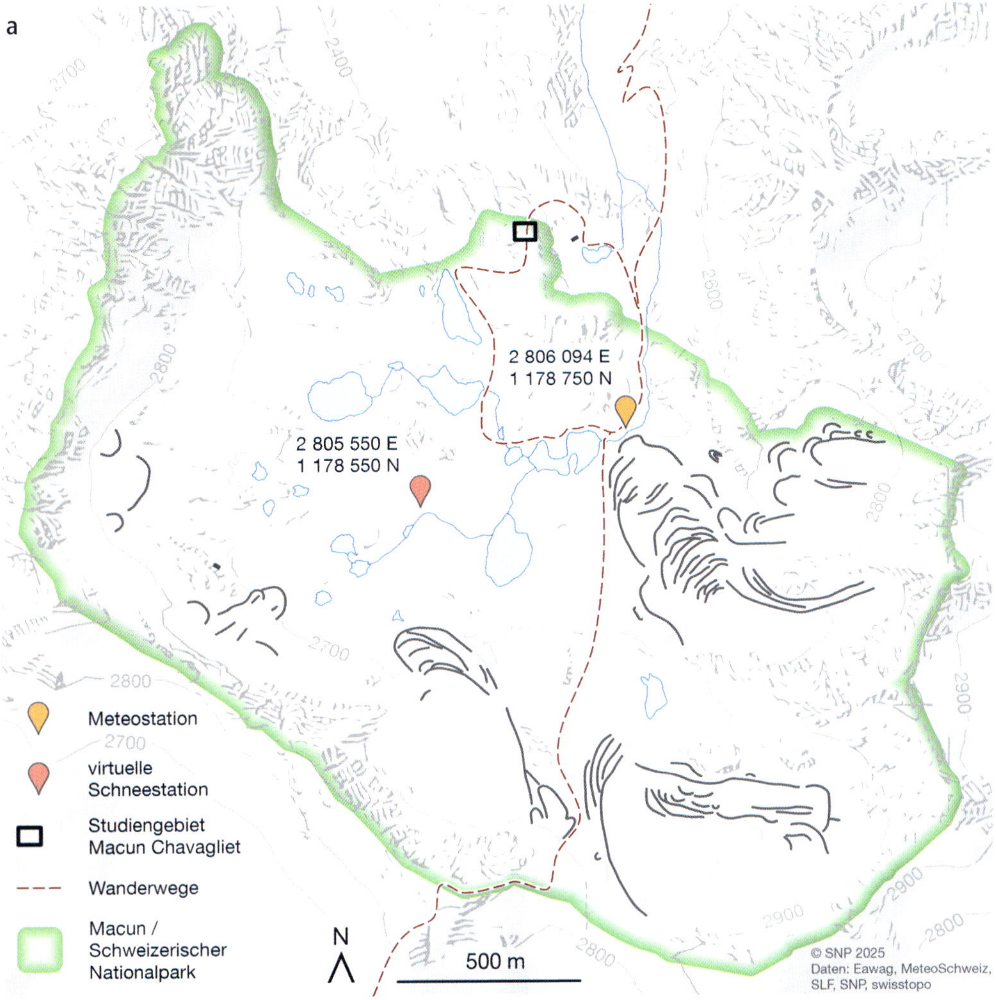
a
2700
2400
2600
2700
2800
2800
2700
2800
2900
2900
2900
2800
2800
2700
2 806 094 E
1 178 750 N
2 805 550 E
1 178 550 N
Meteostation
virtuelle
Schneestation
Studiengebiet
Macun Chavagliet
Wanderwege
Macun /
Schweizerischer
Nationalpark
N
500 m
© SNP 2025
Daten: Eawag, MeteoSchweiz,
SLF, SNP, swisstopo

b

c
7
4
5
1
3
2
6

BOX 3.1

Die Einzelteile der Wetterstation auf Macun werden nachfolgend kurz beschrieben: Die ATMOS 41 Kompakt-Wetterstation (1) misst gleichzeitig folgende Parameter (siehe Abbildung 3.6c):

- Temperatur
- relative Luftfeuchte
- Luftdruck
- Windstärke und -richtung
- Solarstrahlung (Globalstrahlung)
- Regen
- Blitzereignisse

Durch die sehr geringe Stromaufnahme eignet sich der Sensor für den ganzjährigen Betrieb mit Solarenergie (2) (Solarpanel 40Wp, M40 Megasol). Das Messprinzip des eingebauten Regensensors ermöglicht es nicht, im Winter den Niederschlag in Form von Schnee zu messen; die Messung dieses Geräts beschränkt sich auf den Regen in den Sommermonaten. Die Messwerte des Sensors werden periodisch von einer Datenaufzeichnungselektronik gelesen und abgespeichert (XLink 500, SUTRON). Neben der Kompakt-Wetterstation ATMOS 41 befindet sich ein Strahlungssensor (3) (SQ-110, Apogee), der spezifisch den für Photosynthese aktiven Strahlungsbereich von 400 bis 700 nm misst. Parallel werden zur Kontrolle über eine zweite Kompakt-Wetterstation (4) (WS700-UMB, OTT HydroMet) Wetterdaten gemessen, auf einer spezifisch entwickelten Arduino-basierten Elektronik abgespeichert und über ein Iridium-Satellitenmodem (5) (RockBLOCK Plus, Ground Control) auf den Server der Eawag und des Schweizerischen Nationalparks übertragen. Die WS700-UMB verfügt über einen Radar-Niederschlagssensor, der auch Schneefall erkennen und messen kann. Durch die beschränkte elektrische Energie kann dieser Sensor nicht beheizt werden; entsprechend sind die Messdaten in den Wintermonaten nur beschränkt verfügbar. Eine energiesparende Niederschlagsmessung mit Radar, die ganzjährig zur Verfügung steht, soll die WS700-UMB in Zukunft ablösen. Neben den Wetterdaten zeichnet die Station mit der Multiparametersonde (EXO2, YSI) auch Wasserdaten des Lai d'Immez auf und überträgt diese ebenfalls via Satellitenverbindung. Datenaufzeichnung, Solar-Laderegler und Batterien befinden sich in einem Schutzgehäuse (6) am Mast, das mit einem Blitzschutz (7) versehen ist.

3.5 Das Klima auf Macun und Buffalora im Vergleich

Stefanie Gubler, Stephan Bader, Michael Begert, Christian Ebi, Simon Bloem und Simon C. Scherrer

Kurze Messreihen von drei Jahren eignen sich aufgrund der hohen Klimavariabilität in den Alpen nicht, um das Klima eines Gebiets umfassend zu beschreiben. Eine Untersuchung der Jahr-zu-Jahr-Variabilität ist nur beschränkt möglich und langjährige Änderungen können nicht analysiert werden. Aus diesem Grund werden die Messungen auf der Seenplatte Macun mit der langjährigen Wetterstation Buffalora von MeteoSchweiz verglichen. Die Station Buffalora liegt rund 2 km nordwestlich der Ofenpasshöhe auf 1971 m ü. M. und somit knapp 650 m tiefer als die Seenplatte Macun. Auch die topografische Lage der beiden Stationen unterscheidet sich klar: Während die Messtation Buffalora in einer flachen, bewaldeten, nordwest–südost-orientierten Passregion liegt, befindet sich diejenige von Macun in einer hochalpinen, vegetationsarmen Umgebung am nördlichen Ausgang eines von Nordwest über Süd bis Nordost geschlossenen Talkessels. Die beiden Stationen sind knapp 14 km Luftlinie voneinander entfernt.

In den folgenden Kapiteln wird das lokale Klima auf Macun anhand der kurzen Messreihen von Oktober 2020 bis September 2023 für die Messgrössen Temperatur, Niederschlag, Wind und Globalstrahlung beschrieben. Aufgrund der kurzen Messreihe vergleichen wir diese mit den Messungen an der Station Buffalora für den gleichen Zeitraum. Analog zu Kapitel 3.3 basieren die Analysen auf hydrologischen Jahren.

3.5.1 Im Winter vergleichbar – im Sommer auf Macun deutlich kühler

Die Temperaturen auf der Seenplatte Macun lagen in den Wintern in den drei Monaten Dezember, Januar und Februar in den Jahren 2021 bis 2023 im Durchschnitt bei -7,5 °C (siehe Abbildung 3.7a) und waren somit 0,4 °C höher als die auf Buffalora gemessene Durchschnittstemperatur von -7,9 °C. Auf der Seenplatte wurden in den drei Wintern maximale Tagesmitteltemperaturen von 2,4 °C erreicht, während die minimalen Tagesmitteltemperaturen auf -18,6 °C sanken. Auf Buffalora erreichten extreme Tagesmitteltemperaturen 0,3 °C (Maximum) respektive -19,4 °C (Minimum). Sie liegen etwas tiefer als die extremsten Tagesmitteltemperaturen auf Macun, die in den Wintermonaten 2020/2021 bis 2022/2023 gemessen wurden. Aufgrund des Höhenunterschieds von 650 m ist dies auf den ersten Blick erstaunlich; der Umstand kann aber mit dem ausgeprägten Kaltluftsee erklärt werden, der das Winterklima auf Buffalora charakterisiert (siehe Kapitel 3.1) (Haller et al. 2013; Bader et al. 2014). Im Atlas des Schweizerischen Nationalparks (2013, S. 22) ist diesbezüglich Folgendes zu lesen: «*Insbesondere im Winterhalbjahr kühlt die Luft hier [Anm.: an der Station Buffalora] während klaren Nächten bodennah stark aus. Die kalte Luftmasse sammelt sich in Tal- und Muldenlagen und bildet einen Kaltluftsee. Daraus resultieren tiefere Minimumtemperaturen als an Gipfel- und Hanglagen mit vergleichbarer Höhenlage. So sind zum Beispiel die langjährigen Minimumtemperaturen im Januar in Buffalora auf 1968 m ü. M. mit -15,8 °C zwei Grad tiefer als jene auf dem 3305 m ü. M. gelegenen Piz Corvatsch.*» Die ähnlichen Wintertemperaturen auf Macun und Buffalora sind somit trotz des Höhenunterschiedes von 650 m nicht erstaunlich.

In den drei Sommern 2021 bis 2023 war es auf der Seenplatte Macun mit durchschnittlich 7,6 °C im Mittel rund 3,7 °C kühler als auf Buffalora mit mittleren 11,3 °C.

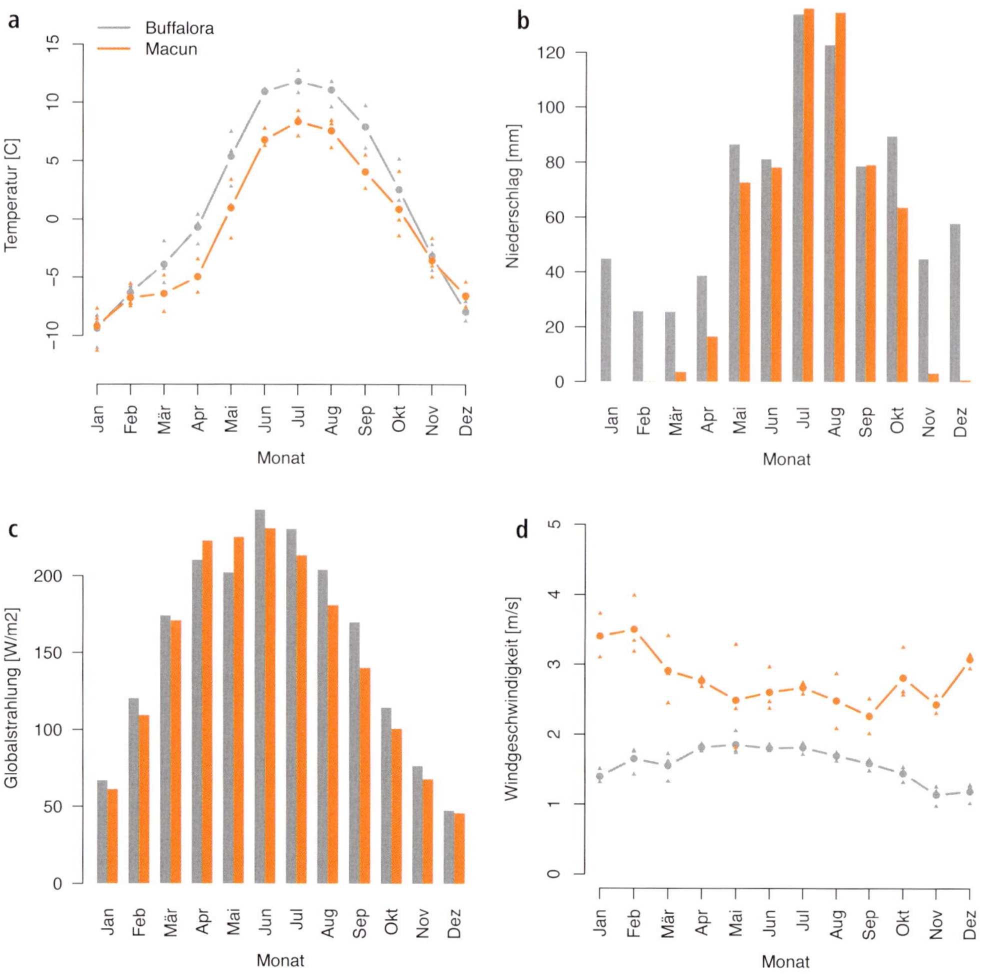

Abb. 3.7: Vergleich zwischen dem monatlichen Verlauf der Lufttemperatur (a) auf Macun (orange) und auf Buffalora (grau), gemittelt über die Jahre 2021 bis 2023 (Oktober 2021 bis September 2023). Die kleineren Dreiecke zeigen die mittleren Monatstemperaturen jedes einzelnen Jahres. Abbildung (b) zeigt für die beiden Stationen den Vergleich zwischen den monatlichen Niederschlagssummen, jene links unten (c) jenen der mittleren Globalstrahlung und die Abbildung rechts unten (d) vergleicht die mittleren Windgeschwindigkeiten. (Quelle: eigene Grafik)

Dieser Temperaturunterschied entspricht knapp dem aufgrund der 650 m Höhendifferenz zwischen den beiden Stationen erwarteten Unterschied von 4,2 °C, den man unter Annahme eines konstanten Temperaturgradienten von -6,5 °C pro 1000 m gemäss der Standardatmosphäre – festgelegt 1975 in der DIN ISO 2533 – erwarten würde. Die maximalen Werte der Tagesmitteltemperaturen erreichen auf Macun im Mittel über die drei Sommer rund 14,2 °C, während die minimalen Tagesmitteltemperaturen im Sommer mit -0,8 °C unter 0 °C sinken. Auf Buffalora sind auch die täglichen extremen Tagesmitteltemperaturen mit 4,7 °C (Minimum) und 16,2 °C (Maximum) deutlich höher als auf Macun.

Tab. 3.2: Langjährige Mittelwerte ausgewählter Messgrössen an den Messstationen Macun (2620 m ü. M.) und Buffalora (1971 m ü. M.) von 2021 bis 2023. Die Messgrössen sind in Tabelle 3.1 erläutert.

Macun (hydrologische Jahre 2021–2023)

		Okt.	Nov.	Dez.	Jan.	Feb.	März	April	Mai	Juni	Juli	Aug.	Sept.
Temperatur	[°C]	0,9	-3,6	-6,6	-9,2	-6,8	-6,4	-5,0	1,0	6,8	8,4	7,6	4,1
Temperatur max.	[°C]	3,8	-0,4	-3,5	-5,9	-2,9	-2	-0,6	4,4	10,4	11,7	10,6	7
Temperatur min.	[°C]	-1,9	-7,3	-10,2	-13	-10,8	-10,6	-9,3	-2,4	3,3	4,9	4,6	1,3
Eistage	[Tage]	5,3	14,3	24,7	27,7	20	20,3	16	4,3	0	0	0,3	1
Frosttage	[Tage]	19,7	29,3	30,7	31	28	31	30	20	2,3	0,7	2,7	6,3
Sommertage	[Tage]	0	0	0	0	0	0	0	0	0	0	0	0
Niederschlag	[mm]	63,7	3,2	0,7	0	0,2	3,5	16,6	72,7	78,2	136,2	134,7	79,2
Regentage	[Tage]	8,3	1,3	0	0	0	1,3	6	16,7	10,3	13,3	13,7	8,7

Buffalora (hydrologische Jahre 2021–2023)

		Okt.	Nov.	Dez.	Jan.	Feb.	März	April	Mai	Juni	Juli	Aug.	Sept.
Temperatur	[°C]	2,6	-3,2	-7,9	-9,4	-6,3	-3,9	-0,7	5,4	10,9	11,8	11,1	7,9
Temperatur max.	[°C]	9,7	4,3	-1,5	-2	2,1	3,7	5,2	10,9	17,7	18,8	17,8	14,8
Temperatur min.	[°C]	-3	-8,5	-13,7	-16	-13,9	-11,6	-7,3	-0,5	3,5	4,5	4,3	1,6
Eistage	[Tage]	0	5	18,3	19,3	10	6	3	0	0	0	0	0
Frosttage	[Tage]	26,7	29,7	31	31	28	31	28,7	16,7	2,7	0,7	1,7	9,7
Sommertage	[Tage]	0	0	0	0	0	0	0	0	0	0,7	1,3	0
Niederschlag	[mm]	89,7	44,9	57,9	44,8	25,9	25,6	38,8	86,6	81,3	134	122,9	78,7
Regentage	[Tage]	7,7	5,3	8	6,7	4,3	6	5,3	13	11,7	13	10,7	9,3

Die höchsten Monatsmitteltemperaturen werden auf der Seenplatte Macun mit 8,4 °C im Juli erreicht, während die tiefsten Monatstemperaturen mit durchschnittlich -9,2 °C im Januar gemessen wurden (siehe Tabelle 3.2). Auf Buffalora gab es die höchsten Monatsmitteltemperaturen mit 11,8 °C über die Jahre 2021 bis 2023 ebenfalls im Juli, während die tiefsten mit -9,4 °C im Januar verzeichnet wurden. Die mittleren monatlichen Maximumtemperaturen sind mit einem Unterschied von gut 7 °C auf Buffalora im Sommer deutlich höher als auf Macun, während die mittleren monatlichen Minimumtemperaturen im Sommer vergleichbar sind. Im Winter sind die Maximatemperaturen auf Buffalora nur ungefähr 3,6 °C höher als auf Macun, während die monatlich gemittelten Minimumtemperaturen auf Buffalora sogar 3,2 °C kälter sind als auf Macun, was vermutlich wiederum dem ausgeprägten Kaltluftsee auf Buffalora zuzurechnen ist.

Durch die tieferen Maximumtemperaturen gab es auf Macun im Winter deutlich mehr Eistage auf als auf Buffalora, nämlich zwischen 20 und knapp 28 Tagen pro Monat im Vergleich zu 10 bis 19 Tagen (siehe Tabelle 3.2). Auch im Frühling und Herbst gibt es auf Macun ab und zu Eistage, während dies auf Buffalora zwischen 2021 bis 2023 äusserst selten der Fall war. Von Oktober bis Mai ist auch Frost ein Phänomen, das sowohl auf Macun als auch auf Buffalora an mindestens zwei von drei Tagen auftritt. Hingegen sucht man warme Sommertage mit 25 °C oder mehr auf Macun nach wie vor vergebens.

3.5.2 Schwächere Tag-Nacht-Schwankungen

Nebst den Monatsmittelwerten wurden auch die Tagesverläufe der vier Jahreszeiten zwischen Macun und Buffalora in den Jahren 2021 bis 2023 verglichen (siehe Abbildung 3.8). Im Frühling wurden dazu auf Macun die viertelstündlichen Temperaturen der Zeit vom 15. April bis am 14. Mai gemittelt, im Sommer der Zeit vom 15. Juli bis am 14. August, im Herbst der Zeit vom 15. Oktober bis am 14. November sowie für den Winter der Zeit vom 15. Januar bis am 14. Februar. Für Buffalora wurde dasselbe gemacht, basierend auf den Stundenmitteln der Station. Im Durchschnitt liegt die Lufttemperatur auf Macun im Sommer nachts bei rund 6,5 °C und steigt auf knapp 11 °C tagsüber (siehe Abbildung 3.8). Die Tag-Nacht-Unterschiede auf Macun betragen somit rund 4,5 °C, was fast einem Drittel der Tag-Nacht-Unterschiede auf Buffalora entspricht. Im Mittel betragen die Nachttemperaturen auf Buffalora im Sommer etwa 5,9 °C und die Tagtemperaturen rund 17,4 °C. Somit beträgt der durchschnittliche Tag-Nacht-Unterschied auf Buffalora rund 11,5 °C.

Im Winter schwanken die Temperaturen auf Macun zwischen Nacht und Tag im Mittel zwischen -9,9 °C und -7,3 °C. Mit diesem Unterschied von 2,6 °C schwankt die Lufttemperatur auf Macun im Winter noch weniger als im Sommer. Im Vergleich dazu sind die Tag-Nacht-Unterschiede auf Buffalora auch im Winter mit knapp 12 °C deutlich ausgeprägter. In der Nacht sinken die Temperaturen auf Buffalora im Mittel auf -13 °C, während sie tagsüber bei -1,6 °C liegen. Zwei Effekte dürften diese grossen Unterschiede zwischen Macun und Buffalora erklären: Erstens nimmt der Tagesgang mit zunehmender Höhe über Meer im Alpenraum allgemein ab (Barry 1981). Zweitens befindet sich die Station Buffalora wie erwähnt in einem Gebiet, in dem sich oft ein ausgeprägter Kaltluftsee ausbildet, was zu sehr tiefen Minimumtemperaturen führt und potenziell zu hohen Tag-Nacht-Unterschieden. Die Herbsttemperaturen ähneln stärker den Winter- als den Sommertemperaturen, die Frühlingstemperaturen liegen näher bei den Sommer- als bei den Wintertemperaturen (nicht dargestellt).

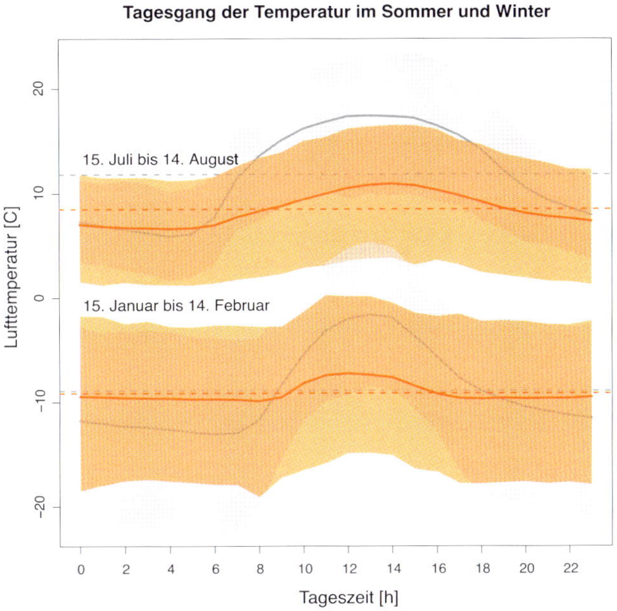

Abb. 3.8: Mittlerer täglicher Temperaturverlauf an den Stationen Macun (orange) und auf Buffalora (grau) im Sommer (Mitte Juli bis Mitte August) und im Winter (Mitte Januar bis Mitte Februar), gemittelt über den Zeitraum 2021 bis 2023 (durchgezogene Linie). Die gestrichelten geraden Linien markieren die mittlere Tagestemperatur. Die Flächen zeigen die 5-Prozent- und 95-Prozent-Quantile der zum gegebenen Zeitpunkt gemessenen Temperaturen an. (Quelle: eigene Grafik)

Die Tag-Nacht-Unterschiede sind mit 4,5 °C im Sommer auf Macun ausgeprägter als im Winter mit durchschnittlich 2,5 °C. Im Winter liegt eine quasi-permanente Schneedecke, die mit ihrer hohen Albedo die Maximumtemperaturen einschränkt. Ein weiterer möglicher Grund für den kleinen winterlichen Tagesgang könnte sein, dass durch die hohe Schneedecke auf der Seenplatte Macun die Temperaturmessung nicht 2 m über dem Boden, sondern näher an der Schneedeckenoberfläche erfolgt und daher in der Amplitude abgeschwächt wird. Dieser Effekt trifft allerdings auch auf Buffalora in gewissem Masse zu. Eine Quantifizierung dieses Effekts wäre nur mit genauen Schneehöhendaten möglich, die auf Macun nicht vorhanden sind.

3.5.3 Vergleichbare Niederschläge

Die monatlichen Niederschlagssummen auf Macun und Buffalora sind zwischen Mai und September sehr ähnlich (siehe Abbildung 3.7b). In den Wintermonaten sind in der Abbildung jedoch grosse Unterschiede erkennbar. Auf Macun wird zwischen November und März kaum Niederschlag gemessen. Dies lässt sich damit erklären, dass der Niederschlagssensor der Station ATMOS 41 nicht beheizt ist und somit Niederschlag in Form von Schnee nicht messen kann (siehe Box 3.1). Da die Messung des Niederschlags auf Macun im Winter nicht verlässlich ist und die mittleren Niederschlagssummen im Sommer gut vergleichbar sind mit Buffalora, wird die Beschreibung des Niederschlags reduziert auf Buffalora; für den Winter wurden nur die Daten dieser Station ausgewertet (siehe Kapitel 3.2).

3.5.4 Etwas schwächere Globalstrahlung

Die mittlere monatliche Globalstrahlung auf Macun reicht von 45 W/m^2 im Winter bis zu 230 W/m^2 im Sommer (siehe Abbildung 3.7c). Im Winter und Frühling sind die Werte an den beiden Standorten vergleichbar, im Sommer bis Frühherbst misst die Station auf Macun im Durchschnitt zwischen 13 und 26

W/m² weniger Strahlung als Buffalora. Im Jahresmittel verzeichnet die Station auf Macun ungefähr 5 Prozent weniger Strahlung als Buffalora. Dies dürfte unter anderem durch weniger direkte Sonneneinstrahlung respektive auf die Abschattung in Macun zurückzuführen sein, welche nicht durch die zusätzliche diffuse Strahlung aufgrund von Abstrahlung durch die umliegenden Berge kompensiert werden kann.

3.5.5 Stärkere Winde und Prägung durch die Topografie

Die mittleren monatlichen Windgeschwindigkeiten auf Macun sind mit 2,78 m/s im Mittel deutlich höher als auf Buffalora, wo im Mittel 1,58 m/s gemessen werden (siehe Abbildung 3.7d). Die mittlere monatliche Windgeschwindigkeit auf Macun schwankt beträchtlich: Die höchsten Werte erreicht sie im Januar und Februar (3,40–3,50 m/s), die tiefsten im Spätsommer (2,21–2,42 m/s). Auf Buffalora sind die mittleren monatlichen Windgeschwindigkeiten konstanter. Der jährliche Verlauf ist im Vergleich zu Macun umgekehrt: Die tiefsten Monatsmittel werden mit 1,14 bis 1,18 m/s im November und Dezember erreicht, während die höchsten Werte mit 1,84 bis 1,85 m/s im Mai und Juni verzeichnet wurden. Im Allgemeinen nimmt die Windgeschwindigkeit mit zunehmender Höhe über Meer zu. Daher erstaunt es nicht, dass das deutlich höher gelegene Macun ganzjährig eine höhere mittlere Windgeschwindigkeit aufweist. Für die Details spielen die lokalen Gegebenheiten (lokale Topografie, Vegetation etc.) eine grosse Rolle. Ohne Detailuntersuchungen ist es nicht möglich, allenfalls bestehende weitere Unterschiede im Jahresverlauf seriös zu erklären.

Auch in Bezug auf die Windrichtung (siehe Abbildung 3.9) unterscheiden sich Macun und Buffalora deutlich, was klar den topografischen Begebenheiten zugeschrieben

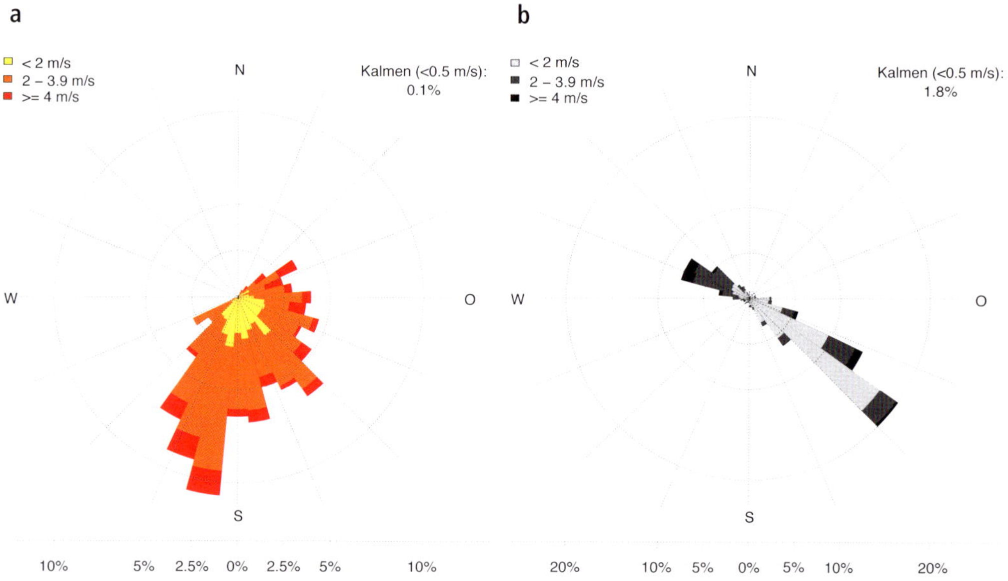

Abb. 3.9a: Windrose der Wetterstation ATMOS 41 auf der Seenplatte Macun (2020–2023); Abb. 3.9b Windrose der Station auf Buffalora (2017–2023) (Quelle: MeteoSchweiz) Die Windrosen wurden aus den Tagesmittelwerten (Macun) respektive aus den Stundenmittelwerten (Buffalora) der Windgeschwindigkeit berechnet.

werden kann. Im Mittel weht der Wind an der Wetterstation auf Macun meist aus südlicher oder südsüdwestlicher Richtung. Dies entspricht dem, was man aufgrund der topografischen Gegebenheiten des Standortes der Station erwarten würde. Letztere befindet sich am Abfluss des Lai d'Immez, dort, wo einer der Zuflüsse des Baches Aua da Zez-

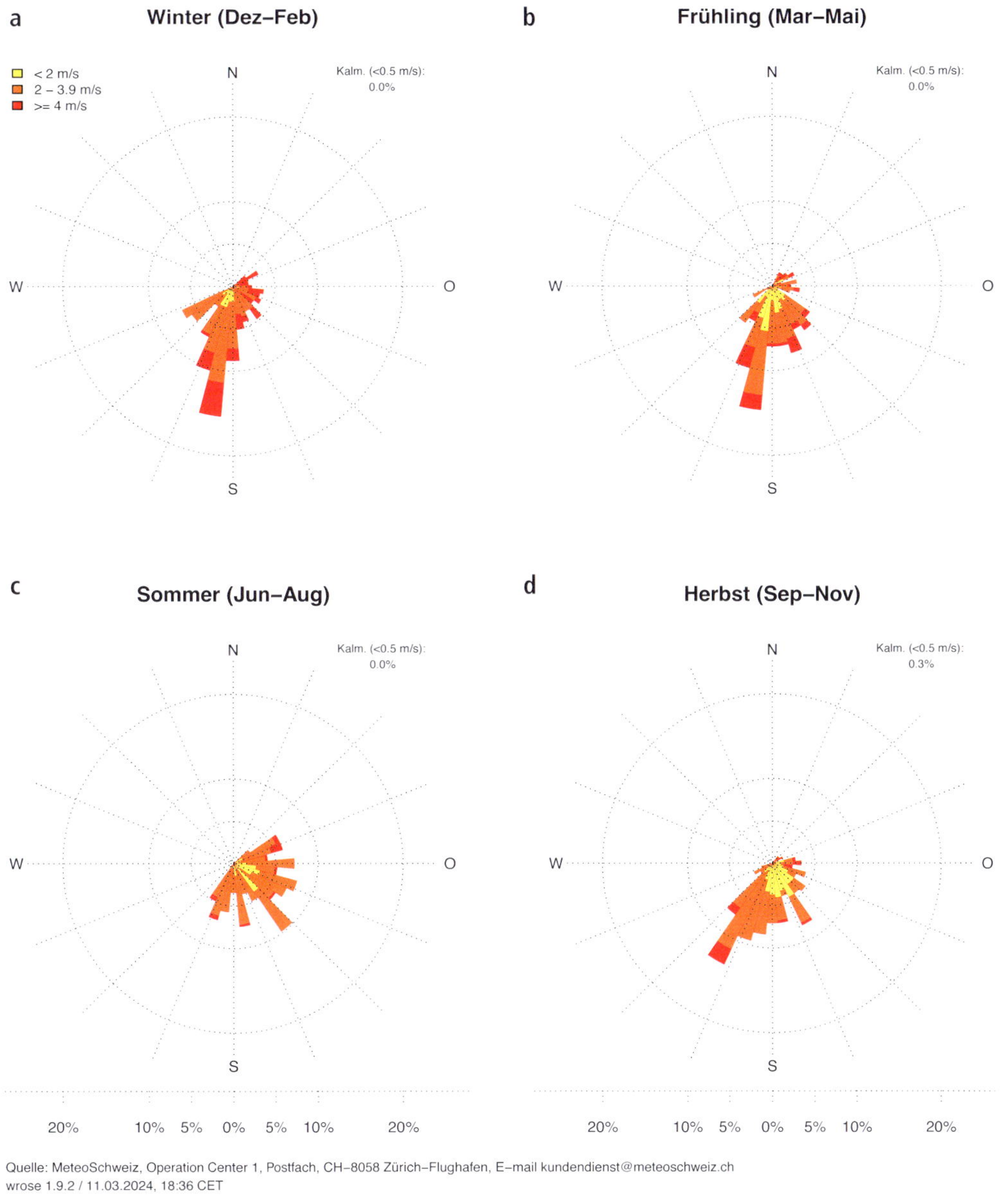

Abb. 3.10: Mittlere saisonale Windrosen an der Station Macun ATMOS 41 vom 1. Dezember 2016 bis 30. November 2023. Die saisonalen Windrosen wurden aus den Tagesmittelwerten der Windgeschwindigkeit berechnet. (Quelle: MeteoSchweiz)

nina entspringt, in einem schmalen Tal, das sich von Südsüdwest nach Nordnordost erstreckt. Da der Wind meist aus südlicher oder südsüdwestlicher Richtung kommt, weht er somit auf Macun in der Regel den Berg hinunter und wird dabei durch die topografischen Gegebenheiten des kleinen Tals unterhalb des Lai d'Immez kanalisiert. Weiter kommt Wind vor allem im Sommer auch teilweise aus südöstlicher bis östlicher Richtung, also vom grössten Blockgletschers B1, an dessen Zunge die Station liegt (siehe Abbildung 3.10). Wind aus Westen oder Norden wird das ganze Jahr über nicht registriert. Die Windstärken variieren zwischen weniger als 2 m/s und über 4 m/s, wobei am häufigsten Windgeschwindigkeiten von 2 bis 3,9 m/s verzeichnet wurden. Ganz windstill ist es auf Macun nur in 0,1 Prozent der Fälle, also fast nie. Wenn der Wind stark weht, kommt er meistens aus südsüdöstlicher Richtung.

Das saisonale Muster der Windrichtung auf Buffalora (nicht dargestellt) unterscheidet sich aufgrund der topografischen Begebenheiten stark von der Situation auf Macun. Der Wind auf Buffalora weht entweder aus südöstlicher (Bergwind) oder aus nordwestlicher Richtung (Talwind). Aus anderen Richtungen kommt der Wind auf Buffalora nur selten, was aufgrund der Topografie zu erwarten ist. Im Gegensatz zu Macun werden auf Buffalora bei knapp 15 Prozent der Messungen sogenannte Kalmen registriert (Windgeschwindigkeit < 0,5 m/s). Auch das lässt sich gut erklären, da die Messtation auf einer Lichtung steht und von Wald umgeben ist.

3.5.6 Geringerer Luftdruck – gleicher Verlauf

Der Verlauf des atmosphärischen Luftdrucks (nicht dargestellt) ist mit Werten von ungefähr 741 hPa auf Macun und rund 803 hPa auf Buffalora über das Jahr gesehen relativ konstant. Die monatlichen Werte schwanken nur gering und liegen stets nahe bei diesen Jahresmittelwerten. Auf Macun werden Tiefstwerte von 735 hPa im Dezember und Höchstwerte von 747 hPa im Juli erreicht. Der jährliche Verlauf des Luftdrucks ist an beiden Stationen gleich, mit höheren Werten zwischen Juni und Oktober und tieferen im Winter und Frühling. So ist auch auf Buffalora der monatliche Luftdruck um den Dezember herum mit 797 hPa am tiefsten und mit 807 hPa im Juli am höchsten.

3.6 Die Schneedecke auf Macun

Christoph Marty, Stefanie Gubler und Simon C. Scherrer

Aufgrund fehlender Schneemessungen auf der Seenplatte Macun wird in diesem Kapitel auf modellierte Daten aus einem gegitterten schweizweiten Schneehöhendatensatz mit einer Auflösung von 1 km zurückgegriffen (Michel et al. 2023; Marty et al. 2025); zur Verfügung stehen die Daten ab dem Winter 1961/1962. Für die «virtuelle» Station Macun wurden die Daten von den Koordinaten 2 805 550/1 178 550 auf rund 2650 m ü. M. verwendet, was einem Punkt im Bereich der verschiedenen Seen entspricht (siehe Abbildung 3.6a). Aufgrund eines Vergleichs zwischen den zwei nächstgelegenen automatischen Schneemessstationen in ähnlicher Höhe und den Modelldaten des bezüglich Höhe nächstgelegenen Gitterpunktes ist bekannt, dass die Modelldaten in dieser Höhe und Region die gemessenen Werte um rund 50 Prozent unterschätzen. Die täglichen Modelldaten der virtuellen Station Macun wurden darum mit 1,5 multipliziert und im Folgenden mit den Messdaten der Nachbarstationen verglichen. Es sind dies die Station von MeteoSchweiz Buffalora (1971 m ü. M., rund 14 km Entfernung) sowie die Stationen des Instituts für Schnee- und Lawinenforschung (SLF) Murtaröl (südlich der Ofenpasshöhe unterhalb des Piz Daint, 2360 m ü. M.,

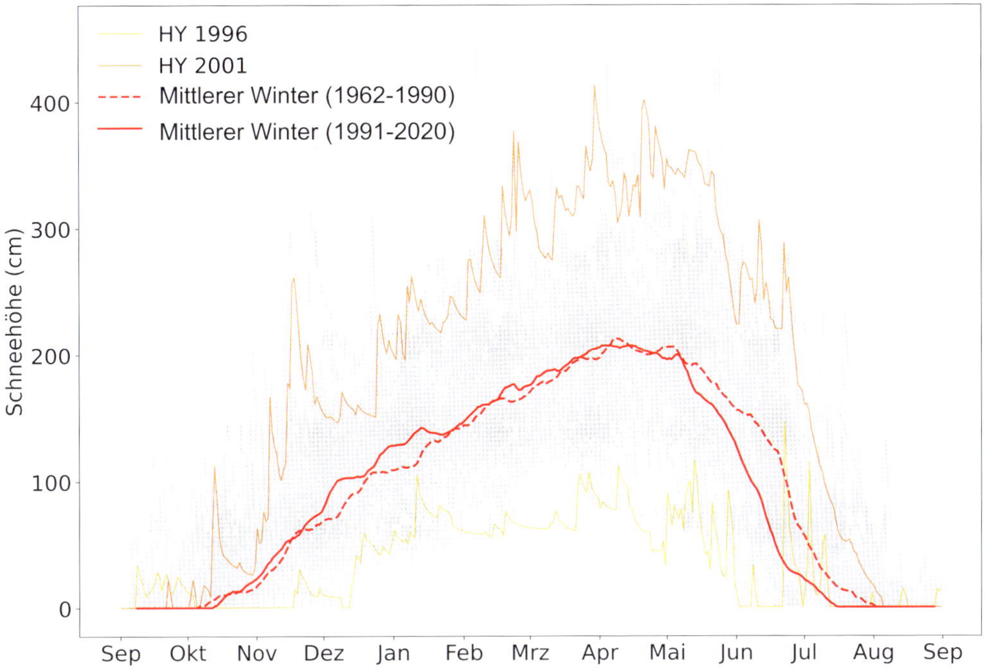

Abb. 3.11: Verlauf der täglichen Schneehöhe auf der Seenplatte Macun (2650 m ü. M.). Hervorgehoben sind der Medianverlauf zwischen 1991 und 2020 (durchgezogene rote Linie) und der Medianverlauf zwischen 1962 und 1990 (gestrichelte rote Linie) sowie der schneereiche Winter 2001 (orange) und der schneearme Winter 1996 (gelb). Alle anderen Winter zwischen 1962 und 2023 sind in Grau dargestellt.

rund 16 km Entfernung) und Plüschezza (westlich von Zernez unterhalb des Piz Sarsura, 2680 m ü. M., rund 9 km Entfernung). Leider verfügt nur gerade die Station Buffalora über eine ähnlich lange Messereihe, die bis in die 1960er-Jahre zurückreicht. Im Folgenden werden die Winter basierend auf der zweiten Jahreszahl (also 1962 im obigen Beispiel) bezeichnet, weil die Schneebedeckung hauptsächlich im Kalenderjahr nach dem Einschneien erfasst werden kann.

3.6.1 Schneehöhenverlauf

Der mittlere Verlauf (Medianwerte) der täglichen Schneehöhen der letzten dreissig Jahre auf Macun zeigt, dass sich die kontinuierliche Schneedecke normalerweise Mitte Oktober bildet, zwischen April und Anfang Mai ihr Maximum von rund 200 cm Schneehöhe erreicht und jeweils etwa in der ersten Julihälfte wieder weggeschmolzen ist (siehe Abbildung 3.11). Die jährliche Variabilität ist aber riesig, so wurde beispielsweise im Winter 2001 Ende Mai eine maximale Schneehöhe von fast 4 m erreicht, während die Schneedecke im Winter 1996 nur 1 m mächtig war. In diesem schneearmen Winter bildete sich die Schneedecke erst Mitte November und verschwand bereits in den ersten Junitagen wieder.

Ein Vergleich des mittleren Schneehöhenverlaufs (Median) zwischen der ersten Hälfte (1962–1990) und der zweiten Hälfte der rund 60-jährigen Datenreihe zeigt, dass sich die Akkumulationsphase und die Zeit des Schneehöhenmaximums praktisch nicht verändert haben. Die Maximalwerte waren früher nur minim höher. Deutlich gewandelt hat sich hingegen die Ablationsperiode (Schmelzphase): Das Ausapern fand in den dreissig Jahren vor 1990 rund zehn Tage später statt als in den dreissig Jahren nach 1990, nämlich in der zweiten Juli-Hälfte. Diese Resultate bezüglich des Einschneiens, Ausaperns und der Maxima passen auch gut mit beobachteten Veränderungen auf dem Weissfluhjoch (2540 m ü. M.) oberhalb von Davos überein (Marty & Meister 2012).

3.6.2 Zeitliche Entwicklung im räumlichen Vergleich

Um die modellierten absoluten Schneehöhen und deren zeitliche Entwicklung auf Macun einordnen zu können, werden im Folgenden die mittleren Schneehöhen mit den von Oktober bis Mai gemessenen Stationswerten verglichen. Die nächstgelegene Station Plüschezza – sie liegt etwa auf der gleichen Höhe wie Macun – zeigt mit rund 120 cm sehr ähnliche mittlere Schneehöhen. Bei der rund 300 m tiefer und südlicher gelegenen Station Murtaröl wurden Schneehöhen von rund 80 cm gemessen, während die 700 m tiefer gelegene Station Buffalora nur noch auf rund 40 cm kommt. Die virtuelle Station Macun weist damit nur wenig geringere mittlere Schneehöhen auf als das Weissfluhjoch, was aufgrund der inneralpinen Lage nicht so erwartet werden konnte, andererseits aber gut mit der Station Plüschezza (2680 m ü. M.) oberhalb von Zernez und der Station Porta d'Es-cha (2727 m ü. M.) am Piz Kesch übereinstimmt. Auf jeden Fall zeigen auch die andern Gitterzellen auf Macun sehr ähnliche Schneehöhen.

Unabhängig von dieser Tatsache verzeichneten alle erwähnten Stationen die bereits von anderen Untersuchungen bekannte grosse Jahr-zu-Jahr-Variabilität der Schneehöhe. Bezüglich Schneearmut fällt die nur 70 cm durchschnittliche Schneehöhe des Winters 1996/1997 auf. Auf der anderen Seite sticht der Winter 2001 mit einer durchschnittlichen Schneehöhe von 2 m hervor. Der durch die Klimaerwärmung bedingte Rückgang der Schneehöhen (sprungartige Änderung Ende der 1980er-Jahre) ist an der tieferen Station Buffalora besser ersichtlich

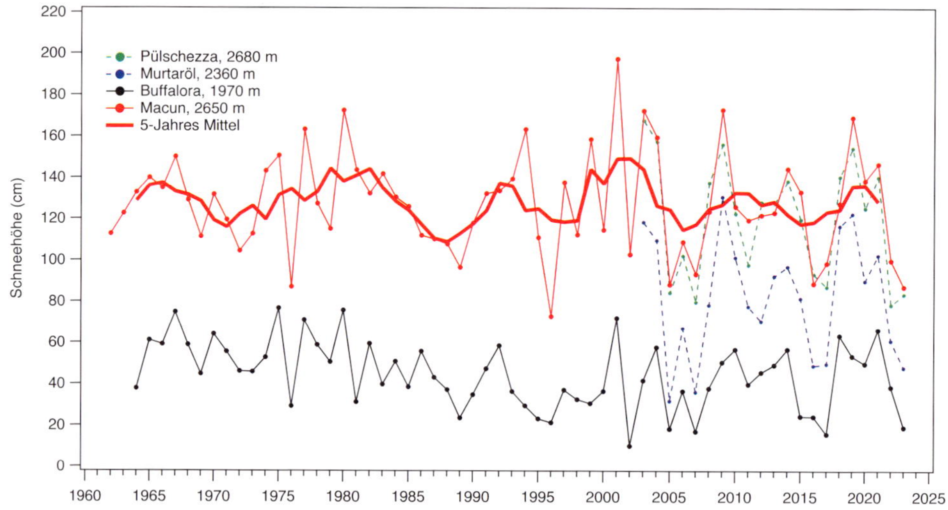

Abb. 3.12: Mittlere Schneehöhe auf der Seenplatte Macun von Oktober bis Mai für jeden Winter als gleitendes Fünfjahresmittel (rot), im Vergleich dazu die jährlichen Werte der Stationen Plüschezza (grün), Murtaröl (blau) und Buffalora (schwarz) (Quelle: SLF)

als auf dem 700 m höher gelegenen Plateau von Macun. Dies ist auch nicht weiter verwunderlich, weil der oben beschriebene Rückgang der Schneedecke auf der Höhe von Macun sich hauptsächlich auf die Schmelzphase im Juni und Juli bezieht, während die in Abbildung 3.12 gezeigten Schneehöhen Mittelwerte für Oktober bis Mai zeigen. Ein Trendanalyse über die untersuchten 62 Jahre zeigt eine geringe, nicht signifikante Abnahme der mittleren Schneehöhen auf der Seenplatte Macun.

3.7 Boden- und Oberflächentemperaturen im Gebiet Macun Chavagliet

Jogscha Abderhalden und Samuel Wiesmann

Im Laufe eines Tages schwanken die Oberflächentemperaturen im Hochgebirge je nach Exposition und Bodenbeschaffenheit beziehungsweise Pflanzenbewuchs beträchtlich. Es wird angenommen, dass diese Schwankungen durch die gegenwärtigen Klimaeinflüsse zunehmen und dadurch auch einen stärkeren Einfluss auf die Pflanzenwelt haben werden (Jones & Vaughan 2010). Um den Effekt dieser Temperaturschwankungen auf die Pflanzenwelt zu analysieren und zukünftige Szenarien zu berechnen, sind zuverlässige Temperaturdaten des Bodens und der Luft in unmittelbarer Oberflächennähe eine wichtige Voraussetzung. Je nach wissenschaftlicher Fragestellung werden Sensoren verschiedenster Art gewählt, die genaue Messungen der Oberflächen- und Bodentemperatur ermöglichen. Im Rahmen einer Bachelorarbeit wurden zwei verschiedene Sensortypen für punktuelle Oberflächen- und Bodentemperaturmessungen mit flächendeckenden Messungen mit einer Thermalkamera verglichen. Letztere wurden auf Basis von Drohnenflügen durchgeführt.

Im Gebiet Macun Chavagliet, einer Erhöhung nördlich des Lai d'Immez (siehe Abbildung 3.6a), wurden im Sommer 2018 (Mai bis Oktober) von sieben Bodentemperatur-Loggern vom Typ iButton und fünf USB-Datenloggern für Oberflächentemperaturen kontinuierliche Punktmessungen vorgenommen. Zusätzlich wurden an vier Tagen zu bestimmten Zeitpunkten über das ganze Gebiet mehrere Drohnenflüge durchgeführt, um räumlich hochaufgelöste Oberflächentemperaturkarten zu berechnen.

Das Ziel war, die beiden Methoden zu vergleichen. Zu diesem Zweck wurden die Daten der drei Tage, an denen sowohl Temperaturlogger installiert als auch Drohnenflüge durchgeführt wurden, genauer analysiert (5. Juni, 25. Juli, 2. August 2018). Die Temperaturschwankungen über alle drei Tage gerechnet waren beträchtlich und unterschieden sich zwischen den Methoden mit Messwerten zwischen -4 °C und 32 °C bei den Loggern und -10 °C und 49 °C in den Thermalbildern. Die grösseren Fluktuationen in den Drohnenbildern können der flächendeckenden Erhebung und damit der grösseren Variabilität in Exposition und Bodenbeschaffenheit zugeschrieben werden. Ein weiterer Unterschied zwischen den Messmethoden war der Messpunkt. Die Temperaturlogger messen die Temperatur in Oberflächennähe respektive im Boden und in der Luft, während mit der Thermalkamera die faktische Oberflächentemperatur wiedergegeben wird. Somit sind die Messungen der Temperaturlogger im Gegensatz zu den Drohnenaufnahmen vom Einfluss der direkten Sonneneinstrahlung abgeschirmt (Gubler et al. 2011).

3.7.1 Temperaturlogger

Bei iButtons handelt es sich um Messgeräte von der Grösse einer Knopfzellen-Batterie (16 mm Durchmesser). Sie können Temperaturen zwischen -40 und 85 °C mit einer Genauigkeit von ± 0,5 °C im mittleren Bereich messen. Die Logger können auf der Oberfläche installiert werden oder wenige Zentimeter in den Boden eingegraben werden und bis zu 4096 Messungen speichern. Wegen ihrer Feuchtigkeitsempfindlichkeit (Lewkowicz 2008) wurden sie für dieses Projekt in Wasserballone eingepackt und anschliessend im Boden vergraben (siehe Abbildung 3.13a).

Im Gegensatz zu den iButtons, die Temperaturen am und im Boden messen, erfassen die USB-Logger die Lufttemperatur in Bodennähe. Die verwendeten USB-Logger haben einen Messbereich von -35 bis 80 °C und eine Messgenauigkeit von ± 0,4 °C. Ein Logger kann bis zu 16 382 Messungen speichern. Da die Logger im Hochgebirge nicht an Bäumen oder anderer Vegetation aufgehängt werden können, wurden Holzpflöcke konstruiert, in denen die Logger installiert wurden (siehe Abbildung 3.13b). Alle Temperaturlogger (mit Ausnahme eines USB-Loggers, der Messfehler aufwies) waren mindestens im Zeitraum vom 21. Januar 2018 bis am 04. Oktober 2018 installiert und speicherten während dieses Zeitraums stündlich die Temperaturen.

3.7.2 Fernerkundung von Oberflächentemperaturen

Eine weitere Methode, um Oberflächentemperaturen zu ermitteln, ist die Aufnahme von Drohnenbildern mithilfe einer Thermalkamera. Mit dieser Methode ist es zwar nicht möglich, einen Temperaturverlauf über längere Zeit zu messen, doch haben Drohnenbilder den Vorteil, dass Temperaturen für einen bestimmten Zeitpunkt flächendeckend aufgenommen werden können.

Für dieses Projekt wurden an vier Tagen im Sommer 2018 Drohnenflüge über dem Studiengebiet durchgeführt (siehe Tabelle 3.3). Die Drohne war sowohl mit einer optischen RGB-Kamera als auch mit einer Thermalkamera vom Typ Flir Tau 2640 ausgestattet. Um homogene Aufnahmen zu erhalten, die den für die Berechnung von Orthofotos notwendigen Qualitätsvoraussetzungen entsprechen, wurden die Flüge im automatischen Modus nach Flugplan geflogen. Der Flugplan enthielt 120 Wegpunkte (Fotos) mit einer Überlappung von 80 Prozent von Bild zu Bild. Geflogen wurde auf einer Höhe von 40 m über Boden ab Startpunkt. Mithilfe von Kontrollpunkten, deren Positionen per

Abb. 3.13: Installation der iButtons (a) und USB-Termperaturlogger (b) auf Macun Chavagliet (Fotos: Samuel Wiesmann)

Tab. 3.3: Daten und Zeitpunkte der erfolgreich durchgeführten Drohnenflüge auf Macun Chavagliet

Datum	Flug-Nummer	Startzeit
05.06.2018	Flug 3	10:40
25.07.2018	Flug 3	11:00
	Flug 4	13:00
	Flug 5	15:00
03.08.2018	Flug 1	08:30
	Flug 5	14:40
	Flug 6	15:30
04.10.2018	Flug 1	10:10
	Flug 4	13:10
	Flug 6	15:10

dGPS genau ermittelt wurden, konnten die einzelnen Bilder zusammengesetzt und für die Weiterverwendung in Geografischen Informationssystemen (GIS) georeferenziert werden. Von jedem Flug wurde schliesslich eine Karte mit flächendeckenden Oberflächentemperaturen für den gegebenen Zeitpunkt erstellt. Diese Daten sind nützlich, um den Einfluss der Sonneneinstrahlung und des Wetters auf die Oberflächentemperaturen bezüglich unterschiedlicher Exposition, Neigung und Bodenbeschaffenheit zu ermitteln.

3.7.3 Verläufe der Boden- und Oberflächentemperaturen

Die Analyse der Temperaturloggerdaten zeigt eine Zeitverschiebung der Tagesverläufe zwischen ost- und westexponierten Gebieten. Erstere erreichen Tageshöchsttemperaturen im Vergleich zu westexponierten Gebieten zu einer früheren Tageszeit. Zusätzlich sinken die Temperaturen nach Erreichen des Tagesmaximums in Gebieten, die nach Westen exponiert sind, langsamer als in Regionen, in denen die Sonneneinstrahlung am Morgen am höchsten ist (ostexponiert). Vergleicht man diese Befunde mit den aus den Drohnenaufnahmen hergeleiteten Karten der Oberflächentemperaturen, ist auch hier deutlich erkennbar, dass sich ostexponierte Gebiete früher erwärmen als westexponierte.

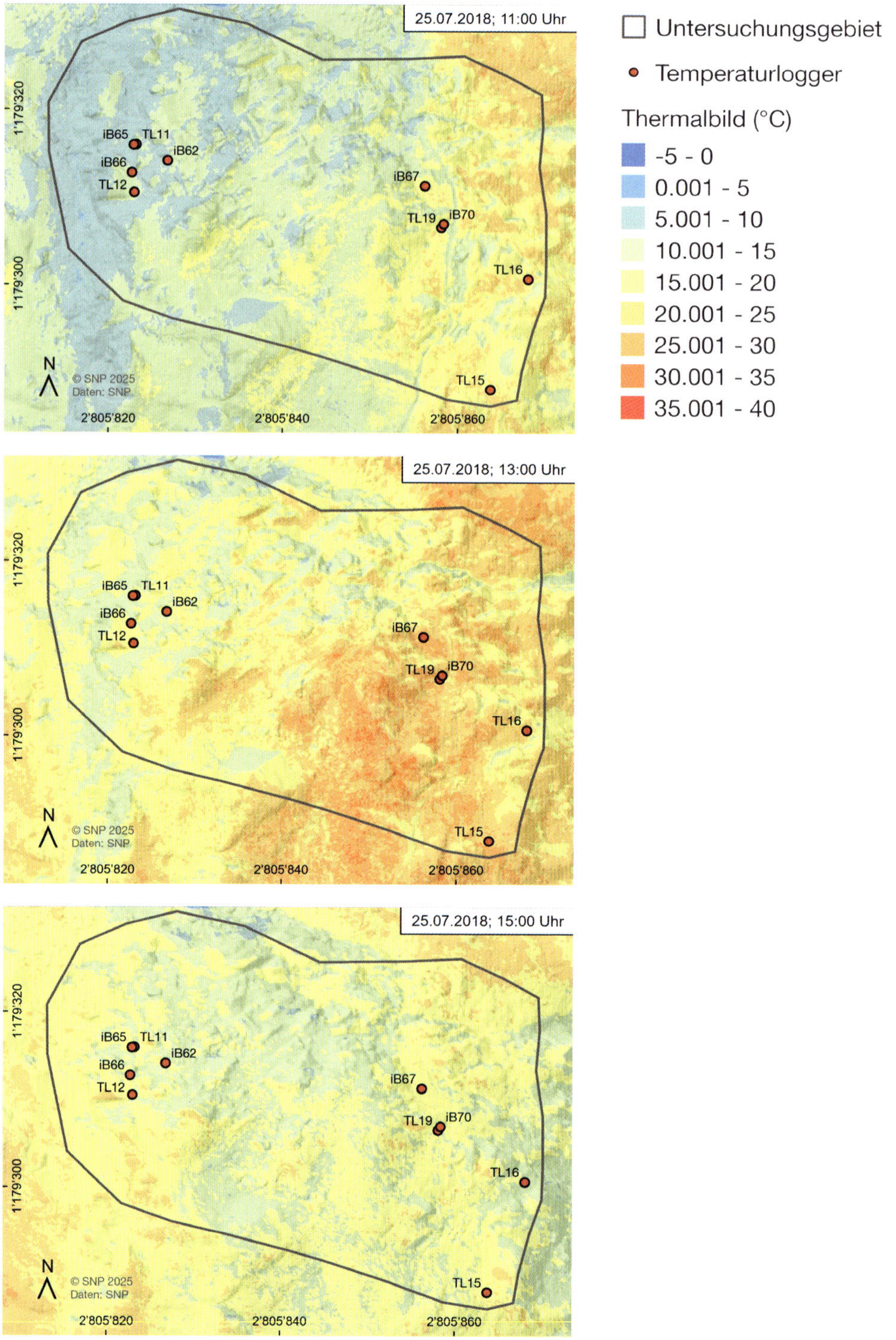

Abb. 3.14: Visualisierung des Tagesverlaufs der Oberflächentemperaturen im Gebiet Macun Chavagliet am 25. Juli 2018

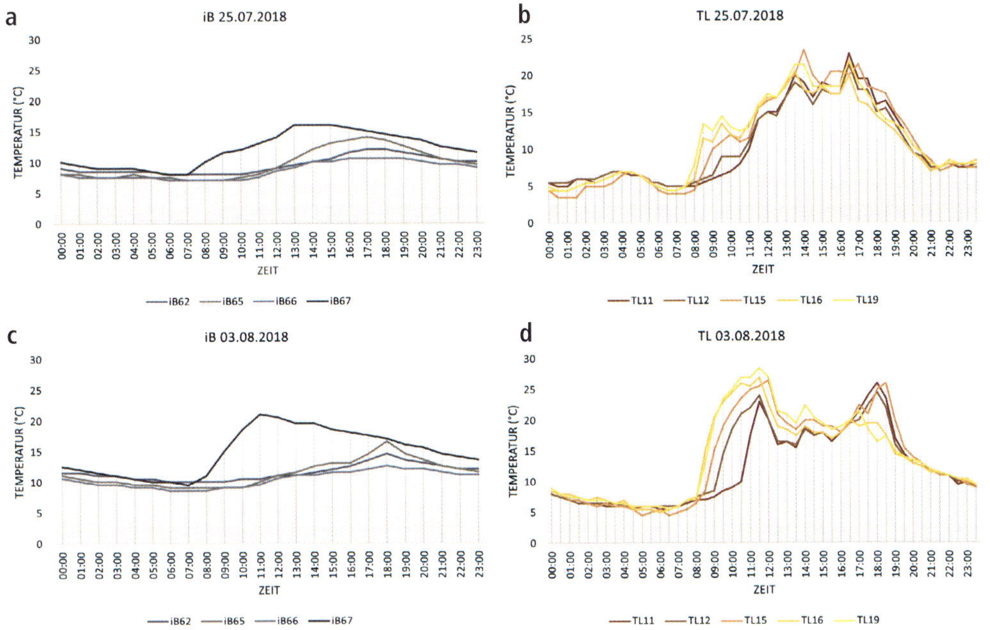

Abb. 3.15: Aufgezeichneter Tagestemperaturverlauf der iButton-Logger (links) und der USB-Logger (rechts) am 25. Juli 2018 (oben) und am 03. August 2018 (unten)

Zwei interessante Ergebnisse der Analyse der Temperaturlogger-Daten beziehen sich auf Messunterschiede zwischen den verwendeten Loggern. Erstens zeigen die USB-Logger im Lauf des Tages meistens zwei Temperaturspitzen auf, also zwei Zyklen, in denen die Temperatur ansteigt und wieder abnimmt (Abbildung 3.15b und 3.15d). Die iButtons hingegen verzeichnen typischerweise eine Periode mit einem Temperaturanstieg bis zum Erreichen der Maximaltemperatur, der eine Periode sinkender Temperaturen folgt (Abbildung 3.15a und 3.15c). Zweitens weisen die USB-Logger im Vergleich zu den iButtons im Tagesverlauf deutlich grössere Temperaturschwankungen (höheres Maximum und tieferes Minimum) auf. Diese Befunde deuten darauf hin, dass bei den USB-Loggern eine höhere Sensitivität für Temperaturvariationen vorhanden ist. Der Unterschied lässt sich vermutlich dadurch erklären, dass die USB-Logger Lufttemperaturveränderungen in Oberflächennähe (5 cm über dem Boden) messen, während die iButtons die Temperaturen in der obersten Bodenschicht ermitteln. Es ist anzunehmen, dass die bodennahe Lufttemperatur im Laufe des Tages stärker schwankt als die Temperatur der obersten Bodenschicht.

3.8 Fazit

Die langjährige Entwicklung von Temperatur und Niederschlag in der Region des Schweizerischen Nationalparks geht mit jener in anderen Regionen der Schweiz einher. Der Temperaturverlauf ist – bis auf den Peak in den 1940er-Jahren – bis Ende der 1980er-Jahre einigermassen stabil. Die Temperaturkurve steigt um 1987 und dann erneut um 2010 stark an. Insgesamt ist die Temperatur einem linearen Trend folgend von 1917 bis heute um 2,1 °C angestiegen. Die Aufnahme der Seenplatte Macun in den Nationalpark im Jahr 2000, die mit einer genaueren Erforschung dieses Ökosystems einhergeht, liegt somit in einer Phase der starken Erwärmung. Dies hat entsprechend starke Auswirkungen auf sensible, hochalpine Ökosysteme, zu denen auch Macun zählt (siehe nachfolgende Kapitel). Gleichzeitig gingen ab 2010 die jährlichen Niederschlagssummen zurück. In den letzten rund 15 Jahren lagen sie auf einem deutlich tieferen Niveau als in den Jahren von 1917 bis um etwa 2005.

Anders die mittlere Schneehöhe auf Macun: Hier zeigte sich in den letzten sechzig Jahren kein klarer Trend. Ein klimabedingter Rückgang der Schneehöhe ist vor allem an der tieferliegenden Station Buffalora zu sehen. Die Ausaperung hingegen fand im Zeitraum zwischen 1990 und 2020 im Vergleich zu 1962 bis 1992 auf Macun rund 15 Tage früher statt. Das bedeutet, dass es heute im Durchschnitt auf Macun schon Mitte Juli statt Ende Juli ausapert.

Anhand der kurzen Klimamessreihe der klimatologischen Messstation auf der Seenplatte Macun lassen sich keine direkten Aussagen über die langjährige Entwicklung des Klimas auf Macun machen. Der Vergleich der Messdaten auf Macun über die Jahre 2021 bis 2023 mit Buffalora zeigt jedoch einige interessante Eigenheiten. Die Lufttemperatur im Sommer ist auf Macun rund 3,7 °C kälter als auf Buffalora, was gut mit dem zu erwartenden Unterschied von 4,5 °C aufgrund der Höhendifferenz von 650 m zwischen den zwei Stationen zu erklären ist. Im Winter hingegen sind die Temperaturen auf Buffalora sogar leicht kälter als auf Macun; dies ist dem ausgeprägten Kaltluftsee auf Buffalora zuzuschreiben. Interessant sind auch die Tagesgänge: Diese sind auf Macun deutlich weniger stark ausgeprägt als auf Buffalora, was dem gängigen Wissen entspricht, dass der Tagesgang der Temperatur mit zunehmender Höhe abnimmt (Barry 1981). Gezeigt werden konnte auch, dass die Oberflächentemperatur des Bodens im Sommer im Tagesverlauf kleinräumig grosse Unterschiede aufweist, die abhängig sind von der lokalen Exposition des Geländes (Ost oder West). Die Lufttemperatur nahe der Bodenoberfläche zeigt im Gegensatz zur Bodentemperatur, die etwa 2 cm unter der Oberfläche gemessen wurde, häufig zwei Peaks im Tagesverlauf. Zudem schwankt die Bodentemperatur im Tagesverlauf weniger stark, was vermutlich auf den dämpfenden Einfluss des Bodens zurückzuführen ist.

Die im Sommer auf Macun gemessene Niederschlagsmenge ist erwartungsgemäss sehr ähnlich wie jene in Buffalora. Im Winter wird auf Macun jedoch kaum Niederschlag registriert, was daran liegt, dass das Messgerät dort nicht beheizt ist und Niederschlag in Form von Schnee nicht richtig gemessen wird. Der Wind weht auf Macun im Mittel fast doppelt so stark wie auf Buffalora. Die Windrichtung ist an beiden Stationen klar von den topografischen Begebenheiten gesteuert. So weht der Wind auf Macun meist von südsüdwestlicher Richtung dem Auslauf des Lai d'Immez entlang ins Tal. Bezüglich Sonnenstrahlung sind beide Standorte vergleichbar, wobei die Station auf Macun aufgrund ihrer Lage in einem kleinen Talkessel eine etwas weniger hohe globale Strahlung aufweist als Buffalora.

Die seit dem Jahr 2000 auf Macun durchgeführten ökologischen Untersuchungen fallen in eine Zeit, in der sich die klimatischen Bedingungen global und somit auch in der Schweiz stark verändert haben. Wie sich die klimatischen Änderungen auf das hochalpine Ökosystem Macun mit seinen Blockgletschern und alpinen Seen ausgewirkt hat, wird in den nächsten Kapiteln erläutert.

Literatur

Bader, S., Begert, M., Defila, C., Konzelmann, T., Marty, C., Scherrer, S.C., & Schlegel, T. (2014): Klimaentwicklung. In: B. Baur & T. Scheurer (Red.), Wissen Schaffen. 100 Jahre Forschung im Schweizerischen Nationalpark (S. 19–25). Haupt Verlag.

Barry, R. G. (1981): Mountain Weather and Climate. Cambridge University Press.

Ceppi P., Scherrer, S. C., Fischer, A. M., & C. Appenzeller (2012): Revisiting Swiss temperature trends 1959–2008. International Journal of Climatology, 32(2), 203–213. DOI: https://doi.org/10.1002/joc.2260.

Imfeld, N., Stucki, P., Brönnimann, S., Bader, S., Bürgi, S., Calanca, P., Gubler, S., Holzkämper, A., Hövel, L., Isotta, F. A., Kestenholz, C., Kotlarski, S., Mastai, A., Nussbaumer, S. U., Raible, C. C., Röthlisberger, M., Scherrer, S. C., Staub, K., Vicedo-Cabrera, A. M., … H. J. Zumbühl (2022): Hitze- und Trockensommer in der Schweiz. Ursachen und Folgen der Jahrhundertsommer 1947, 2003 und 2018, Geographica Bernensia, G98. DOI: https://doi.org/10.4480/GB2022.G98.01.

Gubler, S., Fiddes, J., Keller, M., & Gruber, S. (2011): Scale-dependent measurement and analysis of ground surface temperature variability in alpine terrain. The Cryosphere, 5(2), 431–443. DOI: https://doi.org/10.5194/tc-5-431-2011.

Haller, H., Eisenhut A., & R. Haller (Hrsg.) (2013): Atlas des Schweizerischen Nationalparks. Die ersten 100 Jahre. Nationalpark-Forschung Schweiz 99/I. Haupt Verlag.

Jones, H. G., & Vaughan, R. A. (2010): Remote sensing of vegetation: Principles, techniques, and applications. Oxford University Press.

Lewkowicz, A. G. (2008). Evaluation of Miniature Temperature-loggers to Monitor Snowpack Evolution at Mountain Permafrost Sites. Permafrost Periglac, 19(3), 323–331. DOI: https://doi.org/10.1002/ppp.625.

Marty, C., & R. Meister (2012): Long-term snow and weather observations at Weissfluhjoch and its relation to other high-altitude observatories in the Alps. Theoretical and Applied Climatology, 110(4), 573–583. DOI: https://doi.org/10.1007/s00704-012-0584-3.

Marty, C., Michel, A., Jonas, T., Steijn, C., Muelchi, R., & Kotlarski, S. (2025): SPASS – new gridded climatological snow datasets for Switzerland: Potential and limitations, EGUsphere [preprint], DOI: https://doi.org/10.5194/egusphere-2025-413.

Michel, A., Aschauer, J., Jonas, T., Gubler, S., Kotlarski, S., & Marty, C. (2023): SnowQM 1.0: A fast R Package for bias-correcting spatial fields of snow water equivalent using quantile mapping. Geoscientific Model Development Discussions, 1–28. DOI: https://doi.org/10.5194/gmd-2022-298.

Pepin, N. C., Arnone, E., Gobiet, A., Haslinger, K., Kotlarski, S., Notarnicola, C., et al. (2022): Climate changes and their elevational patterns in the mountains of the world. Reviews of Geophysics, 60(1). DOI: https://doi.org/10.1029/2020RG000730.

Rottler, E., Kormann, C., Francke, T., & A. Bronstert (2019): Elevation-dependent warming in the Swiss Alps 1981–2017: Features, forcings and feedbacks, International Journal of Climatology, 39, 2556–2568. DOI: https://doi.org/10.1002/joc.5970.

Detailansicht des Blockgletschers B3

Kapitel 4: Geologie und Geomorphologie der Seenplatte Macun

Markus Stoffel, Lukas Inderbitzin, Eric Pointner, Christine Rösch, Tamara Estermann, Samuel Wiesmann und Hans Lozza

Der Schweizerische Nationalpark ist bekannt für seine einzigartige Natur und seine für die Schweiz aussergewöhnliche Geologie, die uns mit wildromantischen Landschaften beschenkt, die allenthalben mit jenen der kanadischen Rocky Mountains verglichen werden. Diese Einzigartigkeit der Natur trifft ganz besonders auf die Seenplatte von Macun zu. Wie im Rest des Parks hält die Geologie auch auf Macun für die Betrachter:innen zahlreiche Überraschungen bereit. Von den Bergflanken und Hängen des Hochplateaus fliessen aus fast allen Himmelsrichtungen mehrere teils mächtige Blockgletscher in eine sanfte Rundhöckerlandschaft, in die über zwanzig kleinere und grössere Bergseen eingebettet sind. Umrandet werden die klaren Seen und Reste längst zurückliegender Vergletscherungen von einem reichhaltigen periglazialen Formenschatz, in dem das ständige Wechselspiel von Gefrieren und Tauen die Landschaft mit- und umgestaltet. Die Seenplatte von Macun ist in der Tat ein Eldorado für alle, die sich für Geologie und landschaftsbildende Oberflächenprozesse interessieren.

4.1 Die etwas andere Geologie

Das Engadiner Haupttal verläuft entlang einer markanten tektonischen Störung mit unterschiedlichen Seiten- und Vertikalverschiebungen, die bei Geolog:innen gemeinhin unter dem Namen «Engadiner Linie» bekannt ist. Zwischen S-chanf und Zernez verläuft diese Störungslinie über dem Inn in der bewaldeten, rechtsseitigen Talflanke. Dort quert sie die Val dal Spöl, zieht sich durch die Val Laschadura zur Fuorcla Stragliavita und von dort über den Piz Nair in die Val Plavna. Während sich ein Grossteil des Nationalparks südlich dieser Störung befindet (siehe Abbildung 4.1), verläuft die Engadiner Linie südlich von Macun und trennt so den jüngsten Teil des Parks vom «restlichen» Parkperimeter. Diese klare Abtrennung der Seenplatte von Macun (siehe Abbildung 4.2) vom zusammenhängenden Perimeter des Schweizerischen Nationalparks schlägt sich in einer völlig anderen Geologie nieder. Hier finden wir nicht die für den Park so typischen Engadiner Dolomiten, sondern altkristalline Gesteine der oberostalpinen Silvretta-Decke. Diese überlagern auf einer Überschiebungsfläche die Malm- und Kreidekalke der penninischen Tasna-Decke, die in der Val Sampuoir aufgeschlossen sind und tektonisch zum Unterengadiner Fenster gehören.

Das sogenannte Silvretta-Kristallin erstreckt sich von Graubünden ins Tirol und Vorarlberg und ist auf einer Fläche von 1 600 km^2 aufgeschlossen. Knapp die Hälfte (750 km^2) dieser Decke befindet sich in der Schweiz. Etwa ein Drittel des auf Macun aufgeschlossenen Gesteins besteht aus Gneisen, die zur flüelagranitischen Assoziation zählen, ein weiteres Drittel gehört zu verschiedenen Varietäten von Amphiboliten, der Rest der oberflächlich sichtbaren Gesteine wird von Paragneisen (das heisst Biotitgneise, Alumosilikat-Granat-Glimmer-Schiefer), von Mönchalpgneisen und von Diabasen bestimmt. Die unterschiedlichsten Amphibolitvarietäten sind nicht nur optisch eine Augenweide, sondern auch der Hauptgrund für

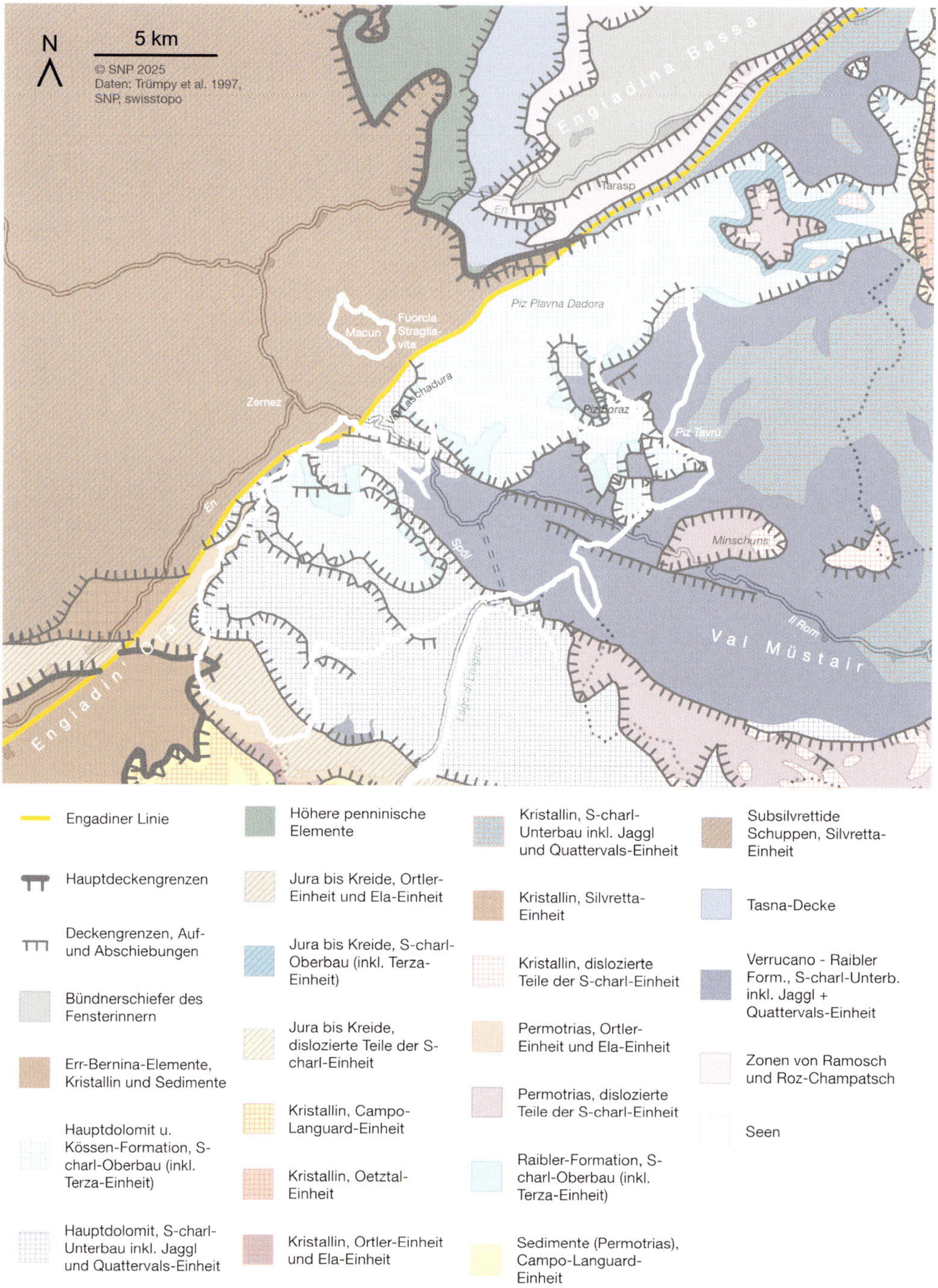

Abb. 4.1: Tektonische Karte des Schweizerischen Nationalparks und seiner Umgebung (nach Trümpy et al [1997])

Abb. 4.2: Übersicht über die Seenplatte von Macun mit ihren Blockgletschern und Seen (Foto: Hans Lozza, Schweizerischer Nationalpark)

die zahlreichen und oft sehr steilen Felswände auf der Seenplatte Macun.

Dieses Silvrettakristallin, das innerhalb des Schweizerischen Nationalparks auf Macun aufgeschlossen ist, zählt klar zu den ältesten geologischen Einheiten des Parks und ist Teil des Sockels des ehemaligen Gondwana-Kontinentes. So entstanden etwa die Paragneise der ostalpinen Decken (siehe Abbildung 4.3) aus bis zu 1,5 Milliarden Jahre altem Abtragungsschutt älterer Gebirge und wurden in drei Gebirgsbildungsphasen zu metamorphen Gesteinen umgeprägt.

Aus der ältesten, in Fachkreisen als präkambrische Phase bezeichnete Episode der Gebirgsbildung, sind auf Macun beispielsweise Eklogite und Amphibolite erhalten, deren Alter gemäss Berechnung rund 900 Millionen Jahre beträgt (Maggetti & Flisch 1993) (siehe Abbildung 4.4). Diese Datierung liefert somit ein Mindestalter für die erste belegte Metamorphose (Umwandlung) der Gesteine auf Macun. Eine zweite Phase der Gebirgsbildung fand im heutigen Silvretta-Kristallin vor rund 500 Millionen Jahren statt. Die aufgrund ihres Alters als ordovizische Gesteine bezeichneten Mönchalpgneise entstanden vor rund 510–450 Millionen Jahren (Liebetrau et al. 1996; Maggetti & Flisch 1993). Die Prozesse, die am Rande des damaligen Gondwana-Landes zur Bildung dieser Gesteine führten, sind ebenso komplex wie vielfältig. Kurz und vereinfacht zusammengefasst sanken sowohl mächtige Sedimentablagerungen wie auch die ozeanische Kruste stark ab, um dann unter teils massivem Druck zu schmelzen und so neue Gesteine auszuformen. Somit finden wir in diesen Gesteinen Fremdgesteinseinschlüsse aus älteren Amphiboliten, Eklogiten und Paragneisschollen. Etwas jün-

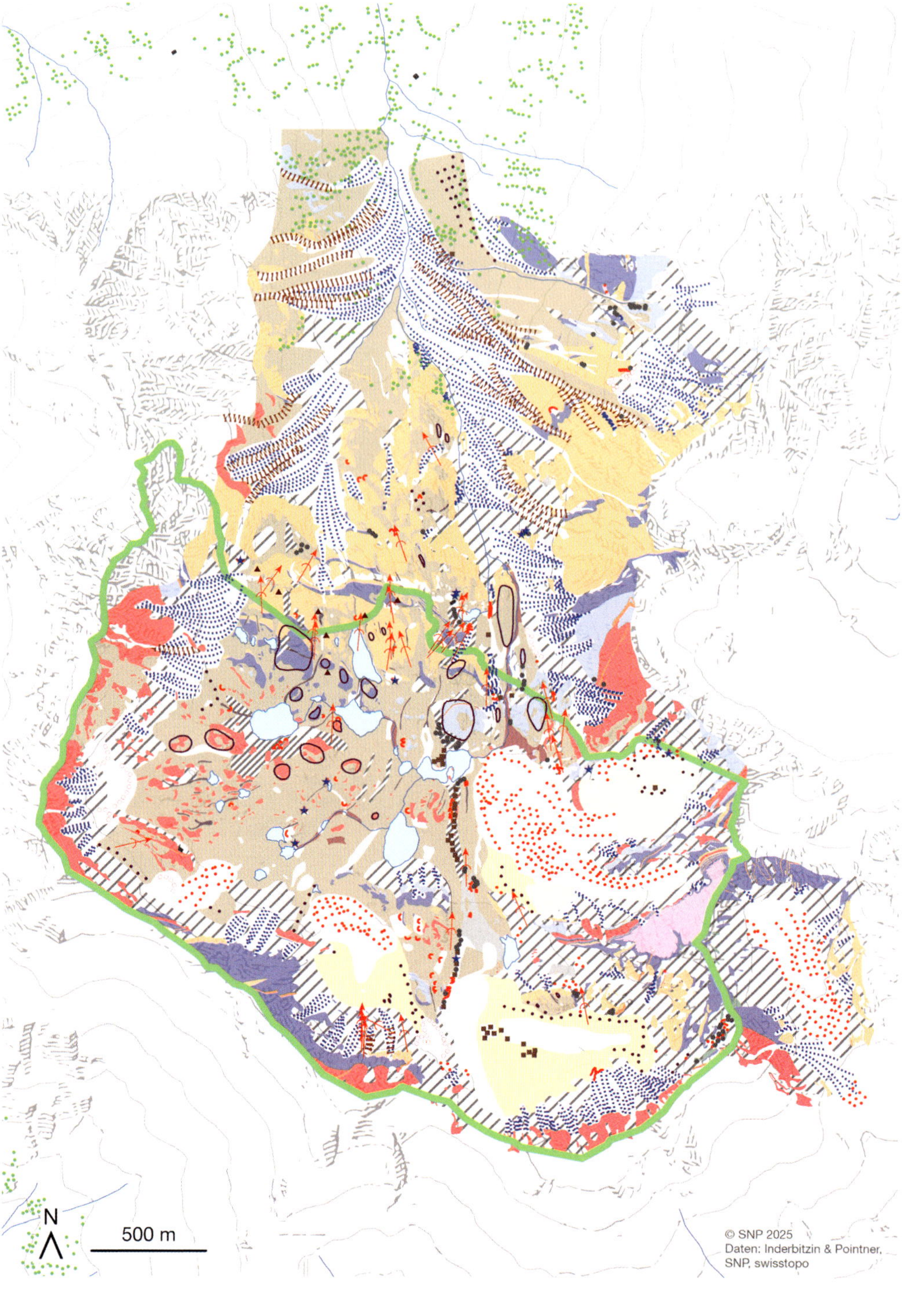
N
500 m
© SNP 2025
Daten: Inderbitzin & Pointner, SNP, swisstopo

Macun / Schweizerischer Nationalpark

Amphibolit

Diabas

Flüelagranit-Assoziation

Heller Gneis Typ Macun

Mönchalpgneis

Paragneis

Moränenbedeckung

Moräne 1850

kollabiertes Gletscherbecken

Blockmeer

Netzboden

Schotterflur aktiv

Steinstreifen

Gehängeschutt

Gehängeschutt mit Moränenmaterial

Gletscherschliff

Murganglevée

Blockgletscherstirn aktiv

Blockgletscherstirn inaktiv

Moränenwall

Erdzungen

Rundhöcker

Trockenschuttfächer

Erdzungen

Erratiker

Polygonboden

Wanderblöcke

Abbildung 4.3: Geologisch-geomorphologische Karte der Seenplatte von Macun (Quelle: vereinfacht nach Inderbitzin [2001] und Pointner [2002]); Legende zur geologisch-geomorphologischen Karte der Seenplatte von Macun (nach Inderbitzin [2001] und Pointner [2002]) geren Alters sind die Orthogneise der sogenannten flüelagranitischen Assoziation mit einem Alter von rund 450 Millionen Jahren (Flysch 1987). Letztere zeichnet sich durch einen bunten Strauss unterschiedlichster Gneisvarianten aus, die sehr feinkörnige Varietäten bis zu groben Augengneisen (siehe Abbildung 4.4) umfassen.

Während des Variszikums durchlief das auf Macun aufgeschlossene Silvretta-Kristallin erneut mehrere Phasen mit teils ausgeprägten strukturbildenden Prozessen, die Geolog:innen gemeinhin als Tektogenese bezeichnen. Durch die Verfaltung und Mineralneubildung von Teilen der Afrikanischen Krustenplatte entstanden so vor rund 325 Millionen Jahren Gesteinseinheiten, die andernorts den Sockel für die teils massive Ablagerung der Sedimentgesteinsstapel von der Oberkarbon- (300 Mio. Jahre) bis in die Kreidezeit (100 Mio. Jahre) bilden. Dieser Sockel und seine Sedimentüberdeckung wurden im Zuge der alpinen Gebirgsbildung durch Krustenbewegungen von der Afrikanischen Platte abgeschert und über 2000 km nach Nordwesten über fremden Untergrund verdriftet. Teile dieser Sedimentüberdeckung sind heute in den Nördlichen Kalkalpen zwischen dem Alpenrheintal und Wien aufgeschlossen.

Obwohl die Ausgangsgesteine des Silvretta-Kristallins wiederholt und teils fast komplett umkristallisiert wurden, können die Ursprungsgesteine heute noch erkannt werden. Ursprüngliche Sandsteine, Tonschiefer, Mergel oder Mergelkalke treten nun als Phyllite, Glimmerschiefer oder Paragneise (siehe Abbildung 4.4c) zutage. Ebenso entstanden aus ehemaligen vulkanischen Aschen und Magmaausflüssen grüne Amphibolite und Hornblendegneise, während ehemalige granitische Magmen zu hellen Augen- und Flasergneisen umgewandelt wurden.

Anlässlich der bislang letzten gebirgsbildenden Phase, der sogenannten alpidischen Orogenese, wurde die Silvretta-Decke vor rund 60–55 Millionen Jahren auf das penninische Vorland überschoben und aufgewölbt. Im Fall der Silvretta-Decke war die Hebung mit rund 1 mm pro Jahrzehnt (etwa für die Zeit vor 35–32 Mio. Jahren) beachtlich. Seit rund fünf Millionen Jahren klingt der gebirgsbildende Prozess langsam ab.

Heute bildet die Silvretta-Decke aus tektonischer Sicht eines der höchsten Stockwerke des Alpen-«Gebäudes». Obschon die Gebirgsmasse während der Überschiebung auf den damaligen Nordkontinent eine sehr beachtliche Distanz von teilweise bis zu 100 km zurücklegte, überstanden die alten Strukturen des Silvretta-Kristallins alle Phasen der alpinen Gebirgsbildung. Damit überlagern sie heute auch verschiedene, aus geologischer Sicht deutlich jüngere Gesteinseinheiten. In unmittelbarer Nähe der Seenplatte von Macun ist die Basis der Silvretta-Decke und der Kontakt zu jüngeren Einheiten in der Val Sampuoir lokal aufgeschlossen. Deutlich besser ist dieser Kontakt aber ausserhalb des Nationalparks in der Umgebung von Ardez zu sehen.

Das Ergebnis der Gebigsbildung lässt sich auf dem Gebiet des Schweizerischen Nationalparks durchaus sehen: Rund zwei Dutzend Berge erreichen Höhen zwischen 3000 und 3200 m ü. M. Während die markantesten Gipfel im Rest des Nationalparks ihr Erscheinungsbild und ihre Grösse mächtigen Triasablagerungen zu verdanken haben und mehrheitlich aus hellem Dolomit bestehen, zeichnen sich die höchsten Gipfel der kristallinen Silvretta-Decke zwischen dem Piz Arpiglias, dem Piz Nuna und dem Piz Macun (siehe Abbildung 4.5) durch düstere Gipfel und markante Grate aus Gneis und Amphibolit aus. Sie umrahmen ehrwürdig – und den Besuchenden Ehrfurcht einflössend – die hoch gelegene, einzigartige Seenplatte von Macun.

Wegen der Vielfalt der Gesteine und ihres für die Pflanzen leicht erschliessbaren Mineralienreichtums finden wir im Silvretta-Kris-

Abb. 4.4: Charakteristische Lithologien im landschaftlichen Kontext: (a) Amphibolit, (b) Augen-Flasergneis (c) Paragneis (Fotos: Hans Lozza, Schweizerischer Nationalpark)

Abbildung 4.5: Die «Gipfelfront» zwischen dem Piz Arpiglias, dem Piz Nuna und dem Piz Macun, bestehend aus Gesteinen der kristallinen Silvretta-Decke (Foto: Hans Lozza, Schweizerischer Nationalpark)

tallin und teilweise auch auf Macun bis auf eine Höhe von teilweise über 3000 m ü. M. begrünte Hänge, während schiefrige Anteile teils Grundlage für fruchtbare Böden und grobblockigen Abtragsschutt sind.

4.2 Spuren der Eiszeiten und Gletscher

Der für die Oberflächenformen jüngste massgebende Abschnitt der Erdgeschichte dauerte rund 2,6 Millionen Jahre und fand erst vor knapp 12 000 Jahren sein Ende: Es handelt sich um das sogenannte Pleistozän, im Volksmund auch als Eiszeitalter bekannt. Während dieser Zeit wechselten sich wärmere Zwischeneiszeiten mit Temperaturen um bis zu 15 °C mit kälteren Eiszeiten ab. Nach heutigem Kenntnisstand folgten rund zwanzig Eiszeiten aufeinander (Wildi 2024). Die Alpengletscher stiessen dabei wiederholt bis ins Mittelland und auch nach Norditalien vor, während in Nordeuropa oder im nördlichen Nordamerika mächtige Eisschilde die Landschaft prägten. Von den meisten dieser Eiszeiten lassen sich in den Bergen kaum Spuren finden, da die nachfolgenden Vergletscherungen die Ablagerungen und Erosionsformen älterer Eiszeiten fast gänzlich wegerodiert haben. So erstaunt es kaum, dass erste Erkenntnisse über die Eiszeit auf Sedimentanalysen von Schotterterrassen der Donauzuflüsse (Günz, Mindel, Riss, Würm) basierten (Penck & Brückner 1909). Heute sind die Vergletscherungen in der Schweiz nach Ortschaften in der Nordschweiz benannt (z. B. Birrfeld, Beringen, Hagenholz, Habsburg, Möhlin), in denen an natürlichen Aufschlüssen, in Kiesgruben oder im Rahmen von Bohrlochuntersuchungen fluvioglaziale Ablagerungen gefunden und datiert werden konnten.

Im Laufe der Eiszeiten bildeten die Gletscher die heutige Landschaft aus und verliehen dem Relief sein heutiges Erscheinungsbild. Aus der Zeit des bislang letzten eiszeitlichen Maximums, das in den Alpen auf 27 000 und 22 000 Jahre vor heute datiert wird, kann das geübte Auge im Gelände auch heute noch zahlreiche Spuren der Vergletscherung finden. Zu jener Zeit stauten sich die Gletscher aus dem Oberengadin zwischen Zernez und Susch, wodurch ein Teil des Engadiner Eisstroms über den Ofenpass ins Vinschgau floss und auf seinem Weg granitische Findlinge aus dem Bernina-Gebiet ablagerte, so auch in der Val Varusch und in der Val dal Fuorn. In den Nährgebieten der Lokalgletscher formten die Eismassen Felsnischen aus, sogenannte Kare. Charakteristische Kare wie auch alle anderen, weiter hinten in diesem Kapitel beschriebenen Formen, die im Laufe der Zeit dank glazialer, periglazialer und gravitativer Prozesse entstanden sind, sind in der geologisch-geomorphologischen Karte ersichtlich (siehe Abbildung 4.3).

Auf der Seenplatte Macun erreichte der Eispanzer während des letzteiszeitlichen Maximums eine Höhe von 2800 bis 2900 m ü. M. (Florineth 1998). Die teilweise markante Grenze zwischen glazial geschliffenem Gestein und den schroffen, scharfkantigen Graten erschliesst sich auch heute noch im Gelände. Nachdem die Eismassen während der Daunvergletscherung – dem letzten grösseren Aufbäumen der Gletscher im Spätglazial – nochmals bis auf 2000–2100 m ü. M. vorgestossen waren und bei der Alp Zeznina Dadaint Moränenablagerungen hinterlassen hatten (Salathé 1961), verschwanden die eiszeitlichen Gletscher vor rund 13 000 Jahren aus dem Grosskar von Macun. Bis heute erhalten geblieben sind dagegen die für Kare so typischen, kesselförmigen Ausschürfungen an zahreichen Berghängen unterhalb der Gipfel- und Kammlagen. Ebenfalls sehr formtypisch ausgeprägt sind auf Macun die stromlinienförmigen Rundhöcker, die auch unter dem französischen Namen *roches moutonnées* bekannt sind. Diese Felshügel gibt es auf Macun in unterschiedlichsten Grössen; sie weisen in Fliessrichtung immer eine rundlich geschliffene Oberseite (Luvseite) und eine zumeist steil abbrechende Unter- oder Leeseite auf. Abhängig vom Widerstand des zu erodierenden Gesteins und der Grösse des Gletschers entstanden so auf Macun die unterschiedlichsten Rundhöcker.

Abbildung 4.6: (a) Lehrbuchartig ausgebildete Rundhöcker (auch als *roches moutonnées* bekannt) und (b) Schliffspuren der Vergletscherungen auf der Seenplatte Macun (Fotos: Hans Lozza, Schweizerischer Nationalpark)

Auf vielen dieser glazial geprägten Formen lassen sich noch heute Kritzen und Schrammen in Fliessrichtung des Gletschers finden. Im Rahmen ausgedehnter Feldarbeit dokumentierten Inderbitzin (2001) und Pointner (2002) auf Macun mehrere Hundert Felsrücken mit nach wie vor deutlich erkennbaren Schliffspuren. Besonders gut erkennbar sind Letztere auf den Amphiboliten. An den Flüelagranitgneisen hat der «Zahn der Zeit» deutlich stärker an den eiszeitlichen Spuren genagt, so dass heute auch auf relativ frischen Aufschlüssen kaum mehr Schliffspuren zu finden sind.

Im Gegensatz zu den Spuren der Erosion sind auf Macun Ablagerungen der Vergletscherungen weitaus schwerer zu finden. Auf der Oberseite der Rundhöcker, sozusagen in deren Druckschatten, entstanden diese sehr

Abbildung 4.7: Ein markanter Findling von ungefähr 2 m Höhe auf der Seenplatte Macun, zurückgelassen auf einem Rundhöcker von einem längst nicht mehr existierenden Gletscher (Foto: Hans Lozza, Schweizerischer Nationalpark)

vereinzelt. Die vorab wallartigen Strukturen treten im Gebiet nur sporadisch in Erscheinung und können als parallel zur Fliessrichtung des Eises abgelagertes Moränenmaterial erkannt werden. Ebenso sind direkte Aufschlüsse der Grundmoräne – also der Ablagerungen, die während der Vergletscherung unter dem Eis zugetragen wurden – recht selten, auch wenn weite Bereiche der tiefer gelegenen Abschnitte der Seenplatte von Macun als Moränenbedeckung angesprochen werden können.

Deutlich häufiger sind im Gelände jedoch Findlinge anzutreffen – auch Erratiker genannt (siehe Abbildung 4.7). Dabei handelt es sich in den meisten Fällen um einzeln liegende, sehr grosse Steine, die während der Eiszeiten von Gletschern nach Macun transportiert wurden. Als das Eis schmolz und die Gletscher sich zurückzogen, blieben die Steine und Felsblöcke als Findlinge liegen. Auf Macun erreichen Erratiker Durchmesser von mehr als 10 m. Aufgrund der unterschiedlichen Lithologie und der kleinräumlichen Verhältnisse auf der Seenplatte können die Findlinge in vielen Fällen ihrem Ursprungsgebiet zugeordnet werden.

Als für Teile Graubündens im Jahr 1853 die erste nach General Dufour benannte topografische Karte veröffentlicht wurde, befanden sich im Grosskar von Macun noch mindestens zwei kleine Gletscher. Die kleinen Firngletscher, die während der tendenziell kühleren «Kleinen Eiszeit» (ca. 1350–1850) erneut ehemals vergletschertes Gebiet überdeckten, nahmen die oberen Hangpartien des Munt Baselgia und des Spi da Laschadura ein. Auch im «Geologischen Atlas der Schweiz» aus dem Jahr 1939 wird ihre Existenz noch dokumentiert, ebenso wurden kleine Firn- und Eisflächen bis in die 1980er-Jahre in den topografischen Karten erfasst. Heute sind in den Kesseln von Macun keine Gletscher mehr vorhanden, einzig ein paar Endmoränen erinnern an diese letzte Episode der Vergletscherung auf der Seenplatte von Macun. Ein besonders schönes Beispiel dieses letzten glazialen Aufbäumens ist die Mittelmoräne unterhalb des Munt Baselgia und des Piz Sursassa. Heute gibt es weder im Nationalpark noch in den angrenzenden Gebieten aktive Gletscher. Vielmehr prägen mittlerweile eine Vielzahl einzigartiger, periglazialer Formen und Prozesse das Grosskar der Seenplatte Macun.

4.3 Das Wechselspiel von Frost und Tau

Unter dem Überbegriff «Periglazial» umschreibt die Geomorphologie einerseits die kaltklimatischen Zonen ausserhalb der Gletscher, in denen das Auftreten von Frost sowie das Wechselspiel von Frost-Tau-Wechseln eine zentrale Rolle spielen. Diese Prozesse tragen wesentlich zur Frostsprengung und zur Ausformung von Schutthalden bei, sind aber auch verantwortlich für die Entstehung von Fliessformen und strukturierten Böden. Andererseits zählt auch dauerhaft gefrorener Untergrund zum Periglazial, ebenso wie der damit verbundene Gebirgspermafrost. Die Untergrenze des Permafrosts liegt je nach Exposition eines Hanges auf unterschiedlichen Höhen. In den Schweizer Alpen befindet sie sich an Nordhängen im Schnitt zwischen 2400 und 2600 m ü. M. und an Südhängen zwischen 2600 und 2800 m ü. M. (Schweizer Permafrostmessnetz 2024).

Die heutige Oberfläche des Grosskars Macun ist geprägt von einer Vielzahl von Landschaftsformen, die durch periglaziale Prozesse entstanden sind. Die Frostsprengung von Gestein ist einer der dominanten Mechanismen im Gebirge und auch der hauptsächliche, in den Felswänden des Grosskars von Macun wirkende Prozess. Von Natur aus sind die sehr harten, massigen Amphibolite nicht sehr anfällig für Verwitterung. Ganz anders die Bänderamphibolite, die aufgrund ihrer ausgeprägten «Schichtung» leicht zu plattigem Schutt zerfallen. Ebenso sind auch die stark geschieferten Biotitgneise sehr anfällig für Verwitterung. Erschwerend wirkt bei allen Lithologien, dass die verschiedenen gebirgsbildenden Prozesse, welche die Silvretta-Decke im Laufe der Jahrmillionen durchlaufen hat, sehr markante Bruchsysteme und gut ausgebildete Trennflächengefüge hinterlassen haben. In diesen Kluftsystemen, die teilweise auch mit frostanfälligen Tonen verfüllt sind, lockert das Wechselspiel von Frost- und Tauprozessen das Gestein und fördert so mithilfe der Schwerkraft reichlich Felsmaterial talwärts, wo es als Gehängeschutt und in Form von Trockenschuttfächern am Fuss der Steilwände abgelagert wird. Andernorts wird das herunterfallende Gestein durch kluftbedingte Steinschlagrinnen transportiert und an deren Ende auf Schuttkegeln abgelagert.

Im Gegensatz zu den «zerstörerischen» Prozessen in den steileren Bereichen des Grosskars trifft der Wanderer im westlichen Teil von Macun auf verschiedene exquisit arrangierte Oberflächenformen mit regelmässigen Strukturen, sogenannte Frostmusterböden. Diese entstehen durch die Einwirkung von zeitweiligem Bodenfrost und das temperaturgesteuerte Wechselspiel zwischen der Kontraktion des Materials und dem Frosthub. Durch regelmässige Gefrier- und Tauprozesse wird das Material sortiert, wobei Steinringe, -polygone und -streifen entstehen, wie sie in Abbildung 4.8a dargestellt sind. Aufgrund der Wasserverfügbarkeit und der charakteristischen Verteilung von feinerem und gröberem Material konzentriert sich auch die Vegetation entlang der Risse, so dass die Steinformationen noch viel deutlicher in Erscheinung treten. Ein besonderes Landschaftselement, das seine Entstehung ebenfalls dem Frost zu verdanken hat, ist die sehr formschöne Buckelwiese am nordwestlichen Ende des Lai d'Immez (siehe Abbildung 4.8b). Sie besteht im Wesentlichen aus einer Vielzahl kleiner, mit Vegetation bedeckter Hügel – im Fachjargon auch Thufa genannt –, die einen Kern aus mineralischem Boden enthalten, der jahreszeitlich gefriert.

An Hanglagen können durch denselben Prozess abwechslungsweise Streifen mit feinem und gröberem Material ausgeformt werden, sogenannte Steinstreifen, die mit einer typischen Breite von rund einem Meter und Längen von bis zu 100 m hangabwärts verlaufen. Weitaus bekannter als die Steinstreifen sind im Nationalpark aber die Soliflukt-

Abbildung 4.8: (a) Zahlreiche charakteristische Steinstreifen und (b) Buckelwiesen (Bildmitte) zeugen vom ständigen Wechselspiel zwischen Gefrier- und Tauprozessen auf der Seenplatte Macun (Fotos: Hans Lozza, Schweizerischer Nationalpark).

Abb. 4.9: Durch das Auftauen des Untergrunds nach der Schneeschmelze können die obersten Bodenschichten auf dem noch gefrorenen Untergund in Bewegung geraten. So entstehen (a) kleine Erdzungen. Durch denselben Prozess bewegen sich auch sogenannte (b) Wanderblöcke talwärts, pflügen sich den Weg frei, bilden eine Erdwulst an der Unterseite des sich bewegenden Blocks und eine kleine Rinne auf der Bergseite (Fotos: Hans Lozza, Schweizerischer Nationalpark).

tionsloben. Während die wohl schönsten, sicherlich aber die bekanntesten Solifluktionsphänomene auf der Südwestabflachung des Munt Chavagl zu finden sind – sie sind es auch, die weltweit zum ersten Male beschrieben wurden –, erschliessen sich dem geübten Auge auch auf Macun verschiedene formtypische Solifluktionsloben.

Voraussetzungen für die Entstehung von Solifluktionprozessen sind ein wassergesättigter Untergrund und eine undurchlässige Unterlage. Solche Bedingungen findet man auf Macun, wenn der Winterfrostboden im Frühling auftaut: Dann kann die oberste Bodenschicht – oft weil Regen und die Schneeschmelze noch dazukommen – mit Wasser übersättigt sein. Da die nächsttiefere Bodenschicht aber nach wie vor gefroren ist, bildet sie ein wasserundurchlässiges Medium. Befinden sich diese Schichten dann auch noch in einer Hanglage, beginnt die übersättigte Bodenschicht zu fliessen. Nebst ausgeprägten Solifluktionsloben finden sich auf Macun auch deutlich kleinere Erdzungen (oder Fliesserdeloben). Als die «kleineren Geschwister» der Solifluktionsformen funktionieren sie zwar nach denselben Prinzipien der Wassersättigung und der Schwerkraft, erreichen auf der Seenplatte jedoch nur Längen von 5–6 m und Stirnhöhen bis 50 cm.

Ein ganz spezielles Phänomen, das dem Zusammenspiel von Frost- und Tauprozessen des Untergrunds geschuldet ist, sind die Wanderblöcke. Hierbei handelt es sich meist um Findlinge, die von Gletschern während der letzten Kaltzeit an Hängen abgelagert wurden. Durch das Auftauen des Winterfrosts gleiten die Blöcke aufgrund ihrer Schwerkraft auf der Auftauschicht hangabwärts. Da ihre Bewegung schneller ist als jene der umgebenden Bodenschicht, formen die Wanderblöcke eine Furche aus und stossen Stirnwülste vor sich her. Auf Macun sind Wanderblöcke eine recht häufige Erscheinung und kommen in allen Expositionen vor, in tieferen Lagen nur noch im Nordwesten bis Nordosten und bis etwa 2400 m ü. M.

4.4 Blockgletscher so weit das Auge reicht

Der Höhepunkt eines jeden Besuchs auf Macun sind – zumindest aus geomorphologischer Sicht – die Blockgletscher auf der Seenplatte. Blockgletscher gehören zum «Permafrost», das heisst zu jenen Böden, in denen ganzjährig Gefriertemperaturen (unter 0 °C) herrschen. Sie bestehen aus einem Schutt-Eis-Gemenge, das sich dank des im gefroreren Kern vorhandenen Eises langsam hangabwärts bewegt. Nach dem Rückzug der Kargletscher nach der letzten Eiszeit und dem Verschwinden perennierender Firnfelder wurden die steilen Bergflanken auf der Seenplatte freigelegt und der aggressiven Erosion durch Gefrier-Tau-Prozesse ausgesetzt. Die daraus entstandenen Trockenschuttfächer und Gehängeschuttzonen, aber auch ältere, tieferliegende Schutthalden, wurden nunmehr zu idealen Quellgebieten für die Entstehung kleiner Blockgletscher.

Im Gegensatz etwa zu den kalk- und dolomitführenden Blockgletschern rund um den Piz Quattervals (Val Tantermozza, Valletta, Val Sassa und Val dal Diavel) und in der Val da l'Acqua (Muñoz Torrero Manchado et al. 2024) werden die zahlreichen Blockgletscher von Macun jedoch mit Schutt aus dem Silvretta-Kristallin gespiesen, der sich in verhältnismässig kleinen Geländekammern angesammelt hat. Auf Macun können deshalb insgesamt 31 teils wunderschöne Blockgletscher beobachtet werden. Von diesen fliessen noch 26 langsam talwärts; sie weisen die typische steile Frontalstirn und aufgewölbte zentrale Fliesskörper auf (siehe Abbildung 1.1). Bei fünf Blockgletschern ist keine Fliessbewegung mehr zu verzeichnen. Bei diesen Blockgletschern – in Fachkreisen werden sie als inaktiv bezeichnet – ist das Eis im Kern des Fliesskörpers wohl mehrheitlich ausgeschmolzen und die Oberfläche teilweise kollabiert.

Im Vergleich zu den kalk- und dolomitführenden Blockgletschern im übrigen Parkgebiet befinden sich die Blockgletscher der Seenplatte Macun in höheren Lagen (zwischen 2400 und 2800 m ü. M.), was sich grundsätzlich positiv auf den Zustand und den Fortbestand dieser Permafrostkörper auswirkt. Gleichzeitig weisen sie aufgrund der kleinräumlichen Kare und der von den Gletschern geprägten Geländekammern deutlich kleinere Einzugsgebiete auf, was gerade hinsichtlich der Feuchtezufuhr in den Permafrostkörper – etwa durch Lawinenschnee – einen merklichen Nachteil darstellt. Positiv wirken sich im Gegensatz dazu die umgrenzenden Felswände aus: Diese liefern ergiebig Verwitterungsschutt und versorgen die Quellzone der Blockgletscher so stets mit reichlich Steinen und Blöcken. Während es den Blockgletschern auf Macun damit zwar nicht an neuem Gesteinsmaterial fehlt, wirken sich die kleineren Quellgebiete, die geringere Wasserzufuhr und der damit verbundene, tiefere Eisgehalt limitierend auf die Fliessgeschwindigkeiten dieser trägen Riesen aus.

Der wohl augenfälligste Blockgletscher auf der Seenplatte (Blockgletscher B1) – in Fachkreisen ist er gemeinhin als Macun 1 bekannt – wird seit nunmehr sechzig Jahren vermessen. Im Juli 1965 hat Dietrich Barsch mit seinem Team auf dem Blockgletscher nicht weniger als 125 Punkte eingemessen.

Abb. 4.10: Blockgletscher B1 (in Fachkreisen auch Macun 1 genannt) wird seit den 1960er-Jahren wissenschaftlich untersucht (Foto: Hans Lozza, Schweizerischer Nationalpark).

Eine erste Kontrolle nach zwei Jahren ergab, dass die horizontalen Oberflächenbewegungen des mächtigen Permafrostkörpers in dieser Zeit bis zu 75 cm betrugen. Im Schnitt dieser beiden Jahre lagen die Bewegungen im unteren Teil des Blockgletschers jedoch bei 25–35 cm pro Jahr (Barsch 1969). Barsch und seine Mitarbeiter haben den Blockgletscher bis 1988 immer wieder vermessen und stellten dabei jährliche Bewegungen von gut 14 cm fest (Barsch & Zick 1991). Heute werden die Bewegungen des Blockgletschers wie jene in anderen Gebieten des Parks mithilfe von Luftbildern und satellitengestützten GPS-Messungen vorgenommen.

Aufgrund von Luftbildern wurden die Verschiebungen grosser, charakteristischer Blöcke auf dem Blockgletscher Macun 1 (respektive B1) vermessen, wodurch sich Bewegungsraten in der Vergangenheit verfolgen lassen (siehe Abbildung 4.12). Alberto Muñoz Torrero-Manchado untersuchte mit anderen Wissenschaftlern im Rahmen seiner Doktorarbeit an der Universität Genf mehr als hundert Jahre nach den weltweit ersten Messungen von Blockgletscherbewegungen durch die Genfer Pioniere Émile und André Chaix die Entwicklung der Bewegungen in der Val da l'Acqua, der Val Sassa, der Val Tantermozza und der Valletta (Muñoz Torrero-Manchado et al. 2024). Die langen Zeitreihen, die so entstanden, sind weltweit einmalig. In Abbildung 4.12 sind die maximalen Bewegungen an der Blockgletscherfront in der Val da l'Acqua dargestellt; es sind Bewegungen von bis zu 3 m pro Jahr. Für Macun fehlen bislang vergleichbare Daten. Im Rahmen des vorliegenden Buchprojekts haben die Forscher:innen im unteren Bereich des Blockgletschers Macun 1 (respektive B1) sechs gut sichtbare Blöcke identifiziert und die Bewegung für die Zeiträume 1939–1985 und 1985–2022 (in cm/Jahr) gemessen. Eine detaillierte Interpretation ist aufgrund der momentan vorliegenden Daten nicht möglich. Es scheint sich jedoch abzuzeichnen, dass die Bewegungen dieses Blockgletschers eher zugenommen haben, wohingegen beim sehr viel tiefer gelegenen Blockgletscher der Val da l'Acqua die Bewegungen rückläufig

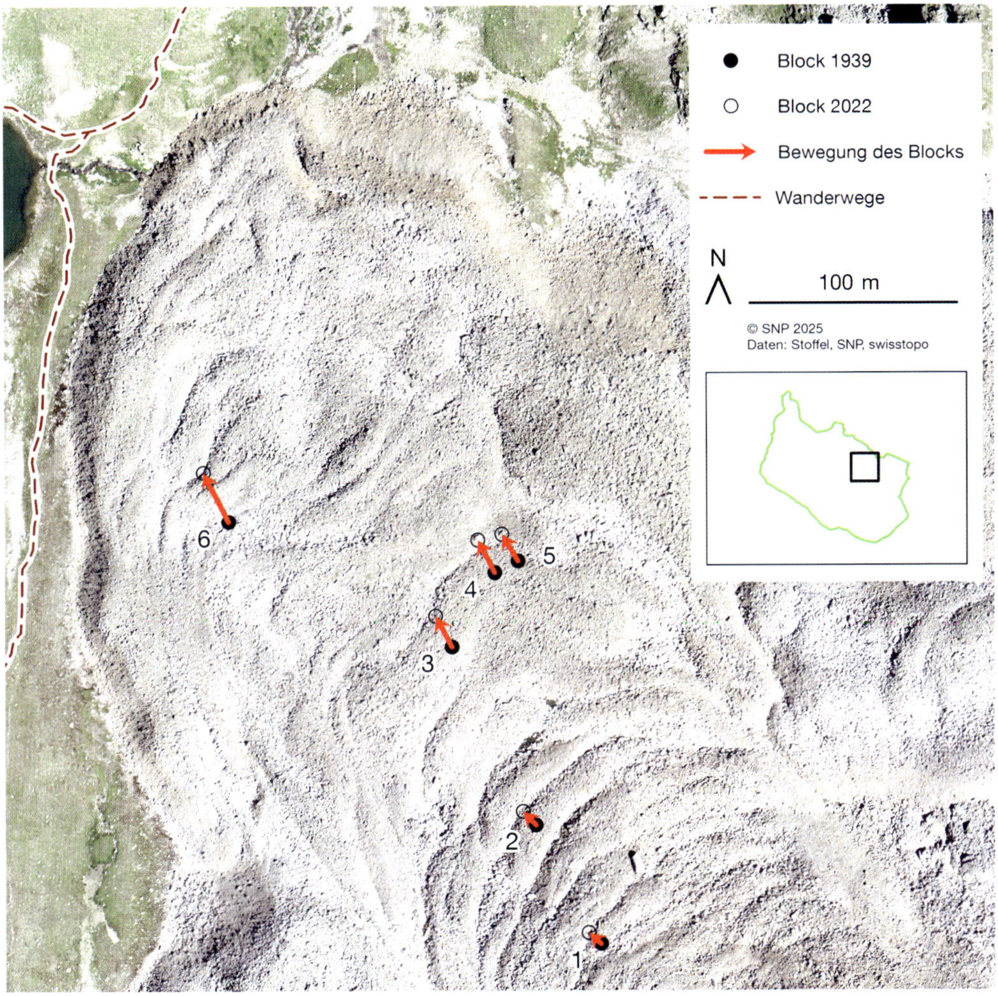

Abb. 4.11: Darstellung der talwärtigen Bewegung einzelner grosser, charakteristischer Blöcke auf der Oberfläche des Blockgletschers B1 zwischen 1939 und 2022. Die Bewegungen im oberen Bereich des Blockgletschers sind deutlich kleiner als jene im unteren Teil. Im obersten Bereich des Luftbilds ist ebenfalls zu erkennen, dass der Blockgletscher B1 den Bach unterhalb des Lai d'Immez komplett überfahren hat.

sind. Ebenso konnte festgestellt werden, dass die Verschiebungen – wie in der Val da l'Acqua – gegen die Blockgletscherfront hin grösser sind als im zentralen Bereich. Ganz eindeutig ist dagegen die Tatsache, dass die gemittelten jährlichen Bewegungsraten des Blockgletschers Macun 1 mit maximal 44 cm pro Jahr (1985–2022) im Schnitt über die sechs Blöcke deutlich geringer sind als jene in der Val da l'Acqua, wo für die Jahre 1962–1973 im Schnitt jährlich maximal 302,8 cm und für 2019–2022 im Schnitt jährlich 80,3 cm talwärtige Bewegung gemessen wurden (siehe Abbildung 4.12).

Die unterschiedliche Zusammensetzung und das variierende Fliessverhalten der Blockgletscher auf Macun wirken sich nicht nur auf die Bewegungsraten aus. Sie sind auch dafür verantwortlich, dass Macun 1 den Bach unterhalb des Lai da Mezza Glüna

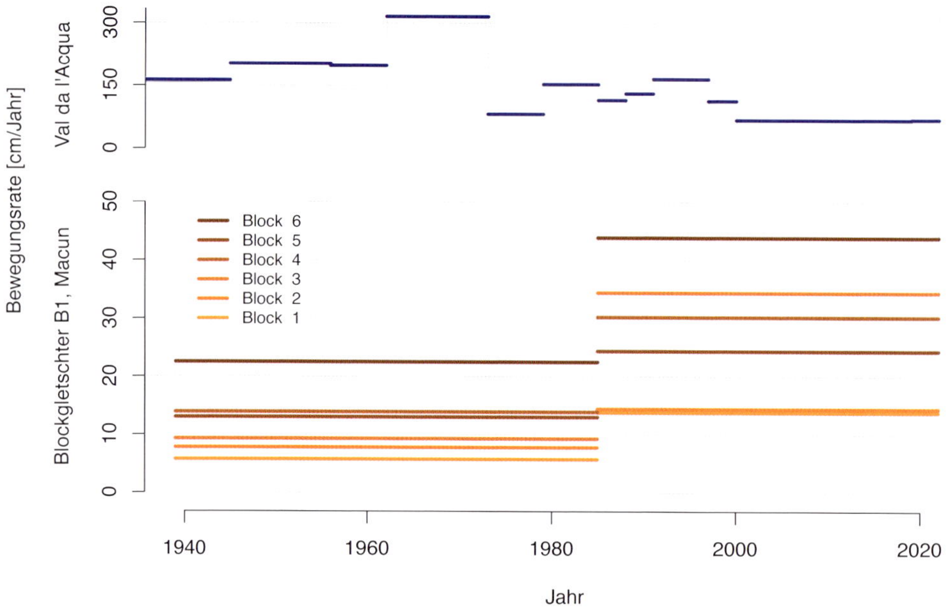

Abbildung 4.12: Talwärtige Bewegung der grossen, charakteristischen Blöcke, die in Abbildung 4.11 ersichtlich sind, zwischen 1939 und 1985 sowie zwischen 1985 und 2022. Die mittleren jährlichen Bewegungen sind deutlich kleiner als jene des Blockgletschers in der Val da l'Acqua, der detailliert untersucht wurde (Grafik: Stefanie Gubler).

(siehe Abbildung 1.1) überfahren hat, ohne diesen zu stauen. Auch der Blockgletscher selber ist infolge der Durchströmung keinesfalls zusammengebrochen. Die einzige merkliche Konsequenz des Aufeinandertreffens von Blockgletscher und Bach – dieser ist talwärts unter dem Namen Aua da Zeznina bekannt – ist die Änderung der Wassertemperatur: Das Bachwasser kühlt sich beim Durchfliessen des Blockgletschers um mehr als 6 °C ab.

4.5 Die Landschaft im Klimawandel – Rückblick und Ausblick

Die Seenplatte von Macun bietet einen wunderbaren Einblick in die Erdgeschichte, sowohl aus geologischer wie auch aus geomorphologischer Sicht. Mehrere der auf Macun zu bestaunenden Gesteine sind in einer Zeit entstanden, in der das Erdklima wärmer war als heute. Gleichzeitig erschliessen sich den Besucher:innen Geländeformen und Erosionsspuren aus einer Epoche, in der mächtige Gletscher weite Teile des Mittellands bedeckten und auf Macun nur die höchsten Gipfel sozusagen ähnlich den grönländischen Nunataks aus dem ewigen Eis ragten. An die Vergletscherung und die deutlich kleineren Gletscher der Kleinen Eiszeit erinnern auf Macun mittlerweile nur noch die ausgeschürften Kare und einzelne Moränen. Und auch dem Eis, das momentan auf Macun noch in Form von Permafrost vorhanden ist, macht der fortschreitende Klimawandel zu schaffen. Die kalk- und dolomitbestimmten Blockgletscher rund um den Piz Quattervals verlieren in ihren Quellgebieten je länger je mehr Eis unter der gleissenden Sommersonne (Muñoz Torrero Manchado et al. 2024). Dadurch nimmt auch die talwärtige

Bewegung zunehmend ab, was die zungenförmigen Körper der Blockgletscher regelrecht in sich zusammensacken lässt. Weiterführende Analysen auf der Seenplatte Macun werden zeigen müssen, inwiefern und wie ausgeprägt den höher gelegenen Blockgletschern des Gebiets bereits jetzt dasselbe Schicksal widerfährt.

Bei einer Erwärmung, die in der Schweiz in den letzten 150 Jahren bereits 2,8 °C betragen hat – womit sie hierzulande mehr als doppelt so schnell voranschreitet wie im globalen Mittel (National Centre for Climate Services 2024) –, haben Schnee und «ewiges» Eis längerfristig einen schweren Stand. Ohne sofortige und ernsthafte Massnahmen zur Eindämmung der Klimaerwärmung dürfte sich der Anstieg bis zur Mitte des Jahrhunderts auf knapp 5 °C erhöhen. Die deutlich wärmeren Luftmassen könnten alsdann auch sehr viel heftigere Gewitter nach sich ziehen als heute. In einer Landschaft mit fast unlimitiert vorhandenem Schutt und zeitweise reichlich vorhandenem Regenwasser ist es durchaus denkbar, dass auch auf der Seenplatte Macun – wie dies heute bereits in den übrigen Gebieten des Schweizerischen Nationalparks der Fall ist – künftig deutlich mehr Murgänge auftreten dürften. In der Landschaft auf Macun mit ihren langgezogenen Murrinnen und den charakteristischen, lobenartigen Ablagerungen dürfte somit ein weiteres, heute noch selten anzutreffendes Element hinzukommen. Auch in dieser Beziehung ist und bleibt Macun eine aus geomorphologischer Sicht sehr typische Landschaft, in der nur der Wandel Bestand hat.

Literatur

Barsch, D. (1969): Studien und Messungen an Blockgletschern in Macun, Unterengadin. Zeitschrift für Geomorphologie, N. F. Supplementband 8, 11–30.

Barsch D., & Zick, W (1991): Movement of the rock glacier Macun-1 1965–1988, Lower Engadine in Graubünden, Switzerland. Zeitschrift für Geomorphologie, 35(1), 1–14.

Florineth, D. (1998): Surface geometry of the Last Glacial Maximum (LGM) in the southeastern Swiss Alps (Graubünden) and its paleoclimatological significance. Quarternary science journal, 48(1), 23–37. DOI: https://doi.org/10.3285/eg.48.1.03.

Flysch, M. (1987): Geologische, petrographische und isotopengeologische Untersuchungen des Silvretta-Kritallins (Teil 1); Die Hebungsgeschichte der oberostalpinen Silvretta-Decke seit der mittleren Kreide (Teil 2). Dissertation Universität Bern.

Inderbitzin, L. (2001): Geologie von Macun. Diplomarbeit Universität Bern.

Liebetrau, V. (1996): Petrographie, Geochemie und Datierung der „Flüelagranitischen Assoziation" (sog. Jüngere Orthogneise) des Silvrettakristallins. Dissertation. Universität Freiburg.

Maggetti, M., & Flisch, M. (1993): Evolution of the Silvretta Nappe. In: J. F. von Raumer & F. Neubauer (eds.). Pre-Mesozoic Geology in the Alps (p. 469–484). Springer. DOI: https://doi.org/10.1007/978-3-642-84640-3_28.

Muñoz-Torrero Manchado, A., Allen, S., Cicoira, A., Wiesmann, S., Haller, R., & Stoffel, M. (2024): A unique record of rock glacier kinematics and glacier interactions from the Swiss National Park spanning more than 100 years. Nature Communications Earth & Environment – Nature, 5, 138. DOI: https://doi.org/10.1038/s43247-024-01302-0.

National Centre for Climate Services (NCCS). (2024): Beobachtete Klimaentwicklung in der Schweiz. Abgerufen am 16. Mai 2025 unter https://www.nccs.admin.ch/nccs/de/home/klimawandel-und-auswirkungen/schweizer-klimaszenarien/beobachtete-klimaentwicklung-in-der-schweiz.html

Penck, A., & Brückner, E. (1909): Die Alpen im Eiszeitalter. Band 2. Tauchnitz, Leipzig.

Pointner, E. (2002): Geologie von Macun. Diplomarbeit Universität Bern.

Salathé, R. H. (1961): Die stadiale Gliederung des Gletscherrückganges in den Schweizer Alpen und ihre morphologische Bedeutung. Verhandlungen der Naturforschenden Gesellschaft Basel, 72(1), 137–230.

Schweizer Permafrostmessnetz (PERMOS). (2024): Das PERMOS Messnetz. Abgerufen unter https://permos.ch

Trümpy, R., Schmid, S. M., Conti, P., & Froitzheim, N. (1997): Erläuterungen zur geologische Karte des Schweizerischen Nationalparks (Spezialkarte Nr. 122).

Wildi, W. (2024): Auf den Spuren der Erdgeschichte in der Schweiz: Eine geologische Zeit- und Schweizerreise von tropischen Regenwäldern durch Salzwüsten und das warme Alpenmeer zur Alpenfaltung, zu arktischer Kälte und dem heutigen Klimawandel. Abgerufen am 16. Mai 2025 unter: https://erlebnis-geologie.ch/wp-content/uploads/2020/08/Erdgeschichte-Schweiz_1_compressed.pdf.

Kapitel 5: Ökohydrologie der Oberflächengewässer im Kar auf Macun

Christopher T. Robinson, Christian Ebi, Julie C. Fahy, Eliane Demierre und Beat Oertli

In diesem Kapitel werden die wichtigsten Ergebnisse der Langzeitüberwachung der physikalischen und chemischen Eigenschaften von Oberflächengewässern (Seen, Weiher und Bäche) des Kars auf der Seenplatte Macun vorgestellt. Die Leser:innen sollten beachten, dass die Daten in den meisten Fällen aus Stichprobenmessungen stammen, die Ende Juli durchgeführt wurden, und dass die Aufzeichnungen relativ kurz sind, um langfristige klimabezogene Trends beurteilen zu können. Das bedeutet, dass Wetterbeziehungen in den präsentierten Daten am ausgeprägtesten sind. Es liegen kontinuierliche Aufzeichnungen der Wassertemperaturen von Flüssen respektive des Lai d'Immez in der Nähe der Mündung vor; Letztere wurden mittels einer sogenannten Exo-Sonde (Multiparameter-Wasserqualitätssonde) generiert. Die Ergebnisse zeigen die starken Beziehungen zwischen den Oberflächengewässern und Veränderungen der Landschaftseigenschaften auf der Seenplatte Macun. Sie liefern Hintergrunddaten für biotische Reaktionen, die in anderen Kapiteln des Buches erörtert werden.

5.1 Alpine Gewässer im Wandel

Die stärksten Auswirkungen des Klimawandels sind im alpinen Raum zu spüren (Intergovernmental Panel on Climate Change 2013). Eine Auswirkung der Klimaerwärmung ist der weltweite Rückgang von Gletschern aus alpinen Landschaften respektive der Verlust von Gletschern in diesen Gebieten, insbesondere in den letzten Jahrzehnten (Federal Office for the Environment 2021). Klimabedingte Veränderungen der Wasserzufuhr (Menge, Qualität und Zeitpunkt) haben die physikalisch-chemischen Eigenschaften alpiner Oberflächengewässer (Seen und Bäche) verändert (Scherrer et al. 2016; Brunner et al. 2019). Der Schnee in den Alpen fällt heutzutage später in der Saison. Häufig gibt es statt Schnee sogar Regen- und Schneeereignisse im frühen Frühling. Im Spätsommer kommt es oft zu extremer Trockenheit (Federal Office for the Environment 2021). Tatsächlich sind bis zu 90 Prozent der Nebenbäche in alpinen Landschaften im Spätsommer von einer Unterbrechung des Wasserabflusses betroffen (Robinson & Matthaei 2007; Paillex et al. 2020). Zudem führten anthropogene Entwicklungen wie beispielsweise industrielle Aktivitäten zu Veränderungen der atmosphärischen Deposition bestimmter Spurenstoffe (z. B. Stickstoff) und verschiedener Schadstoffe (Rogora et al. 2006; Magnuz et al. 2017).

Das Monitoring liefert wichtige Erkenntnisse über die Auswirkungen von Umweltveränderungen auf Ökosysteme, insbesondere in Schutzgebieten wie Nationalparks. Es liefert Entscheidungsträger:innen Hintergrundinformationen für die Ausarbeitung politischer Strategien und Richtlinien betreffend die natürlichen Ressourcen. Die (Schweizer) Alpen sind eine der wichtigsten Wasserquellen Europas (Tockner et al. 2022), daher ist das Monitoring des Oberflächenwassers sowohl für flussabwärts lebende Menschen als auch für die alpine Umwelt im Allgemeinen wichtig. Die Wasserverfügbarkeit in den Alpen hat bereits Auswirkungen auf die Tourismus- und Wasserkraftindustrie, was bereits erhebliche Folgen auf die Aufrechterhaltung der wirtschaftlichen Stabilität hat (Lange et al. 2018; Zarrineh et al. 2020). Wichtig ist auch, dass das Gewässermonitoring Ausgangsdaten zur Ökologie und Biodiversität in hoch gelegenen Landschaften unter den laufenden klimabedingten Veränderungen liefert (Jacobsen et al. 2014; Federal Office for the Environment 2021).

Die Seenplatte Macun befindet sich oberhalb der Baumgrenze; ihre terrestrische Vegetation besteht aus typischen alpinen Gräsern und Kräutern sowie Bereichen mit nacktem Felsen (siehe Kapitel 6). In einigen Seen ist Wasservegetation vorhanden, wobei Laubmoose (Bryophyta, sieben Taxa) vorherrschen (Oertli et al. 2008). Sumpfpflanzen (Helophyten wie *Eleocharis* sp., *Eriophorum scheuzeri, Glyceria* sp. und *Saxifraga stellaris*) kommen in einigen Seen vor. In den grossen Seen leben Fische *(Salmo trutta fario, Salvelinus namaycush, Phoxinus phoxinus)*; die Besetzung mit Fischern wurde 1993 beendet (siehe Kapitel 2 und 8.3).

Das Gebiet umfasst ein nördliches und ein südliches Einzugsgebiet mit fünf kleinen Seen, 21 Weihern und ungefähr zehn kleinen temporären Tümpeln (siehe Abbildung 1.1). Mit Ausnahme des Lai dal Dragun sind die kleinen Seen durch Bäche verbunden, die ein Abflussnetz bilden (Robinson & Oertli 2009). Jeder See ist rund 0,12 km^2 gross und über 10 m tief. Die Bäche in den beiden Einzugsgebieten weisen ein geringes Gefälle und ein stabiles Schottersubstrat auf. Der Abflussbach Aua da Zeznina mündet bei Lavin im Unterengadin in den Inn. Das Wasser stammt aus Niederschlägen – der im Winter vor allem in Form von Schnee fällt – und im südlichen Einzugsgebiet von mehreren Blockgletschern (Barsch 1969). Ein grosser Blockgletscher (B1 in Abbildung 1.1, dazu siehe Barsch1969; Fehr & Reich 2015; Derungs & Tischhauser 2017) führt der Zeznina Wasser zu (siehe Kapitel 4). Blockgletscher sind häufig in periglazialen Hochgebirgslandschaften wie dem von Macun anzutreffen und bestehen aus einer Mischung aus Felsschutt und Eis, die sich in Tälern langsam abwärts bewegen (siehe Kapitel 4). Die Aktivität der Blockgletscher ist saisonal: Sie beginnt mit der Schneeschmelze im Frühjahr und erreicht ihren Höhepunkt im Sommer. Nach Regenfällen kann sie besonders intensiv sein. Weltweit haben Blockgletscher in den letzten Jahrzehnten im Zuge des Klimawandels an Aktivität gewonnen (Kenner et al. 2020). In der Tat hat die Aktivität des grossen Blockgletschers in Macun seit der zweiten Hälfte der 1980er-Jahre erheblich zugenommen (Zick 1996; Barsch & King 1998; Fehr & Reich 2015). Im südlichen Einzugsgebiet kommt es zu einer stärkeren Verengung der Flussläufe durch das im Herbst gefrierende Wasser des Blockgletschers (Robinson & Matthaei 2007). Das Oberflächenwasser in den Bächen der Seenplatte Macun wird im Winter typischerweise um bis zu 60 Prozent reduziert. Gletschermehl, das in den meisten proglazialen Bächen vorkommt, ist in den Bächen von Macun nicht vorhanden. Ihre Trübung ist entsprechend gering. Die verschiedenen Wasserquellen jedes Einzugsgebietes führen zu Unterschieden in der Wasserchemie und dazu, dass das Wasser im nördlichen Einzugsgebiet wärmer ist als im südlichen.

Das Hauptziel dieses Kapitels ist es, verschiedene langfristige physikalisch-chemische Daten von Oberflächengewässern wie Bächen und Weihern auf Macun zu präsentieren. Darüber hinaus wurde 2016 eine Multiparametersonde (EXO2, YSI) in der Nähe des Auslasses des Lai d'Immez installiert. Nachfolgend werden einige saisonale und täglich auftretende Muster der zwischen 2016 und 2023 aufgezeichneten physikalisch-chemischen Parameter vorgestellt. Die Monitoring-Daten veranschaulichen die langfristige Ökohydrologie der alpinen Gewässer unter Umweltveränderungen.

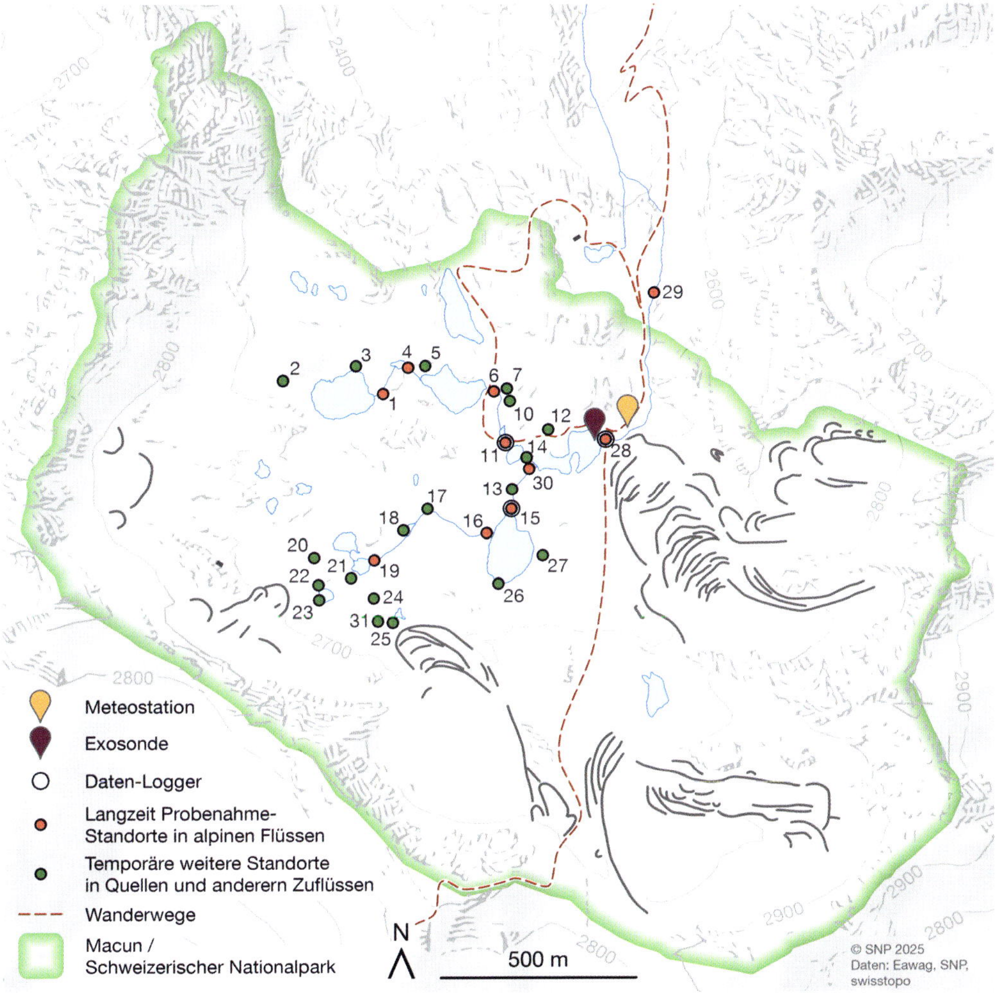

Abb 5.1: Topografische Karte der Seenplatte Macun mit den langfristigen Fliessgewässerstandorten (rote Punkte) und den Quell-/Zuflussstandorten, die 2007 und 2018 beprobt wurden (grüne Punkte). Für die Flussuntersuchung wurden an den Standorten 11, 15 und 28 Temperaturlogger installiert (doppelt umrandete, rote Punkte). Die Weiher M8t, M15 und M20 sind die wichtigsten Messstellen für stehende Gewässer und werden seit 2005 alle 2 Jahre untersucht (siehe Abbildung 1.1). Zwei weitere Weiher M6 und M14 werden seit 2007 alle 4 Jahre untersucht.

5.2 Langzeit-Monitoring alpiner Gewässer auf Macun

5.2.1 Stehende Gewässer (Seen und Weiher)

Drei Weiher, M8t, M15 und M20, wurden aufgrund ihrer unterschiedlichen Grösse, ihrer Hydrologie (z. B. Wasserstandsschwankungen) und anderer Merkmale als primäre Monitoring-Standorte gewählt (siehe Abbildung 5.2). Bei diesen kleinen Weihern handelt es sich um isolierte Gewässer ohne Zu- oder Abflüsse. M8t ist ein kleiner temporärer Weiher (40 m^2), der im Sommer mehrere Wochen lang austrocknet. M15 ist grösser (200 m^2), hat starke Wasserstandsschwankungen und trocknet periodisch aus. M20 ist ein grosser, tiefer und permanenter Weiher (2000 m^2, maximale Tiefe von 180 cm) mit geringen Wasserstandsschwankungen. M8t und M15 liegen im südlichen und M20 im nördlichen Einzugsgebiet. Die Weiher sind etwa neun Monate im Jahr mit Eis bedeckt und enthalten keine Wasserpflanzen oder Fische. Die jährliche Anzahl der Tage, an denen die Weiher zugefroren waren, wurde anhand der Tage geschätzt, an denen die mittlere tägliche Wassertemperatur unter 4 °C lag. Von 2004 bis 2021 wurden alle zwei Jahre Wasserproben (0,5 l) entnommen, um den pH-Wert, die Leitfähigkeit, den Gesamtstickstoff, den Gesamtphosphor und den gelösten organischen Kohlenstoff (DOC) nach den Methoden von Robinson und Matthaei (2007) zu messen.

Die Oberflächentemperatur des Wassers (in 10 cm Tiefe) wurde in den Weihern M15 und M20 von 2005 bis 2020 stündlich mit Hobo-Temperaturloggern aufgezeichnet. Nachfolgend werden die Ergebnisse der durchschnittlichen Tagestemperaturen im Sommer (August) mit denen der Lufttemperaturen verglichen und die Ergebnisse präsentiert. Die Temperatur des Monats August wurde verwendet, weil dieser Monat für mehrere Phasen des Lebenszyklus von Wirbello-

Abb 5.2: Die Weiher und Tümpel M8t (oben links), M15 (oben rechts) und M20 (unten links) sowie ein Überblick über das Kar der Seenplatte Macun (unten rechts) (Fotos: B. Oertli 2019, 2021)

sen besonders wichtig ist (z. B. Fortpflanzung, Ausbrüten von Eiern, Entwicklung von Larven, Rekrutierung). Die Lufttemperaturdaten von 2005 bis 2020 wurden von Meteo-Schweiz (Bundesamt für Meteorologie und Klimatologie) von drei nahe gelegenen Wetterstationen bezogen: Flüela, Hospiz (2390 m ü. M.), 14 km von Macun entfernt, Zernez, Pülschezza (2680 m ü. M.), 8 km von Macun entfernt, und Zernez, Piz Sarsura Pitschen (3134 m ü. M.), 10 km von Macun entfernt. Die Stationen werden durch das WSL-Institut für Schnee- und Lawinenforschung SLF betrieben.

5.2.2 Fliessgewässer

Das Monitoring der Fliessgewässer begann im September 2001. In den folgenden Jahren wurden Ende Juli zehn Standorte aufgesucht, jeweils vier im nördlichen und südlichen Einzugsgebiet und zwei im Ausflussbereich (Ausfluss des Lai d'Immez und Standort Zeznina) (siehe Abbildung 5.1). Die Standorte befanden sich an den Zu- und Abflüssen der wichtigsten Seen in den jeweiligen Einzugsgebieten. Zusätzlich wurden 2002 und 2017 Quellen und Zuflüsse im Einzugsgebiet (n = 20) von Ende Juni bis Mitte Oktober untersucht.

Für das Monitoring wurde an jedem Standort bei jedem Besuch eine Wasserprobe (0,5 l) entnommen, um Stickstoff (Nitrat: NO_3-N; partikulärer Stickstoff: PN; gelöster Stickstoff: DN), Phosphor (Orthophosphat: PO4-P; partikulärer Phosphor: PP; Gesamtphosphor: TP), gelösten organischen Kohlenstoff (DOC), partikulären organischen Kohlenstoff (POC), den gesamten anorganischen Kohlenstoff (TIC), Silikat (SiO2) und Alkalinität nach den Methoden von Tockner et al. (1997) und Robinson und Matthaei (2007) zu analysieren. Mikronährstoffe und Schwermetalle wurden in den Jahren 2002 und 2017 gemessen. Aluminium (Al, Nachweisgrenze < 0,5 µg/L), Mangan (Mn < 0,01 µg/L), Eisen (Fe < 0,02 µg/L), Kobalt (Co < 0,1 µg/L), Nickel (Ni < 0,10 µg/L), Kupfer (Cu < 0,10 µg/L), Zink (Zn < 0,1 µg/L), Molybdän (Mo < 0,1 µg/L), Kadmium (Cd < 0,1 µg/L) und Blei (Pb < 0,2 µg/L) lagen nahe oder unterhalb der analytischen Nachweisgrenzen (ausser Al, Bereich 38–71 µg/L) (Robinson & Matthaei 2007; Vogler 2018). Ausserdem wurden bei jedem Besuch die Temperatur und die Leitfähigkeit, die Trübung und der pH-Wert aufgezeichnet. Zuletzt wurde die Temperatur während des Untersuchungszeitraums an den Standorten 11 (nördliches Einzugsgebiet), 15 (südliches Einzugsgebiet) und 28 (Ausfluss des Lai d'Immez, siehe Abbildung 5.1) stündlich aufgezeichnet (Hobo Temperaturlogger). Für die Zeit von August 2007 bis August 2009 fehlen von allen Standorten Temperaturdaten, da die Batterien der Logger leer waren. Aufgrund eines defekten Loggers gibt es auch am Standort 15 für das Jahr 2019 keine Daten.

Frühere Untersuchungen zeigten deutliche Unterschiede zwischen den Einzugsgebieten hinsichtlich der physikochemischen Eigenschaften des Wassers (Robinson & Matthaei 2007; Robinson & Oertli 2009; Robinson et al. 2022). Im vorliegenden Kapitel wird der aktuelle Langzeitdatensatz (nur die Hauptseiten 1–10) gezeigt, indem die physikochemischen Parameter des südlichen und des nördlichen Einzugsgebietes, des Abflusses des Lai d'Immez und der Zeznina mittels einer multivariaten Analyse (Principal Component Analysis, PCA, deutsch Hauptkomponentenanalyse) auf standardisierten Daten verglichen werden. Die zeitlichen Verände rungen der physikochemischen Verhältnisse wurden bewertet, indem die Werte der Hauptkomponentenanalyse jedes Einzugsgebietes herangezogen werden, des Abflusses des Lai d'Immez und des Zeznina über die Zeit respektive die Jahre aufgetragen und durch eine einfache Regression getestet wurden.

Zur Veranschaulichung der Unterschiede zwischen den beiden Einzugsgebieten und dem Ausfluss auf dem Lai d'Immez während des Untersuchungszeitraums wurden langfristige Temperaturdaten herangezogen, die sowohl saisonale als auch jahresübergreifende Muster zwischen den drei Standorten zeigen. Alle Hauptkomponentenanalysen wurden mit dem statistischen Paket SPSS (Version 25) durchgeführt. Die an allen Standorten, einschliesslich der Quellen und Zuflüsse, in den Jahren 2002 und 2017 (N = 30) quantifizierten Parameter wurden mithilfe der Hauptkomponentenanalyse auf log(X+1)-transformierten Daten zusammengefasst.

5.2.3 Fortlaufendes Monitoring in der Nähe des Abflusses des Lai d'Immez

Im Juli 2016 wurde eine Multiparameter-Wasserqualitätssonde (EXO2, YSI) in der Nähe des Ausflusses des Lai d'Immez in rund 1,5 m Tiefe installiert. Sie ist über ein Kabel mit einer Datenerfassungsstation verbunden, die über ein Solarpanel (0,27 m^2) mit Strom versorgt wird. Die Daten werden stündlich aufgezeichnet und zweimal täglich über Satellit an das Nationalparkbüro und das Eawag-Sensoriklabor übermittelt. Die EXO2-Sonden-Sensoren werden jedes Jahr im Frühling und Herbst geprüft, kalibriert und bei Bedarf ausgetauscht. In diesem Artikel werden die typischen Tagesmuster auf der Basis von sieben Tagen präsentiert – basierend auf Daten, die im Sommer, Herbst und Winter 2018 sowie im Frühjahr 2019 erhoben wurden. Kontinuierlich gemessen wurden die spezifische Leitfähigkeit, die Temperatur, der gelöste Sauerstoff, die Trübung, der pH-Wert und Chlorophyll-a.

5.3 Wasserchemie und Temperaturveränderungen der Gewässern

5.3.1 Stehende Gewässer (Seen und Weiher)

Die gemessene Wasserchemie von 2004–2021 ähnelt der bereits publizierten Charakterisierung der Weiher der Jahre 2004–2008 (Robinson & Oertli 2009). Es gab 2004–2021 keine zeitlichen Trends bei den Faktoren pH-Wert, Leitfähigkeit, Gesamtstickstoff, Gesamtphosphor und gelöster organischer Kohlenstoff (DOC), mit der Ausnahme von M8t, wo ein Anstieg des Gesamtphosphors festgestellt wurde, wahrscheinlich aufgrund der jüngsten Inputs (siehe Abbildung 5.3 und Tabelle 5.1). Der pH-Wert des Wassers war im Allgemeinen sauer (< 7); es gab einige Schwankungen, die wahrscheinlich mit der biologischen Aktivität im Sommer zusammenhängen (siehe Ergebnisse der Exo-Sonde in Abbildung 5.9). Die Leitfähigkeit des Wassers war niedrig, die meisten Werte lagen unter 20 µS/cm (Bereich 0–46 µS/cm (siehe Abbildung 5.3). Die Weiher waren während des Untersuchungszeitraums entweder oligo- oder mesotroph, was die niedrigen Stickstoff- und Phosphorkonzentrationen im Wasser zeigen.

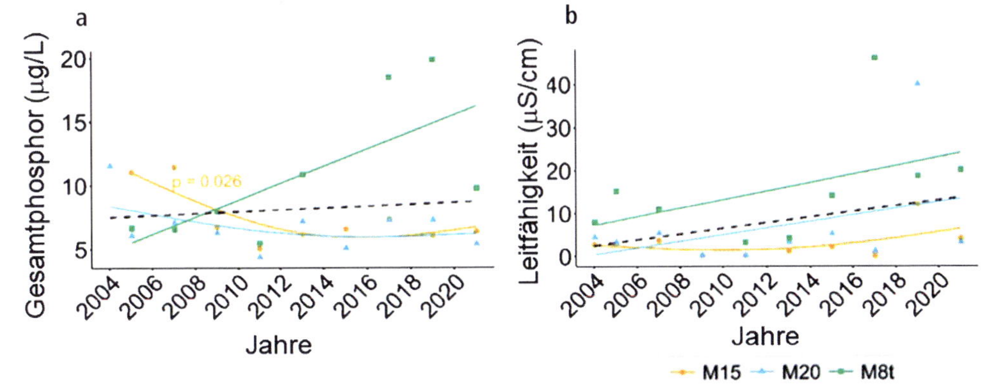

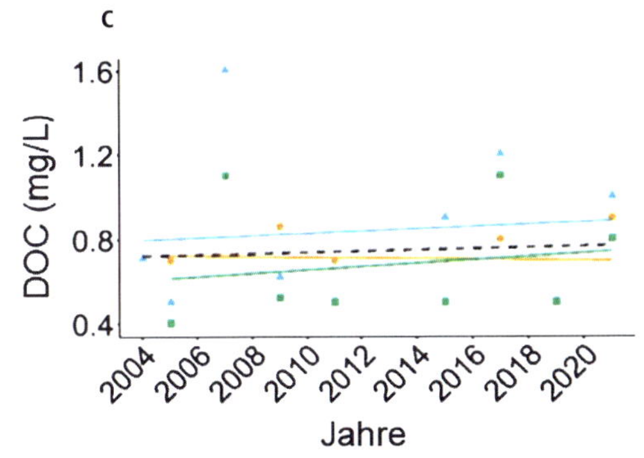

Abb. 5.3: Zeitliche Trends für die Faktoren a) Gesamtphosphor, b) Leitfähigkeit und c) gelöster organischer Kohlenstoff (DOC) in den Weihern M8t, M15 und M20, analysiert mit GAM/GLM-Statistiken (signifikante p-Werte gezeigt) (Quelle: Fahy et al. 2024)

Tabelle 5.1: Gesamtstickstoff (µg/L) gemessen im Sommer von 2004 bis 2021 in den Weihern M8t, M15 und M20

Jahr	M8t	M15	M20
2004	NA	NA	0,26
2005	0,36	< 0,16	0,18
2007	0,36	< 0,16	0,2
2009	< 0,62	< 0,62	< 0,59
2011	< 0,52	< 0,53	< 0,52
2013	< 0,5	< 0,5	< 0,5
2015	< 0,5	< 0,5	< 0,5
2017	< 0,5	< 0,5	< 0,5
2019	< 0,5	< 0,5	< 0,5
2021	< 0,5	< 0,5	< 0,5

5.3.2 Wassertemperatur in den Weihern

Das Monitoring der sommerlichen Wassertemperaturen (Temperatur des Oberflächenwassers) im August zeigt, dass die Weiher M15 und M20 während des Untersuchungszeitraums um 4 °C wärmer wurden (siehe Abbildung 5.4). Kleine Gewässer haben im Gegensatz zu Flüssen und Seen eine geringe Resilienz. Daher ist es üblich, dass die Wassertemperatur genau der Lufttemperatur folgt. Obwohl die Datenreihe relativ kurz ist, wurde festgestellt, dass die Sommertemperaturen (Juli, August) am empfindlichsten auf Änderungen der Lufttemperatur reagieren. Die durchschnittlichen Wassertemperaturen im August stiegen von 9 °C im Jahr 2005 auf 13 °C im Jahr 2020, was etwa 0,27 °C pro Jahr entspricht (mit einem Konfidenzinter-

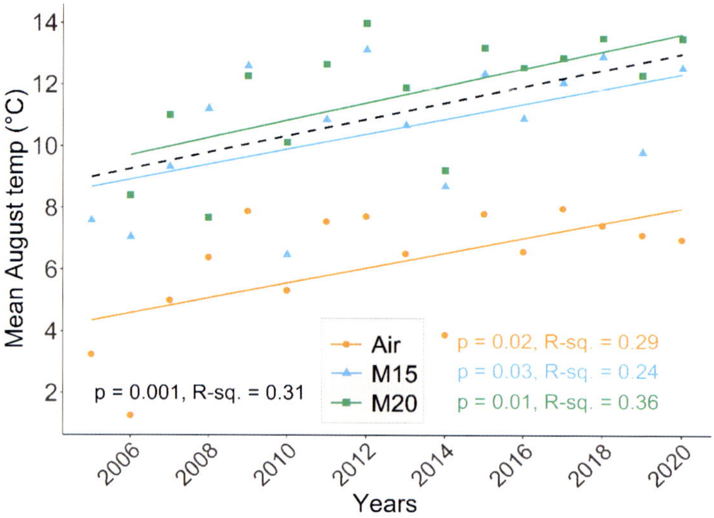

Abb. 5.4: Zeitliche Entwicklung (2005–2020) der mittleren Wassertemperaturen der Weiher M15 und M20 im August sowie der Lufttemperaturen. Die schwarze gestrichelte Linie zeigt den Trend der Wassertemperatur für M15 und M20 zusammen (Quelle: Fahy et al. 2024).

vall von 0,04 bis 0,43 °C pro Jahr); sie korrelieren stark mit der Lufttemperatur ($r^2 = 0,86$, $p < 0,001$). Die durchschnittlichen sommerlichen Lufttemperaturen im August stiegen von 2005 bis 2020 in ähnlichem Masse etwa um 0,24 °C pro Jahr mit Konfidenzintervallen von 0,04 bis 0,43 °C pro Jahr. Die mittlere jährliche Lufttemperatur stieg in den letzten 15 Jahren ebenfalls an, allerdings mit einer geringeren Rate von 0,08 °C pro Jahr. Die jährliche Anzahl der eisfreien Tage schwankte von 2005 bis 2020 zwischen 84 und 127 (Mittelwert = 103 Tage), wobei kein zeitlicher Trend erkennbar war ($p = 0,75$).

5.3.3 Fliessgewässer

Aufgrund der örtlichen Geologie (Gneisgrundgestein) ist die Leitfähigkeit des Wassers in den Fliessgewässern auf der Seenplatte Macun niedrig (Mittelwert des nördlichen Einzugsgebietes = 6,5 µs/cm, des südlichen Einzugsgebiets = 10,3 µs/cm). Die Leitfähigkeit am Ausfluss des Lai d'Immez lag bei 9,6 µs/cm, stieg aber bei Zeznina aufgrund der Blockgletschereinträge auf 19,8 µs/cm an. Die Wassertrübung ist generell gering (rund 2,5 NTU oder weniger) und stieg in Zeznina auf 7,9 NTU an. Der pH-Wert des Wassers (Median) lag an allen Standorten zwischen 6,5 und 6,6. Gewässer mit NTU unter 10 sind ziemlich klar.

Die mittleren Stickstoffwerte (NO_3-N, DN) waren im südlichen Einzugsgebiet und in Zeznina (NO_3-N = 177,6–198,1 µg/L; DN = 260,3–302,7 µg/L) höher als im nördlichen Einzugsgebiet und am Ausfluss des Lai d'Immez (NO_3-N = 69,1–113,1 µg/L; DN = 179,5–200,9 µg/L). Der mittlere partikuläre Stickstoff (PN) betrug jedoch im nördlichen Einzugsgebiet 102,4 µg/L, aber nur 33,8 µg/L im südlichen Einzugsgebiet und in Zeznina. Die mittleren Werte für Orthophosphor (PO_4-P) waren in den verschiedenen Einzugsgebieten ähnlich (1,9–4,5 µg/L), während die mittleren Werte für partikulären Phosphor (PP) und Gesamtphosphor (TP) im nördlichen Einzugsgebiet höher waren (8,6 µg/L bzw. 10,5 µg/L) als im südlichen (3,4 µg/L

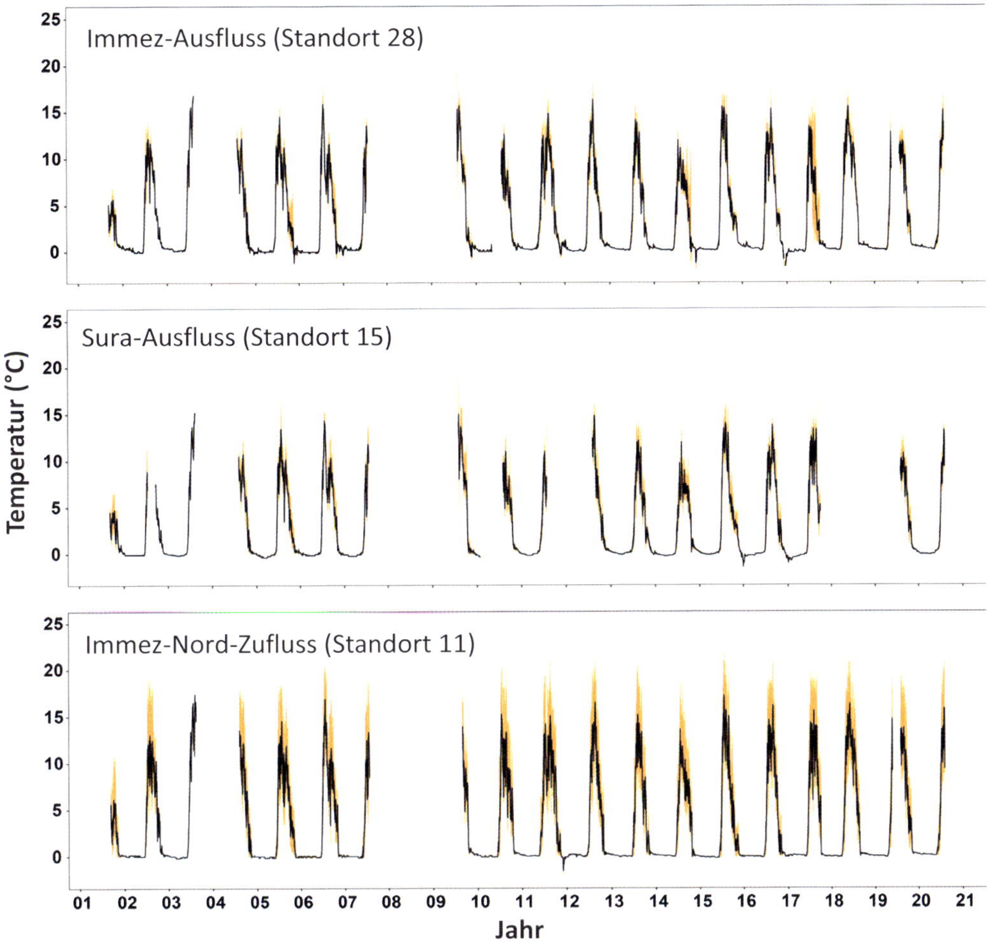

Abb. 5.5: Langfristige Temperaturaufzeichnungen an den Abflüssen des nördlichen Einzugsgebiets (Standort 11), des südlichen Einzugsgebiets (Standort 15) und Ausflusses des Lai d'Immez (Standort 28) (Quelle: adapiert aus Robinson et al. 2022.)

bzw. 7,0 µg/L). Die Phosphorwerte am Ausfluss des Lai d'Immez lagen zwischen denen der beiden Einzugsgebiete. Die mittleren Werte für gelösten organischen Kohlenstoff (DOC = 0,65–0,95 mg /L) und anorganischen Gesamtkohlenstoff (TIC = 0,80–1,21 mg/L) waren niedrig. Der partikuläre organische Kohlenstoff (POC) war gering, aber im nördlichen Einzugsgebiet (Mittelwert = 0,96 mg/L) höher als an den anderen Standorten (Mittelwert = 0,34–0,52 mg/L). Der durchschnittliche Silikatgehalt lag bei 2,2–2,7 mg/L und die mittlere Alkalinität betrug 0,09–0,12 mmol/L.

Die Temperaturaufzeichnungen (Ganzjahresdaten) zeigen zwischenjährliche Temperaturschwankungen, aber in der Zeitspanne von 2001 bis 2019 keinen zeitlichen Trend (siehe Abbildung 5.5). Das nördliche Einzugsgebiet hatte im Sommer höhere Werte (die meisten Jahre > 20 °C, Mittelwert = 12,2 °C) als das südliche Einzugsgebiet (< 20 °C, Mittelwert = 9,3 °C). Die Wassertemperaturen am Ausfluss des Lai d'Immez waren eine Mischung aus jenen der beiden Becken; sie lagen zwischen denen der beiden Einzugsgebiete oder waren sogar kühler (Mittelwert = 9,1 °C). Im Winter sanken die Wassertemperaturen auf nahezu 0 °C, was möglicherweise zum Gefrieren an den Logger-Standorten führte.

Die Ergebnisse der Hauptkomponentenanalyse für die Wasserchemie-Parameter zeigten eine deutliche Trennung zwischen dem nördlichen und dem südlichen Einzugsgebiet (siehe Abbildung 5.6). Die PCA-Achse 1 erklärt 27,4 % der Standortvariationen und steht im Zusammenhang mit einem Anstieg des gelösten Stickstoffs (DN), des gelösten organischen Kohlenstoffs (DOC) und mit einem Rückgang des gesamten anorganischen Kohlenstoffs (TIC). Die PCA-Achse 2 erklärt 25,2 % der Standortvariationen und ist mit partikulärem Phosphor (PP), Gesamtphosphor (TP) und partikulärem organischem Kohlenstoff (POC) assoziiert. Der Ausfluss des Lai d'Immez liegt auf beiden PCA-Achsen zwischen den Einzugsgebieten. Die Zeznina liegt auf Achse 1 ganz links, was den Eintrag durch den Blockgletscher in ihre Gewässer widerspiegelt. Das nördliche Einzugsgebiet weist auf der PCA-Achse 2 höhere Werte für Phosphor, Gesamtphosphor und partikulären organischen Kohlenstoff auf als das südliche Einzugsgebiet, wobei der Ausfluss des Lai d'Immez und die Zeznina zwischen den beiden Einzugsgebieten eingezeichnet sind.

Im zeitlichen Verlauf nahmen die Werte entlang der PCA-Achse 1 von 2001 bis 2009 ab und flachten dann von 2009 bis 2019 ab, was auf einen Rückgang von Stickstoff und gelöstem organischem Kohlenstoff und einen Anstieg von anorganischem Kohlenstoff für die Zeitspanne von 2001 bis 2009 hindeutet, gefolgt von geringen Veränderungen von 2009 bis 2019 (siehe Abbildung 5.7 und Kapitel 8). Im Gegensatz dazu stiegen die Werte entlang der PCA-Achse 2 für Phosphor, Gesamtphosphor und partikulären organischen Kohlenstoff im Laufe des Messzeitraums für das südliche Einzugsgebiet, den Ausfluss des Lai d'Immez und den Standort Zeznina, während die Gewässer des nördlichen Einzugsgebiets unverändert blieben. Wichtig ist, dass die Variation zwischen den Daten auf der PCA-Achse-2 von 2001 bis 2019 abnahm, was auf eine Homogenisierung der physikalisch-chemischen Eigenschaften des Wassers im Einzugsgebiet von Macun insgesamt hinweist.

Die Hauptkomponentenanalyse auf der Grundlage von Quellen und Zuflüssen auf der Seenplatte Macun weist Unterschiede zwischen den Einzugsgebieten und Jahren auf (2002 versus 2017) (siehe Abbildung 5.8). Die PCA-Achse 1 erklärt 42 % der Standortvariation und ist mit den Faktoren Temperatur, Leitfähigkeit, Nitrat, Gesamtphosphor und Silikat assoziiert. Die PCA-Achse 2 erklärt weitere 27 % der Standortvariationen und steht im Zusammenhang mit partikulärem organischem Kohlenstoff und dem ph-Wert. Die PCA-Achse 1 macht die beobachteten Unterschiede zwischen den Standorten im nördlichen und südlichen Einzugsgebiet deutlich, während die PCA-Achse 2 die zeitlichen Unterschiede zwischen 2002 und 2017 für jedes Einzugsgebiet zeigt. Die PCA-Gruppierungen unterstreichen die Unterschiede, die zwischen den Einzugsgebieten für die wichtigsten Standorte an den Bächen gefunden wurden, sowie bei einigen Messungen die zeitlichen Veränderungen.

5.3.4 Fortlaufendes Monitoring in der Nähe des Abflusses des Lai d'Immez

Die Daten der Exo-Sonde zeigen, dass die elektrische Leitfähigkeit niedrig war (< 16 µS/cm); Höchstwerte gab es im Winter (12–14 µS/cm), Mindestwerte im Frühling (< 6 µS/cm) (siehe Abbildung 5.9). Die Leitfähigkeit schwankte im Frühling und im Sommer im Tagesverlauf nur geringfügig, wobei es tags-

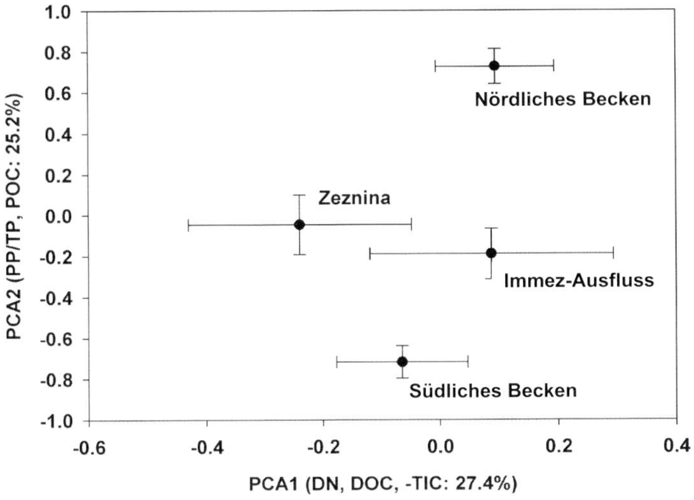

Abb. 5.6: Streudiagramm der Hauptkomponentenanalyse auf der Grundlage der gemessenen physikalisch-chemischen Parameter während des Untersuchungszeitraums. Die Mittelwerte und Standardfehlerbalken wurden aus den kombinierten jährlichen Daten (n = 19) erstellt (Quelle: adaptiert von Robinson et al. 2022.)

über etwas höhere Werte gab als nachts. Die maximalen Wassertemperaturen betrugen 14–16 °C im Sommer, die minimalen Temperaturen lagen im Winter nahe bei 0 °C. Die täglichen Temperaturschwankungen waren im Frühling und im Sommer hoch, wobei es tagsüber wärmer war als nachts. Der Gehalt an gelöstem Sauerstoff war im Frühling und im Herbst am höchsten (10–11 mg/L) und im Winter am niedrigsten (rund 8 mg/L). Tageszeitliche Schwankungen des Sauerstoffgehalts traten im Sommer auf (rund 1 mg/L Veränderung zwischen Tag und Nacht), wobei die Werte tagsüber höher waren. Die Daten vom Frühling zeigen den Übergang von geringen Tagesgangschwankungen im Winter zu relativ starken Tagesgangschwankungen im Sommer. Im Gegensatz dazu verdeutlichen die Daten vom Herbst, dass die täglichen Schwankungen mit dem Wintereinbruch abnahmen (siehe Abbildung 5.9).

Die Klarheit des Wassers (Trübung, NTU) war insgesamt hoch, aber jahreszeitlich bedingt. Die höchsten Trübungs-Werte (1,3 NTU) wurden im Sommer gemessen, die tiefsten im Winter (0,4 NTU) (siehe Abbildung 5.9). Aufgrund der Daten lassen sich Spitzenwerte der Trübung erkennen, die in Verbindung mit lokalen Regenfällen standen, im Frühling traten zudem tageszeitliche Muster auf. Die pH-Werte des Wassers waren im Winter am niedrigsten (pH 6,1) und im Sommer am höchsten, wobei es deutliche tageszeitliche Schwankungen gab (Minima 7,0, Maxima 8,0–8,5). Die Chlorophyll-a-Werte des Wassers (Genauigkeit = 0,01 µg/L) waren im Winter und Frühjahr am niedrigsten (nahe 0 µg/L), im Sommer mittel (etwa 4,8 µg/L) und im Herbst maximal (11,6 µg/L). Die deutlichsten tageszeitlichen Schwankungen wurden im Herbst verzeichnet (1,0 µg/L nachts, bis 9,9 µg/L tagsüber).

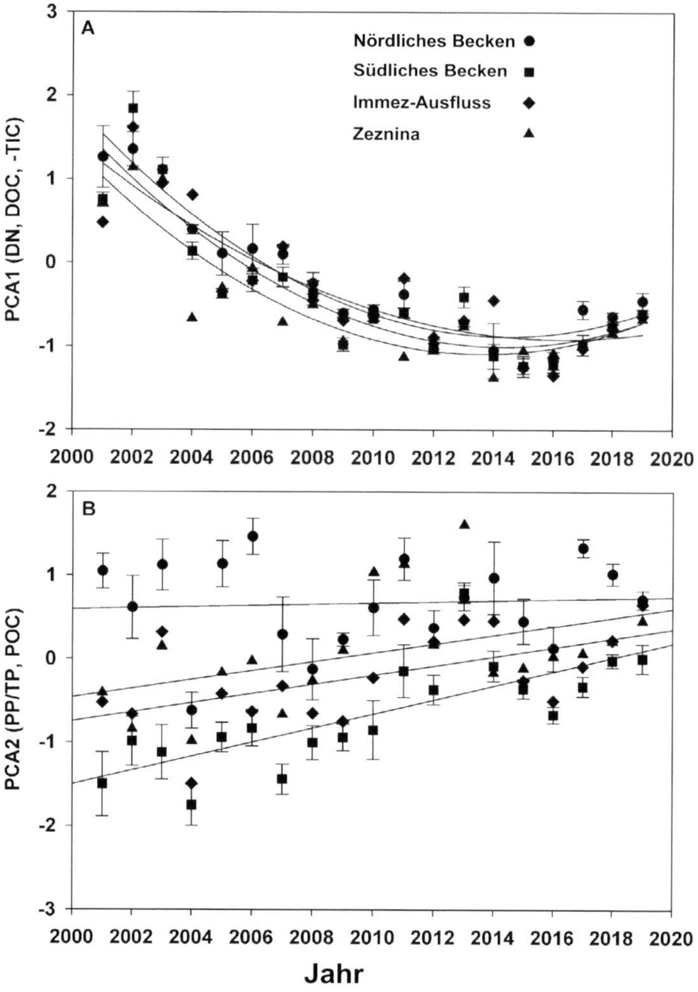

Abb. 5.7: Darstellungen der zeitlichen Entwicklung der Hauptkomponentenanalyse 1 (oben) und 2 (unten) für den Zeitraum 2001–2019. Sie zeigen die zeitlichen Veränderungen im nördlichen und südlichen Einzugsgebiet, am Ausfluss des Lai d'Immez und am Standort Zeznina (Quelle: adaptiert aus Robinson et al. 2022).

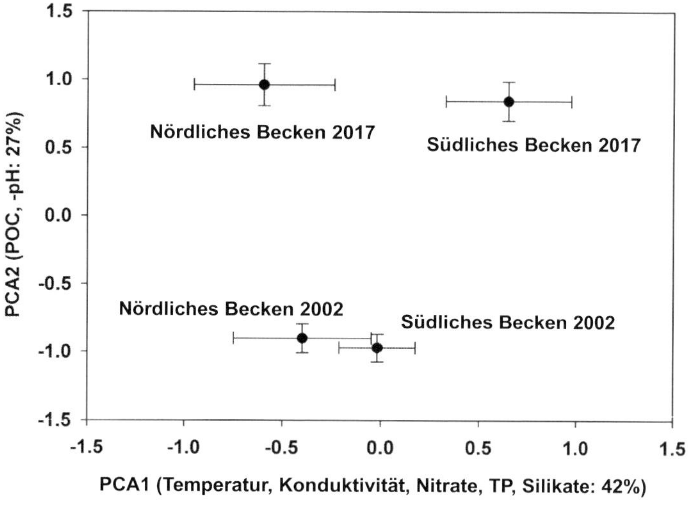

Abb. 5.8. Streudiagramm der Hauptkomponentenanalyse auf der Grundlage physikalisch-chemischer Messwerte, die an allen Zuflüssen und Quellen des Flussnetzes auf der Seenplatte Macun in den Jahren 2002 und 2017 erfasst wurden (Quelle: adaptiert aus Robinson et al, 2022)

5.4 Diskussion

5.4.1 Seen und Weiher von Macun

Der Anstieg der Oberflächentemperatur in den Weihern auf Macun war im Sommer hoch, es sollte jedoch beachtet werden, dass es sich dabei um Oberflächenwassertemperaturen handelte und diese mit den Lufttemperaturen im August zusammenhingen. Der beobachtete Anstieg der sommerlichen Wassertemperatur in den Weihern auf Macun (2,7 °C pro Dekade) ist fast fünfmal so hoch wie der mittlere gemessene Anstieg der sommerlichen Wassertemperatur in Schweizer Alpenbächen (gemäss Michel et al. [2020] 0,58 °C pro Dekade) und mehr als sechsmal so hoch wie in Schweizer Seen (gemäss Federal Office for the Environment [2021] 0,4 °C pro Jahrzehnt). Dies unterstreicht die besondere Funktionsweise kleiner Gewässer (Weihern), die eine viel geringere Widerstandsfähigkeit gegenüber Temperaturänderungen aufweisen als Seen und Flüsse. Im Gegensatz zu grösseren Gewässern folgte die Wassertemperatur in den Weihern stark der Lufttemperatur, was zu hohen Temperaturschwankungen im Tagesverlauf führte (Richardson et al. 2022). Andere physikalisch-chemische Messgrössen blieben im Laufe der Zeit stabil, obwohl sie gewisse jährliche Schwankungen aufweisen.

5.4.2 Fliessgewässer von Macun

Das Fliessgewässernetz auf der Seenplatte Macun ist durch verschiedene kleine Seen gegliedert, die die physikalische und chemische Dynamik der Bäche deutlich beeinflussen. Die Länge der Bäche im Einzugsgebiet schwankt zwischen 50 und 500 m. Die Zuflüsse von Blockgletschern etwa 50 m unterhalb des Ausflusses des Sees erhöhen den Wasserfluss des Ausflussbaches Zeznina (Standort 28) im Sommer um bis zu 50 Prozent. Die Zuflüsse der Blockgletscher haben einen direkten Einfluss auf die physikalisch-chemischen Eigenschaften der Oberflächengewässer, insbesondere jene im südlichen Einzugsgebiet und jene der Zeznina. Eine offensichtliche Auswirkung ist die Abkühlung der Oberflächengewässer: Die Bäche im südlichen Einzugsgebiet sind im Durchschnitt 3 °C kälter als jene im nördlichen Einzugsgebiet. Die Oberflächengewässer des Letztgenannten werden hauptsächlich von Grundwasser, von der Schneeschmelze im Frühling und Niederschlägen in den wärmeren Jahreszeiten gespeist. Die Einträge der Blockgletscher beeinflussen auch die Wasserfarbe der Seen, die im südlichen Einzugsgebiet eine hellere blaue Farbe und im nördlichen Einzugsgebiet eine dunklere, eher braune Farbe haben. Die Bäche im nördlichen Einzugsgebiet spiegeln diesen Farbunterschied wider, da sie höhere Werte für partikulären organischen Kohlenstoff und Phosphor aufweisen. Darüber hinaus sind die Werte der elektrischen Leitfähigkeit, die auf ein höheres Ionenpotenzial hinweisen, in den Gewässern des nördlichen Einzugsgebiets höher als in jenen des südlichen Einzugsgebietes, was den Unterschied zwischen den Wasserquellen in den beiden Einzugsgebieten verdeutlicht.

Im Gegensatz zu den Seen waren bei den Durchschnittstemperaturen der Fliessgewässer keine langfristigen Trends zu erkennen (Robinson et al. 2022). Stattdessen zeigten sich in den Wassertemperaturen die zwischenjährlichen Wetterschwankungen, wobei die Bäche in kühlen Sommern im Allgemeinen kühler und in warmen Sommern wärmer waren. Die Bäche auf Macun sind flach und langsam fliessend (die meisten Gerinne haben ein Gefälle von < 1°), so dass die Wassertemperaturen den saisonalen und jährlichen Mustern der wetterbedingten Lufttemperaturen folgen (Torgersen et al. 2001). So wurden beispielsweise in einigen Nebenflüssen Wassertemperaturen von bis zu 26 °C festgestellt (Robinson et al. 2006), insbeson-

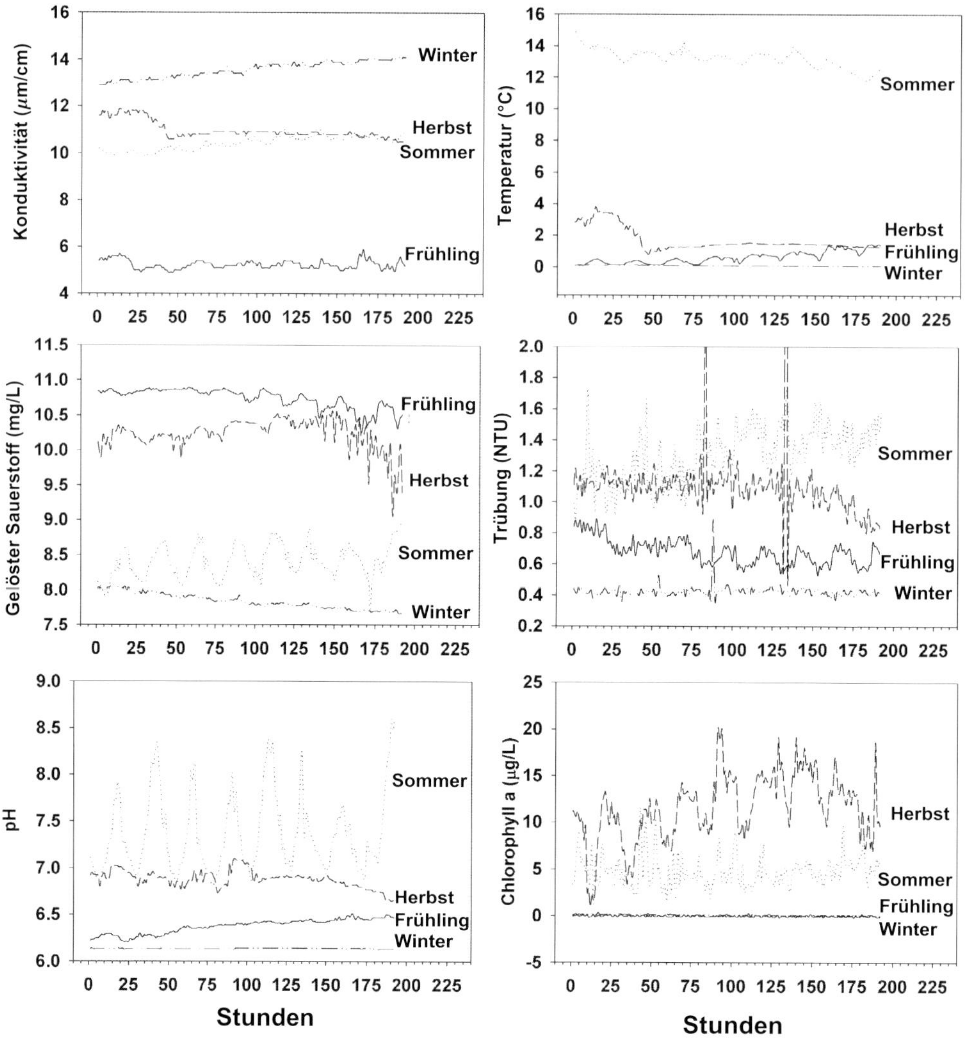

Abb 5.9: Grafiken der mit der Exo-Sonde am Auslass des Lai d'Immez aufgezeichneten Monitoringdaten. Sie zeigen repräsentative (oder typische) Sieben-Tage-Perioden im Frühling, Sommer, Herbst und Winter 2018 (Quelle: adaptiert aus Robinson et al. 2022).

dere in heissen Sommern wie 2003, 2005, 2013 und 2018. Die Ausrichtung der Bäche spielt ebenfalls eine wichtige Rolle, wobei Bäche, die direkt zur Sonne ausgerichtet sind, stärker von der Erwärmung betroffen sind als andere. Mit dem Rückgang der Oberflächenabflüsse im Herbst und Winter sinken die Temperaturen in den Bächen auf nahezu 0 °C und das Oberflächenwasser der Bäche kann sogar gefrieren.

Ein bemerkenswerter Trend war der steile Rückgang der Nitrat-Stickstoff-Konzentrationen in den Oberflächengewässern auf Macun, der wahrscheinlich auf einen Rückgang der atmosphärischen Stickstoffdeposition im Einzugsgebiet zurückzuführen ist.

Diese Abnahme wurde auch in anderen alpinen Gewässern beobachtet; sie resultierte aus Veränderungen der industriellen Aktivitäten in den Nachbarländern (Magnuz et al. 2017). Im Einklang mit dieser Verringerung der Stickstoffbestandteile stand ein ähnlicher Anstieg des pH-Werts des Wassers, wobei die mittleren pH-Werte jetzt in der Regel zwischen 6 und 7 liegen (Bereich 5,2–8,0), während sie in früheren Jahrzehnten – etwa in den 1970er-Jahren – stets unter 6 waren (Schanz 1984). Die Veränderungen der physikalisch-chemischen Verhältnisse können eine wichtige Rolle für das Funktionieren aquatischer Systeme spielen, indem sie einerseits das Vorkommen gewisser Taxa beeinflussen, beispielsweise von Kieselalgen in den Gewässern von Macun (Peszek et al. 2022), andrerseits auch die Stoffwechseleigenschaften der Bäche und Weiher.

Die Daten der Exo-Sonde verweisen auf eine starke saisonale Abhängigkeit der physikalisch-chemischen Eigenschaften des Wassers im Lai d'Immez in der Nähe der Ausflussstelle, was auf eine hohe biologische Aktivität des Oberflächenwassers im Sommer im Vergleich zum Winter hinweist. Gemäss den Daten gab es im Messzeitraum eine starke tageszeitliche Aktivität, insbesondere in Bezug auf den gelösten Sauerstoff, die Temperatur und Chlorophyll-a im Sommer. Diese Ergebnisse deuten auf eine starke Phytoplanktonaktivität in den Gewässern hin; so schwankte der gelöste Sauerstoff im Sommer zwischen Tag und Nacht um bis zu 1,0 mg/L und der pH-Wert verringerte sich um eine Einheit. Ausserdem könnte die Wechselwirkung zwischen Phytoplankton und Zooplankton von Bedeutung sein, muss aber in diesen Seen und anderen alpinen Gewässern weiter untersucht werden. Die Exo-Sonde wurde im Sommer 2016 installiert und es stehen kontinuierliche Daten für eine intensivere zeitliche Analyse zur Verfügung. Eine interessante Erkenntnis der vorliegenden Ergebnisse war, wie schnell die gemessenen Parameter auf den saisonalen Wechsel zwischen Winter und Frühling (schneller Anstieg des Stoffwechsels) und Herbst und Winter (schneller Rückgang des Stoffwechsels) reagierten, nämlich innerhalb von sieben Tagen.

5.5 Zusammenfassung

Die gemessenen physikalisch-chemischen Daten der Oberflächengewässer der Seenplatte von Macun haben wesentlich zum Verständnis der räumlichen und zeitlichen Dynamik einer hochgelegenen Karlandschaft unter dem anhaltenden Klimawandel beigetragen. Räumlich gesehen zeigen die Daten starke Unterschiede zwischen den Einzugsgebieten auf. Diese deuten auf unterschiedliche Quelleneinträge zwischen den beiden Einzugsgebieten hin, besonders auf das Vorhandensein von Blockgletschereinträgen im südlichen Einzugsgebiet, die im nördlichen Einzugsgebiet nicht vorhanden sind. Die Unterschiede zwischen den Zuflüssen und Quellen zwischen den Einzugsgebieten verweisen ausserdem auf den Umstand, dass die lokale Geologie eine wichtige Rolle bei der räumlichen physikalisch-chemischen Beschaffenheit des Oberflächenwassers auf Macun spielt. Auch in zeitlicher Hinsicht lassen die Daten einige interessante Muster erkennen. Die Oberflächengewässer der Weiher wiesen im Untersuchungszeitraum im August zunehmend höhere Temperaturen auf, die mit den hohen Lufttemperaturen im August zusammenhängen.

Langfristige Flussdaten haben gezeigt, dass sich die physikalischen und chemischen Eigenschaften der Oberflächengewässer im Laufe der Zeit immer stärker annähern, wahrscheinlich als Reaktion auf den Rückgang der Einträge durch Blockgletscher. Die Homogenisierung der Oberflächengewässer hat erhebliche Auswirkungen auf die funktionelle Dynamik des Systems. So reagieren beispielsweise die Kieselalgengemeinschaften sehr empfindlich auf Umweltveränderungen und haben grosse strukturelle Veränderungen gezeigt, die den physikalisch-chemischen Veränderungen folgten (siehe Kapitel 8.1). Schliesslich haben die Daten der Exo-Sonde die starke saisonale Dynamik der Seen (hier des Lai d'Immez) deutlich gemacht, die auf eine grosse biologische Aktivität im Zusammenhang mit den Wechselwirkungen von Phytoplankton, Zooplankton und der Wasserqualität hinweist. Diese Daten lieferten wichtige Einblicke in die räumlich-zeitliche Dynamik der alpinen Oberflächengewässer, die ohne ein langfristiges Monitoringprogramm undokumentiert geblieben wären.

Danksagung

Die Autoren danken allen Personen, die dieses Langzeit-Monitoring-Projekt möglich gemacht haben, darunter Forschungsassistierenden, Labormitarbeitenden, zahlreichen Studierenden, Gastforscherenden und viele Mitarbeitenden des Nationalparks. Besonderer Dank gilt C. Jolidon (Forschungsassistentin an der Eawag), dem AUA-Labor an der Eawag für die wasserchemischen Analysen, S. Bloem (Sensorlabor Eawag) sowie F. Filli, R. Haller und N. Willy vom Schweizerischen Nationalpark. Die Studie wurde teilweise durch den Schweizerischen Nationalpark und die jeweiligen Forschungsinstitute finanziert.

Literatur

Barsch, D. (1969): Studien und Messungen an Blockgletschern in Macun, Unterengadin. Zeitschrift für Geomorphologie. Annals of Geomorphology – Annales de Geomorphologie, Supplementband. 8, 11–30.

Barsch, D., & King, L. (1998): Rock glacier Macun 1, Lower Engadin, Switzerland, Version 1. NASA National Snow and Ice Data Center Distributed Active Archive Center. DOI: https://doi.org/10.7265/3w9k-nv64.

Brunner, M., Farinotti, D., Zekollari, H., Huss, M., & Zappa, M. (2019): Future shifts in extreme flow regimes in Alpine regions. Hydrology and Earth System Sciences, 23, 4471–4489. DOI: https://doi.org/10.5194/hess-23-4471-2019.

Derungs, D., & Tischhauser, M. (2017): Blockgletscher Macun Dritte Folgemessung. Bachelorthesis Fachhochschule Nordwestschweiz (FHNW), Hochschule für Architektur, Bau und Geomatik.

Fahy, J., Demierre, E., & Oertli, B. (2024): Long-term monitoring of water temperature and aquatic macroinvertebrates highlight climate change threat to high-elevation ponds in protected alpine areas. Biological Conservation, 290, 110461. DOI: https://doi.org/10.1016/j.biocon.2024.110461.

Federal Office for the Environment (FOEN) (ed.) (2021): Effects of climate change on Swiss water bodies. Hydrology, water ecology and water management. FOEN.

Fehr, M., & Reich, R. (2015): Blockgletscher Macun – Zweite Folgemessung. Bachelorthesis Fachhochschule Nordwestschweiz (FHNW), Hochschule für Architektur, Bau und Geomatik.

Intergovernmental Panel on Climate Change (IPPC) (2013). The Physical Science Basis. Contribution of Working Group I to the Fifth Assessment Report of the Intergovernmental Panel on Climate Change. Cambridge University Press.

Kenner, R., Pruessner, L., Beutel, J., Limpach, P., & Phillips, M. (2020): How rock glacier hydrology, deformation velocities and ground temperatures interact: examples from the Swiss Alps. Permafrost and Periglacial Processes, 31(1), 3–14. DOI: https://doi.org/10.1002/ppp.2023.

Jacobsen, D., Cauvy-Fraunie, S., Andino, P., Espinosa, R., Cueva, D., & Dangles, O. (2014): Runoff and the longitudinal distribution of macroinvertebrates in a glacier-fed stream: implications for the effects of global warming. Freshwater Biology, 59(10), 2038–2050. DOI: https://doi.org/10.1111/fwb.12405.

Lange, K., Meier, P., Trautwein, C., Schmid, M., Robinson, C. T., Weber, C., & Brodersen, J. (2018): Basin-scale effects of small hydropower on biodiversity dynamics. Frontiers Ecology Environment, 16(7), 397–404. https://doi.org/10.1002/fee.1823.

Magnuz, E., Simpson, D., Schwikowski, M., & Granat, L. (2017): Deposition of sulphur and nitrogen in Europe 1900–2050. Model calculations and comparison to historical observations. Tellus B: Chemical and Physical Meteorology, 69(1), 1328945. DOI: https://doi.org/10.1080/16000889.2017.1328945.

Michel, A., Brauchli, T., Lehning, M., Schaefli, B., & Huwald, H. (2020): Stream temperature and discharge evolution in Switzerland over the last 50 years: annual and seasonal behaviour. Hydrology and Earth System Sciences, 24, 115–142. DOI: https://doi.org/10.5194/hess-24- 115-2020.

Oertli, B., Indermuehle, N., Angélibert, S., Hinden, H., & Stoll, A. (2008): Macroinvertebrate assemblages in 25 high alpine ponds of the Swiss National Park (Cirque of Macun) and relation to environmental variables. Hydrobiologia, 597, 29–41. DOI: https://doi.org/10.1007/s10750-007-9218-7.

Paillex, A., Siebers, A. R., Ebi, C., Mesman, J. & Robinson, C T. (2020): High stream intermittency in an alpine fluvial network: Val Roseg, Switzerland. Limnology and Oceanography, 65(3), 1–12. DOI: https://doi.org/10.1002/lno.11324.

Peszek, Ł., Kaweck, B., & Robinson, C. T. (2022): Long-term response of diatoms in high-elevation streams influenced by rock glaciers. Ecological Indicator, 144, 109515. DOI: https://doi.org/10.1016/j.ecolind.2022.109515.

Richardson, D. C.,Holgerson, M. A., Farragher, M. J., Hoffman, K. K., King, K. B. S., Alfonso, M. B., Andersen, M. R., Cheruveil, K. S., Coleman, K. A., Farruggia, M. J., Fernandez, R. L., Hondula, K. L., Lopez Moreira Mazacotte, G. A., Paul, K., Peierls, B. L., Rabaey, J. S., Sadro, S., Sanchez, M. L., Smyth, R. L., & Sweetman, J. N. (2022): A functional definition to distinguish ponds from lakes and wetlands. Scientific Reports, 12(1), 10472. DOI: https://doi.org/10.1038/s41598-022-14569-0.

Robinson, C. T., & Matthaei, S. (2007): Hydrological heterogeneity of an alpine stream/lake network in Switzerland. Hydrological Processes, 21(23), 3146–3154, DOI: https://doi.org/10.1002/hyp.6536.

Robinson, C. T., & Oertli, B. (2009): Long-term Biomonitoring of Alpine Waters in the Swiss National Park. eco.mont: Journal on Protected Mountain Areas Research and Management, 1(1), 23–34. DOI: https://doi.org/10.1553/eco.mont1s23.

Robinson, C. T., Jolidon, C., Consoli, G., Bloem, S., & Ebi, C. (2022): Temporal Dynamics in the physicochemistry of a high-alpine stream network in the Swiss National Park. eco.mont – Journal on Protected Mountain Areas Research and Management, 14(2), 22–34. DOI: https://dx.doi.org/10.1553/eco.mont-14-2s11.

Rogora, M., Mosello, R., Arisci, S., Brizzio, M. C., Barbieri, A., Balestrini, R., Waldner, P., Schmitt, M., Stàhli, M., Thimonier, A., Kalina, M., Puxbaum, H., Nickus, U., Ulrich, E., & Probst, A. (2006). An overview of atmospheric deposition chemistry over the Alps: present status and long-term trends. Hydrobiologia, 562, 17–40. DOI: https://doi.org/10.1007/s10750-005-1803-z.

Schanz, F. (1984): Chemical and algological characteristics of five high mountain lakes near the Swiss National Park. SIL-Proceedings, Internationale Vereinigung für Theoretische und Angewandte Limnologie: Verhandlungen, 22(2), 1066–1070.

Scherrer, S.C., Fischer, F. M., Posselt, R., Liniger, M. A., Croci-Maspoli, M., & Knutti, R. (2016): Emerging trends in heavy precipitation and hot temperature extremes in Switzerland. Journal of Geophysical Research: Atmospheres, 121(6), 2626–2637. DOI: https://doi.org/10.1002/20 15JD024634.

Tockner, K., Malard, F., Burgherr, P., Robinson, C. T., Uehlinger, U., Zah, R., & Ward, J. V. (1997): Physico–chemical characterization of channel types in a glacial floodplain ecosystem (Val Roseg, Switzerland). Archiv für Hydrobiologie, 140(4), 433–463.

Tockner, K., Zwarfl, C., & Robinson, C. T. (eds.). (2022): Rivers of Europe (2nd edition). Academic Press, Elsevier.

Torgersen, C.E., Faux, R. N., McIntosh, B. A., Poage, N. J., & Norton, D. J. (2001): Airborne thermal remote sensing for water temperature assessment in rivers and streams. Remote Sensing of Environment, 76(3), 386–398. DOI: https://doi.org/10.1016/S0034-4257(01)00186-9.

Vogler, H. (2018): Long-Term Trends in the Ecohydrology of the Macun Lakes System. Masterthesis ETH Zurich.

Zarrineh, N., Abbaspour, K. C., & Holzkämper, A. (2020): Integrated assessment of climate change impacts on multiple ecosystem services in Western Switzerland. Science of the Total Environment, 708, 135212. DOI: https://doi.org/10.1016/j.scitotenv.2019.135212.

Zick, W. (1996): Bewegungsmessungen 1965–1994 am Blockgletscher Macun I (Unterengadin/Schweiz) – neue Ergebnisse. Zeitschrift für Geomorphologie, N. F. Supplement-Band 104, 59–71.

Kapitel 6: Böden und Vegetation

Pascal Vittoz, Claire Le Bayon, Wanda Wietlisbach und Bogdan Favre

Trotz seiner geringen Grösse vereint das Kar der Seenplatte Macun acht verschiedene natürliche Lebensräume, die in vierzehn Pflanzengesellschaften und zehn verschiedene Bodentypen unterteilt sind. Diese Gesellschaften und Böden werden in diesem Kapitel beschrieben, zusammen mit den entsprechenden ökologischen Bedingungen. Eine Vegetationskarte zeigt die Verteilung der Gesellschaften in der Landschaft, während ein Süd–Nord-Transekt durch das Kar schematisch die Verteilung der Gesellschaften und Bodentypen in Abhängigkeit von Relief und Geologie veranschaulicht. Insgesamt bietet das Macun-Kar eine grosse Vielfalt von Ökosystemen, die sehr repräsentativ für die alpine Stufe auf silikatischem Gestein sind.

6.1 Kontext und Methoden

Ein Überblick über die Pflanzengesellschaften des Schweizerischen Nationalparks ist auf der Karte von Zoller (1995) im Massstab 1:25 000 verfügbar. Allerdings war das Gletscherkar Macun, das später in den Park aufgenommen wurde, noch nicht kartiert und seine Vegetation war daher noch wenig erforscht. Im Rahmen des Masterstudiengangs Biogeowissenschaften der Universitäten Neuenburg und Lausanne wurde ein Abschlussprojekt vorgeschlagen, das darauf abzielte, die Vegetation des Macun-Kars zu beschreiben und zu kartieren. Parallel dazu war es auch das Ziel, die Böden zu beschreiben, da alpine Böden in sehr grossen Höhen selten untersucht werden. Dieses Kapitel ist eine Zusammenfassung dieser Studie (Favre & Wietlisbach 2016).

Um die Pflanzengesellschaften zu beschreiben, wurden im gesamten Gletscherkar 95 phytosoziologische Aufnahmen durchgeführt, welche die Vielfalt der topografischen, geologischen und geomorphologischen Bedingungen repräsentieren. An jedem Standort wurden alle auf einer Fläche von 20 m² beobachteten Arten inventarisiert und ihr Deckungsgrad nach der Skala von Braun-Blanquet (1964) geschätzt. In der Nähe von 19 Aufnahmen wurde ein Bodenprofil ausgehoben, das etwa 1 m breit und ausreichend tief war, um das von der Bodenbildung weniger stark beeinflusste Muttergestein zu erreichen. Die verschiedenen Horizonte wurden vor Ort nach Baize und Jabiol (2011) beschrieben und Bodenproben für zusätzliche Laboruntersuchungen gesammelt.

Die phytosoziologischen Aufnahmen wurden anschliessend durch Clustering geordnet, danach einem natürlichen Lebensraum nach Delarze et al. (2015) und dann unter Bezugnahme auf zuvor beschriebene Einheiten nach den Methoden der Sigma-Phytosoziologie (Prunier et al. 2019) einer Pflanzengesellschaft zugeordnet.

Basierend auf den Geländestudien, ergänzt durch physikalisch-chemische Merkmale, wurden die verschiedenen pedologischen Horizonte benannt und ihre Sequenzen einem Bodentyp gemäss der Bodenklassifikation der Schweiz (Brunner et al. 2008) zugeordnet. An der Grenze zwischen Vegetation und mineralischen Bodenhorizonten wurden die Humusformen beschrieben und mithilfe des Schlüssels von Jabiol et al. (2013) klassiert. Statistische Analysen ermöglichten die Identifizierung bestimmter Trends, die Umweltvariablen, Vegetation, Böden und Humusformen verknüpfen. Diese Trends werden in diesem Kapitel diskutiert.

6.2 Diversität der Pflanzengesellschaften

Die phytosoziologischen Aufnahmen wiesen im Durchschnitt 18 Arten auf 20 m² auf. *Leucanthemopsis alpina* war die häufigste Art und in 88 Prozent der Aufnahmen vorhanden. Die Artenvielfalt war in den Rasen durchschnittlich höher und in den Felszonen geringer; mit zunehmender Höhe nahm sie ab.

Die beobachteten Pflanzengesellschaften lassen sich hauptsächlich drei natürlichen Lebensräume der Schweiz zuordnen (Delarze et al. 2015), die ökologisch vor allem durch die Dauer der Schneedecke und die Stabilität des Substrats unterschieden werden: Krummseggenrasen (*Caricion curvulae*), kalkarme Schneetälchen (*Salicion herbaceae*) und alpine Silikatschuttflur (*Androsacion alpinae*) (siehe Abbildung 6.1).

6.2.1 Krummseggenrasen (*Caricion curvulae*)

Dieser Lebensraum ist in den Alpen am häufigsten auf silikatischen Gesteinen (Granit, Gneis) anzutreffen. Er kommt hauptsächlich über 2400 m vor, mit einer Schneebedeckung von sechs bis acht Monaten. Die Gewöhnliche Krumm-Segge (*Carex curvula* subsp. *curvula*) verleiht diesen Rasen die dominante gelbe Farbe; sie wird begleitet vom Krainischen Grauen Greiskraut (*Senecio incanus* subsp. *carniolicus*) oder dem Stumpfblättrigen Mannsschild (*Androsace obtusifolia*). Abhängig von der Dauer der Schneedecke wurden auf der Seenplatte Macun vier pflanzensoziologische Gesellschaften beobachtet.

Carici curvulae-Nardetum: Diese Gesellschaft bildet den Übergang zu den Weiden der sub-

Abb. 6.1: Die Dauer der Schneedecke und die Stabilität des Substrats sind entscheidend für die Verteilung der Lebensräume in der alpinen Höhenstufe: Die Krummseggenrasen bedecken die weniger verschneiten Flächen, die kalkarmen Schneetälchen die langanhaltenden verschneiten Bereiche (teilweise noch unter dem Schnee auf diesem Foto vom 21. Juli 2015), und die alpinen Silikatschuttfluren befinden sich auf jungen Moränen oder instabilen Flächen am Fuss der Felsen (Foto P. Vittoz).

Abb. 6.2: Auf den Graten, wo der Schnee im Winter vom Wind weggefegt wird, sind die Pflanzen stärker dem Frost ausgesetzt als in anderen Rasen. Dies reduziert den Anteil an Gefässpflanzen und begünstigt die Flechten *(Loiseleurio-Caricetum curvulae)* (Foto: P. Vittoz).

alpinen Stufe auf sauren Böden und ist auf den tieferen Flächen im Süden des Kars anzutreffen. Sie ist durch das Vorkommen des Borstgrases (*Nardus stricta*) und der Arnika (*Arnica montana*) sowie von Zwergsträuchern wie der Rostblättrigen Alpenrose (*Rhododendron ferrugineum*) und die Kleinblättrigen Rauschbeere (*Vaccinium gaultherioides*) charakterisiert.

Loiseleurio-Caricetum curvulae: Diese Gesellschaft ist auf den Graten vorhanden, wo der Wind einen Teil des Schnees im Winter wegfegt und die Pflanzen dem winterlichen Frost ausgesetzt sind (siehe Abbildung 6.2). Sie kommt auf den Rundhöcker-Felsen vor, die im nördlichen Teil des Kars einen Gletscherriegel bilden. Diese Gesellschaft zeichnet sich durch das Vorkommen der Alpenazalee (*Loiseleuria procumbens*) und des Nacktrieds (*Elyna myosuroides*) sowie durch den reichen Bestand an Flechten – vor allem der Gattungen *Cetraria* und *Cladonia* – aus.

Caricetum curvulae: Diese Gesellschaft hat mittlere Bedingungen für den Lebensraum; sie ist insbesondere häufig im Herzen des Kars und an Osthängen anzutreffen (siehe Abbildung 6.3).

Abb. 6.3: Die Gewöhnliche Krumm-Segge *(Carex curvula)* mit an den Enden verdrehten und getrockneten Blättern verursacht die charakteristische strohgelbe Färbung des *Caricetum curvulae*. Hier ist sie zusammen mit der Blüte des Schweizer Milchkrautes *(Leontodon helveticus)* zu sehen (Foto: B. Favre).

Hygrocaricetum curvulae: Diese Gesellschaft ist durch eine lange anhaltende Schneedecke auf feuchtem Boden gekennzeichnet. Die Ansiedlung von Arten aus den kalkarmen Schneetälchen wird begünstigt. Auf schwachen Hängen kommt diese Gesellschaft häufig vor, oft im Übergang zum Lebensraum des kalkarmen Schneetälchens.

6.2.2 Kalkarmes Schneetälchen (*Salicion herbaceae*)

Der zweite Lebensraum ist das kalkarme Schneetälchen. Man findet ihn in den Senken im zentralen Teil des Kars oder an den Nordhängen über 2700 m ü. M., wo mehr als neun Monate im Jahr Schnee liegt. Die kurze Wachstumsperiode begrenzt die Flora auf einige kleine Arten, die besonders gut an eine schnelle Entwicklung während des kurzen alpinen Sommers angepasst sind: Krautweide (*Salix herbacea*), Alpen-Gelbling (*Sibbaldia procumbens*), Kleines Alpenglöckchen (*Soldanella pusilla*) und Niedriges Ruhrkraut (*Gnaphalium supinum*). In diesem Umfeld ist auch der seltene Zwerg-Hahnenfuss (*Ranunculus pygmaeus*) zu finden (siehe Kapitel 9.1). Im Lebensraum des kalkarmen Schneetälchens gibt es vier Gesellschaften, die sich in der Dauer der Schneebedeckung und der verfügbaren Wassermenge unterscheiden.

Salicetum herbaceae: Die häufigste Gesellschaft, die unter mittleren Bedingungen für diesem Lebensraum zu finden ist, präsentiert sich als niedriger Pflanzenteppich (3–5 cm), dicht mit Gefässpflanzen bewachsen (siehe Abbildung 6.4).

Cardamino alpinae-Anthelietum juratzkanae und *Polytrichetum sexangularis*: Die beiden Gesellschaften zeichnen sich über eine derart lange Schneebedeckung aus, dass Gefässpflanzen kaum oder gar nicht überleben können. Diese Gesellschaften werden von Moosen dominiert und konnten daher im Feld nicht systematisch unterschieden werden, da Moose schwer zu bestimmen sind.

Salici herbaceae-Caricetum lachenalii: Es handelt sich um eine hygrophile (Feuchtigkeit liebende) Gesellschaft entlang temporärer Bäche, die zum Beispiel unter Schneefeldern oder in der Nähe von Seen auftreten, mit

Abb. 6.4: Ein Beispiel von *Salicetum herbaceae*, hier auf noch wenig entwickeltem Boden, mit Zwerg-Hahnenfuss (*Ranunculus pygmaeus*) und Gletscher-Hahnenfuss (*Ranunculus glacialis*) (Foto P. Vittoz).

Schneehuhn-Segge (*Carex lachenalii*), Dreigriffligem Hornkraut (*Cerastium cerastoides*), Alpen-Weidenröschen (*Epilobium anagallidifolium*) oder Sternblütigem Steinbrech (*Saxifraga stellaris*).

6.2.3 Alpine Silikatschuttflur (*Androsacion alpinae*)

Der dritte Lebensraum im Kar der Seenplatte Macun ist die alpine Silikatschuttflur. Er umfasst die noch instabilen Felsflächen (Geröll, junge Moränen). Abhängig von der Stabilität des Untergrunds wurden drei Gesellschaften beobachtet. Aufgrund der geringen Artenvielfalt und der Vielfalt der Umweltbedingungen (Gradienten von Stabilität und Feuchtigkeit des Untergrunds, Schneedeckendauer) ist es nicht immer einfach, sie voneinander zu unterscheiden.

Oxyrietum digynae und *Androsacetum alpinae*: Diese beiden Gesellschaften sind sehr schwach von Gefässpflanzen besiedelt. Zu finden sind die folgenden Pflanzen: Säuerling (*Oxyria digyna*), Alpen-Mannsschild (*Androsace alpina*), Schlaffes Rispengras (*Poa laxa*), Langstieliges Hornkraut (*Cerastium pedunculatum*), Gletscher-Hahnenfuss (*Ranunculus glacialis*),

Abb. 6.5: Die jungen, oft noch instabilen Moränen werden von Pionierpflanzen besiedelt, die an sehr felsige Umgebungen angepasst sind (*Oxyrietum digynae*) (Foto: B. Favre).

Abb. 6.6: In den lange verschneiten Felszonen bilden die Rasen der Braunen Hainsimse (*Luzula alpinopilosa*) viel dichtere Bestände als in anderen Felszonen (Foto: P. Vittoz).

Zwerg-Miere (*Minuartia sedoides*) oder Séguiers Steinbrech (*Saxifraga seguieri*). Die erstgenannte Gesellschaft (siehe Abbildung 6.5) besiedelt steilere, instabilere Hänge und oft feuchtere Standorte als die zweitgenannte.

Luzuletum alpinopilosae: Diese Gesellschaft wird von der Braunen Hainsimse (*Luzula alpinopilosa*) dominiert (siehe Abbildung 6.6). Sie kommt auf den unteren Hängen mit stabilerem Substrat und einer langen Schneebedeckung vor und teilt sich Arten mit dem kalkarmen Schneetälchen.

Abb. 6.7: Die flachen Bereiche am Ufer alpiner Seen, im Bild der Lai d'Immez, werden oft weitgehend von Scheuchzers Wollgras (*Eriophorum scheuchzeri*) dominiert (Foto: P. Vittoz).

6.2.4 Andere Lebensräume

Vier weitere Lebensräume sind im Kar der Seenplatte Macun punktuell vorhanden:

Kalkarmes Kleinseggenried (*Caricion fuscae;* Gesellschaft des *Eriophoretum scheuchzeri*): Hier handelt es sich um Flachmoore, die die flachen Ufer der alpinen Seen besiedeln und an den hübschen weissen Büscheln des Scheuchzers Wollgrases (*Eriophorum scheuchzeri*) erkennbar sind (siehe Abbildung 6.7).

Kalkarme Quellflur (*Cardamino-Montion*): Sie befindet sich an Ufern von Bächen mit einer Vegetation, die von Moosen dominiert wird. Die Gefässpflanzen bedecken nur einen geringen Teil der Fläche, mit hauptsächlich

Abb. 6.8: Die Gesellschaft *Cirsietum spinosissimi* überrascht im Vergleich zu anderen alpinen Rasen durch die Höhe und Dichte ihrer Vegetationsdecke (Foto: P. Vittoz).

dem Sternblütigen Steinbrech (*Saxifraga stellaris*), der Schneehuhn-Segge (*Carex lachenalii*) oder dem Alpen-Weidenröschen (*Epilobium anagallidifolium*). Die Bäche haben eine geringe Fliessgeschwindigkeit, die jedoch den ganzen Sommer über anhält.

Alpine Lägerflur (*Rumicion alpinae*, Gesellschaft von *Cirsietum spinosissimi*): Die etwas feuchten Flächen an der Spitze von Schuttkegeln oder am unteren Ende von Hängen (siehe Abbildung 6.8) werden von Alpen-Kratzdistel (*Cirsium spinosissimum*) und dem Grauen Alpendost (*Adenostyles alliariae*) dominiert.

Silikatfelsflur (*Androsacion vandelii*): Aus technischen Gründen wurden Felsen und Klippen während dieser Studie nicht inventarisiert. Wenn sie jedoch teilweise von Gefässpflanzen besiedelt sind, können sie den Gesellschaften der kristallinen Bergfelsen zugeordnet werden. Diese werden vor allem durch Polsterpflanzen charakterisiert.

6.3 Böden und Humusformen

Die Faktoren der Bodenbildung auf der Seenplatte Macun sind unbestreitbar durch die örtlichen Bedingungen bestimmt. So führt die eigentliche Form des Kars zu einer besonderen Topografie mit einem Plateau in der Mitte und steilen Hängen, die das Gebiet begrenzen. Die in diesem Zusammenhang stehenden Erosions- und Ablagerungsphänomene liefern Substrate, die mehr oder weniger günstig für die Entstehung von Böden sind. Die Natur des geologischen Substrats selbst, das hauptsächlich silikatisch ist (Orthogneis, Amphibolit- und Biotitgneis), führt zur Bildung von sauren Böden. Die andere Eigenschaften der Böden werden durch eine variable Korngrösse beeinflusst, die von grossen Blöcken über quartäre Moränen mit einer heterogenen Korngrösse und verschiedenen jüngeren Ablagerungen (Kolluvium, fluviale Sedimente) (siehe Kapitel 4) bis zu allochthonen äolischen Sedimenten (Löss) reicht. Schliesslich beeinflussen die besonders kalten und feuchten klimatischen Bedingungen die biologische Aktivität und damit die Dynamik der organischen Substanz, insbesondere deren Einarbeitung in den Boden. So wirken die bodenbildenden Faktoren Relief, Ausgangsgestein, Klima, aber auch Vegetation und Wetter eng zusammen, was dazu führt, dass in geringen Entfernungen eine grosse Diversität von Böden vorhanden ist.

Die Schnittstelle zwischen der Vegetation und dem Boden bilden die Humusformen, eine Kombination von organischen Auflagehorizonten im Übergang zur Mineralerde. Die Humusformen dienen als wichtige Indikatoren für die Dynamik des Ökosystems und spiegeln die biologische Aktivität und die Abbaurate der organischen Substanz in den oberen Bodenschichten wider. Während sie in Wäldern des Tieflandes gut dokumentiert sind, sind sie im alpinen Raum relativ wenig erforscht.

Auf Macun wurden drei Hauptgruppen von Böden identifiziert: a) geringmächtige, wenig differenzierte Böden, b) wenig entwickelte Böden mit Verlagerungsprozessen (Erosion, Ablagerungen) und c) Böden mit fortgeschrittener Bodenbildung. Im Folgenden werden sie in Verbindung mit den am häufigsten anzutreffenden Humusformen vorgestellt.

6.3.1 Geringmächtige, wenig differenzierte Böden

Das silikatische Ausgangsgestein ist hier entscheidend, da sich all diese Böden auf dem Mineralgürtel des Kars sowie auf oder in der Nähe von Blockgletschern, Geröllhalden und jungen Moränen befinden. Der Lithosolische Gesteinsboden (siehe Abbildung 6.9 und Tabelle 6.1) und der Psammitische Gesteinsboden (siehe Abbildung 6.10) zeichnen sich vor allem durch ihre sehr geringe Mächtigkeit (< 10 cm) aus. Diese Böden können sich gegebenenfalls durch Verdickung, insbesondere durch eine bessere Einarbeitung von organischem Material, zu einem Silikatboden (Ranker) entwickeln (siehe Abbildung 6.11). In allen Fällen sind die Prozesse der Bodenbildung einfach und hängen hauptsächlich mit der physikalischen Zerkleinerung des Ausgangsgesteins durch die Wirkung von Wasser und Frost zusammen. Häufig entwickelt sich eine Pioniervegetation mit geringer Biomasse. Dies hat zur Folge, dass die Humusformen entweder sehr stark von Moosen, Flechten und Wurzeln bestimmt werden (z. B. Parahumus) oder aufgrund der geringen Profildicke eine reduzierte biologische Aktivität aufweisen, die Streu jedoch trotzdem relativ effizient zersetzen (Mull). Die Umweltfaktoren sind hier ausschlaggebend für das Verhältnis von Produktion und Abbau der organischen Substanz.

Abb. 6.9: Lithosolischer Gesteinsboden mit Oligomull. Das darunterliegende harte und massive Gestein begrenzt aufgrund seiner geringen Verwitterung die Bildung von Feinerde. Der organisch-mineralische Horizont, eine Mischung aus verwittertem Ausgangsmaterial und organischem Material, bildet hier praktisch das gesamte Profil mit einer Mächtigkeit von weniger als 10 cm (Foto: W. Wietlisbach).

Tab. 6.1: Physikalisch-chemische Daten der verschiedenen Profile, die den Abbildungen 6.9–6.16 entsprechen. Die Namen der Horizonte sind nach der Nomenklatur von Baize und Jabiol (2011) codiert.

Profil	**Horizont**	**Tiefe (cm)**	**Textur**				**pH [H2O]**	**TOC (%)**	**C/N**	**Munsell**
			USDA textur	**Sand (%)**	**Schluff (%)**	**Ton (%)**				
Abb. 6.9	A	0	SaLo	61,75	36,01	2,24	4,45	1,63	14,37	10YR 2/1
	C	6	SiLo	27,66	65,37	6,96	4,38	1,14	16,95	10YR 4/3
	Rsi	8	–	–	–	–	–	–	–	–
Abb. 6.10	Js	0	SaLo	46,14	50,37	3,50	4,9	0,71	14,96	10YR 4/2
	Csi	5,5	SaLo	43,52	52,61	3,87	5,43	0,87	17,60	10YR 5/3
	Msi1	14,5	SiLo	36,54	59,21	4,26	6,04	0,67	16,78	10YR 5/4
	Msi2	19	SiLo	33,74	61,60	4,66	5,55	0,11	–	10YR 6/3
	Dsi	27,5	SaLo	54,78	42,79	2,42	5,07	0,12	18,69	10YR 6/2
Abb. 6.11	A	0,3	SaLo	54,34	40,73	4,90	4,62	–	14,40	2.5Y3/2
	A-C	3,8	SaLo	55,72	39,84	4,40	4,69	2,18	13,68	2.5Y 4/3
	C1	7	SaLo	51,86	43,72	4,40	4,51	0,83	13,24	2.5YR 5/3
	C2	11,5	SaLo	45,50	49,42	5,10	4,31	0,54	14,34	2.5Y 6/4
	Dsi	13,5	–	–	–	–	–	–	–	–

Profil	Horizont	Tiefe (cm)	Textur				pH [H2O]	TOC (%)	C/N	Munsell
			USDA textur	Sand (%)	Schluff (%)	Ton (%)				
Abb. 6.12	A	0	SaLo	41,37	53,57	5,05	4,29	6,32	23,09	10YR 2/2
	Ag	4,5	SaLo	41,99	53,56	4,46	4,32	3,07	15,89	10YR 3/2
	Jp	10,5	SaLo	57,50	40,34	2,15	4,36	1,01	21,53	7.5YR 3/4
	IIA	16,5	SaLo	40,83	55,23	3,94	4,56	2,26	18,97	10YR 2/2
	IIC	22,5	–	–	–	–	–	–	–	–
	IIRsi	23	–	–	–	–	–	–	–	–
Abb. 6.13	A	0,5	SaLo	40,22	54,93	4,85	4,52	5,19	13,43	10YR 2/3
	Jp	3	SiLo	32,58	61,83	5,59	4,08	4,45	13,21	10YR 4/2
	IIA	9,8	SiLo	50,24	46,76	3,00	4,1	7,79	15,21	10YR 2/3
	IIIJp	14,8	SaLo	27,66	64,61	7,74	6,65	1,06	15,66	7.5YR 3/3
	IVM1	20	SaLo	49,88	46,99	3,14	5,04	1,27	17,87	7.5YR 3/4
	IVM2	25	SaLo	50,42	45,89	3,69	4,24	0,73	16,50	7.5YR 4/6
	Dsi	30,5	–	–	–	–	–	–	–	–
Abb. 6.14	A	0,3	SaLo	55,41	41,78	2,80	4,27	6,24	15,21	10YR 3/4
	A-S	4	SaLo	53,73	43,98	2,30	4,53	2,36	14,87	10YR 4/4
	S1	8,5	SiLo	33,67	62,84	3,49	4,55	0,37	16,51	10YR 4/4
	S2	14,3	SaLo	43,53	52,82	3,64	4,34	3,31	16,93	10YR 3/4
	S2/C1	25,5	SiLo	36,13	59,43	4,44	4,5	2,57	17,73	10YR 3/3
	C2	32,5	SiLo	25,52	69,07	5,41	4,63	5,73	17,82	10YR 4/6
	Rsi	36	–	–	–	–	–	–	–	–
Abb. 6.15	A	0,5	SaLo	49,68	45,40	4,9	4,24	5,14	14,83	–
	A2	10	SaLo	46,22	48,12	5,7	4,21	2,65	15,65	–
	A-Sal	15	SaLo	50,65	44,65	4,7	4,44	2,06	14,20	–
	Sal	22	SaLo	56,25	41,32	2,4	4,57	2,24	17,49	–
	Sal2	33	SaLo	56,37	40,47	3,2	4,08	2,91	16,82	–
	Rsi	41	–	–	–	–	–	–	–	–
Abb. 6.16	Ae	0,5	SiLo	32,94	59,90	7,17	4,1	17,18	17,64	7.5YR 3/2
	E	4	SaLo	48,19	49,12	2,69	4,01	4,15	15,61	7.5YR 3/3
	BPh	6,8	SaLo	47,92	49,78	2,29	4,09	4,45	19,60	5YR 2/2
	BPs	12,5	SaLo	49,03	48,51	2,46	5,53	3,83	20,28	5YR 2/4
	BPs-C	26,5	SaLo	42,78	53,63	3,59	4,26	5,99	19,58	5YR 3/3
	Dsi	32	–	–	–	–	–	–	–	–

Für jeden Horizont werden die Textur, wie sie auf dem Feld notiert wurde (LoSa, lehmiger Sand; SaLo, sandiger Lehm; Lo, Lehm; SiLo, schluffiger Lehm), der prozentuale Anteil von Sand, Schluff und Ton, der pH-Wert [H_2O], der gesamte organische Kohlenstoff (TOC), das C/N-Verhältnis sowie die Farben nach dem Munsell-Code (Munsell Color 2009) angegeben.

6.3.2 Wenig entwickelte Böden mit Verlagerungsprozessen

Das Kar der Seenplatte Macun begünstigt die kontinuierliche Verlagerung von Gesteinskomponenten entweder durch die Schwerkraft am Hang (Kolluvium) oder durch den Oberflächenabfluss und Bäche (Alluvium). Die kolluvialen Rankere (siehe Abbildung 6.12) sind daher stark an die Hänge gebunden und weisen wenig differenzierte Profile auf. Dies gilt auch für psephitische kolluviale Ranker, die sich in der Regel direkt unterhalb des Steilhanges befinden und von einer gröberen Körnung (viel Kiesel, Steine und Blöcke) gekennzeichnet sind. Die mit diesen Böden verbundenen Humusformen sind hauptsächlich mit Moosen assoziiert (bryophytischer Parahumus). Alluviale Ablagerungen entlang von Bächen führen zu Böden der Gruppe der Gesteins-Auenböden (siehe Abbildung 6.13). Neben der Zufuhr von Schwemmmaterial weist der auf Macun beobachtete Boden dieses Typs die Besonderheit eines Anmoor als Humusform auf. Diese ist auf eine lang anhaltende Vernässung von mehr als sechs Monaten pro Jahr zurückzuführen, die zu einem an organischem Material reichen Oberflächenhorizont führt. Ausserhalb dieser Überschwemmungsperioden ist jedoch eine gute biologische Aktivität gegeben. Die Oxidationsflecken im Profil widerspiegeln die wechselnassen Bedingungen und die Lage des Bodens am Fuss des Hanges zwischen zwei Bächen, was den deutlichen Einfluss von Wasser auf die Pedogenese bestätigt.

Abb. 6.10: Psammitischer Gesteinsboden mit Parahumus (kryptogame Krusten). Der Boden ist hier mächtiger als lithosolische Gesteinsböden (siehe Abbildung 6.9). Grund dafür ist das lockere, sandige Ausgangsmaterial, das durch den Rückzug der letzten Gletscher abgelagert wurde. Die zu kurze Zeit seit der Ablagerung oder die Instabilität des Substrats liessen nur die Anfänge der Bodenprozesse zu, in diesem Fall den Beginn der Inkorporation von organischem Material in die Mineralerde. Infolgedessen hat die Feinerde keine generalisierte Struktur pedologischen Ursprungs angenommen (Gobat & Guenat 2019) und der einzige echte, pedologische Horizont – der organisch-mineralische Horizont (braun-grau an der Oberfläche) – bleibt weniger als 10 cm mächtig. In diesem Fall erfolgt die Besiedlung vor allem durch Flechten, Algen und Moose, die eine harte Oberfläche bilden, welche die feinen Bestandteile des Substrats zusammenhält. Dies wirkt wie eine Zementierung, also eine kryptogame Kruste, was wiederum die Besiedlung durch Gefässpflanzen erleichtert (Foto: W. Wietlisbach).

6.3.3 Böden mit fortgeschrittener Bodenbildung

Wenn die Bedingungen für lang anhaltende Bodenbildungsprozesse und eine intensivere Bodenbildung günstig sind, entwickeln sich im Kar der Seenplatte Macun Braunerden, labil aggregierte saure Braunerden und Podsole. Dabei handelt es sich oft um mächtigere Böden, die sich hauptsächlich auf Bergkämmen oder an Hängen und meist unter Grasflächen von Krummseggenrasen oder in kalkarmen Schneetälchen befinden.

Abb. 6.11: Silikatboden (Ranker) mit Dysmull. Dieser Boden entwickelte sich aus einem Gemisch aus grobem und feinem Ausgangsmaterial kristallinen Ursprungs (Gneis, Granit). Im Vergleich zu Gesteinsböden war die Entwicklungszeit länger oder die Prozesse waren schneller, zudem ist die Gesamtheit der von der Pedogenese geprägten Horizonte mächtiger als 10 cm. Grobe, nicht karbonathaltige Elemente (Kiesel, Steine) machen zwischen 25 und 60 Prozent des Bodenvolumens aus. Der einzige sichtbare pedologische Prozess besteht in der Integration von organischem Material mit mineralischem Material (A-Horizont). Gefässpflanzen stellen bereits einen grossen Teil der Biomasse dar und tragen vor allem über ihre Wurzeln den Grossteil der organischen Substanz in den Boden ein (Foto: W. Wietlisbach).

Abb. 6.12: Kolluviale Ranker mit bryophytischem Parahumus (an das Vorhandensein von Moospflanzen gebunden). Die regelmässige Ablagerung und Erosion von Gesteinskomponenten durch die Schwerkraft oder durch Wasser verhindert eine Stabilisierung und damit die Einleitung von pedologischen Prozessen, die zu Böden mit einer fortgeschrittenen Bodenentwicklung führen. Daher verharren die kolluvialen Rankere aufgrund ihrer topografischen Lage in einem wenig entwickelten Stadium mit einer geringen Differenzierung der Horizonte (Foto: W. Wietlisbach).

Abb. 6.13: Gesteins-Auenboden mit *euanmoor*. Zwischen zwei Bächen an einem flachen Hang gelegen, wurde das Ausgangsgestein der Bodenentwicklung durch wiederholte Anschwemmungen abgelagert. Zwischen zwei Überschwemmungen besiedelten Pflanzen die Oberfläche und brachten organisches Material ein. Neue Überschwemmungen erodierten einen variablen Anteil des Bodens und lagerten gleichzeitig neue Sedimente ab, wodurch die Besiedlung mit Vegetation wieder von Neuem begann. So deutet ein dunklerer Horizont (zwischen 10 und 13 cm), der reich an organischem Kohlenstoff ist, auf eine lange Zeit ohne Hochwasser hin, in der sich ein organisch-mineralischer Horizont gebildet hat, der später von neuen Sedimenten bedeckt wurde. Die allgemeine Ockerfarbe des Profils hängt mit den Rostflecken zusammen und ist ein Zeichen für Wechselfeuchtigkeit. Perioden mit gesättigten Verhältnissen (v. a. Winter und Schneeschmelze) wechseln mit Perioden, die von einem sinkenden Wasserspiegel und einer ausreichenden Sauerstoffversorgung (v. a. Sommer und Herbst) geprägt sind (Foto: W. Wietlisbach).

Die für Braunerden charakteristischen Prozesse sind die Verwitterung von karbonatfreien, silikatischen Gesteinen, die Gefügebildung und die Bildung von neuen, sogenannt sekundären Mineralen. Bereits im schwach sauren Bereich – unterhalb von einem pH-Wert von 6,5 – reagieren im Boden gebildete Säuren mit den Mineralen von silikatischem Gestein, wodurch dieses verwittert. Dadurch wird Eisen freigesetzt und reagiert mit dem vorhandenen Sauerstoff zu Eisenoxiden, die im Mineralboden der Braunerden zu einer charakteristischen ockergelben Farbe führen. Eisen kann aber auch stabile Verbindungen mit organischer Substanz und Tonmineralen eingehen und als Brückensubstanz diese Komponenten miteinander verbinden. Das führt zur Bildung von organo-mineralischen Komplexen im oberflächigen Horizont (Ah) und von polyedrischen Aggregaten durch Ton-Ton-Komplexe im tiefen Mineralhorizont (B). Die Oberflächen von organischer Substanz und Tonmineralen können zudem Nährstoffe in pflanzenverfügbarer Form binden. Eine zunehmende Versauerung führt zu einer Zerstörung der organo-mineralischen Verbindungen und zu einer Verdrängung der Nährstoffe von den Oberflächen. Als Folge werden die Aggregate destabilisiert, die Strukturierung der Feinerde wird labiler und den Pflanzen gehen Nährstoffe durch Auswaschung verloren. Die sauren Braunerden (siehe Abbildung 6.14) sind ein Beispiel dafür; sie haben eine Tendenz, sich zu einem noch saureren Boden zu entwickeln, nämlich zur labil aggregierten sauren Braunerde (siehe Abbildung 6.15). In diesem Boden dominieren Aluminiumionen am Kationenaustauscher. In der labil aggregierten sauren Braunerde liegt eine Struktur vor, die auf der Stabilitätsskala zwischen der sauren Braunerde und dem Podsol liegt. Auf Macun ist dieser Übergang in einem Boden zu erkennen, dessen Eigenschaften zwischen jenen einer labil aggregierten sauren Braunerde und jener einer podsoligen Parabraunerde liegen.

Die rauen klimatischen Bedingungen mit tiefen Temperaturen und ausreichenden Niederschlagsmengen (siehe Kapitel 3) und die Chemie des Ausgangsgesteins im Kar auf Macun sind für die Entwicklung von Podsolen förderlich. Kalkarme Schneetälchen sind besonders günstig für huminstoffreiche Podsole, während sehr sandige Substrate zu podsoliger Parabraunerde führen (siehe Abbildung 6.16 und Tabelle 6.1). Was jedoch überrascht, ist das Vorhandensein einer Vegetation, die nicht von Nadelbäumen oder Heidelandschaften dominiert wird, also mit einer Streu, die a priori nicht genug versauernd ist, um Podsolierungsprozesse in Gang zu setzen. Die Humusformen sprechen für sich: Mull auf Podsol! Die Frage bleibt also offen: Hat die Podsolierung vor langer Zeit stattgefunden, als es noch eine säurebildende Vegetation gab, die inzwischen verschwunden ist, oder ist sie heute noch aktuell? Mit anderen Worten: Sind die Podsole auf Macun Relikte aus einer wärmeren Periode, in der eine Heide den Standort einnahm (Carnelli et al. 2004; Tinner & Theurillat 2003)? Oder reichen die von Flechten und Moosen freigesetzten organischen Säuren aus, um eine Podsolierung aufrechtzuerhalten, die auch heute noch aktiv ist (Ugolini et al. 1987; Carter & Arocena 2000; Chen et al. 2000)?

6.3.4 Böden und ihre funktionalen Zusammenhänge

Obwohl das Konzept einer Entwicklungssequenz für Böden mit Vorsicht zu geniessen ist, kann man ein allgemeines Beziehungsschema der auf Macun beschriebenen Böden aufstellen. So ist es möglich zu versuchen, ihre Beziehungen zueinander besser zu verstehen, insbesondere ihren Ursprung und ihre weitere potenzielle Entwicklung (siehe Abbildung 6.17). Die wichtigsten Bodenbil-

Abb. 6.14: Saure Braunerde mit Oligomull. Dieser Boden, der sich auf einer leicht geneigten, silikatischen Gesteinsplatte befindet, ist nicht sehr mächtig; er weist aber einen tiefen, strukturierten B-Horizont auf, der auf den hier stattfindenden Verbraunungsprozess hinweist. Eisen, das sich in der ockerfarbenen Färbung des Profils zeigt, spielt eine wichtige Rolle bei der Bindung zwischen den mineralischen Bodenpartikeln. Das Material, aus dem sich der Boden entwickelt hat, stammt wahrscheinlich von Löss (Feinstaub, der von den Moränen abgetragen und vom Wind transportiert wurde). Der saure pH-Wert dieses Bodens zeugt von einem geringen Basengehalt im Profil, was jedoch nicht ausschliesst, dass organisches Material schnell abgebaut oder in den Boden integriert wird (Oligomull) (Foto: W. Wietlisbach).

Abb. 6.15: Labil aggregierte saure Braunerde mit Oligomull. Dieser Boden befindet sich am oberen Ende eines grossen, relativ steilen Hanges unter Rasen und weist die für diese Bodenart typische «fluffige» Struktur auf: Die polyedrischen Aggregate sind oft bröckelig und enthalten eine sehr feine, krümelige Unterstruktur, die aus runden oder eiförmigen Aggregaten besteht. Letztere sind reich an Aluminium und unter der Lupe leicht zu erkennen. Der im Labor gemessene Aluminiumreichtum in tiefen B-Horizont bestätigt die Bedeutung dieses Elements in den Bodenprozessen und dass wir es tatsächlich mit einer labil aggregierten sauren Braunerde zu tun haben. Die Humusform widerspiegelt eine relativ gute Integration der organischen Substanz in den Boden (wenig alte Streu an der Bodenoberfläche und ein 10 cm dicker A-Horizont) und damit eine hohe biologische Aktivität (Foto: W. Wietlisbach).

Abb. 6.16: Podsolige Parabraunerde mit Oligomull. Das darunterliegende Gestein ist eine alte Geröllhalde aus grossen Blöcken. Auf und zwischen diesen hat sich feineres Material angesammelt, das durch Hangerosion eingebracht wurde. Auch wenn die Mächtigkeit des Bodens recht bescheiden ist (34 cm), ist der Podsolierungsprozess deutlich erkennbar: An der Oberfläche befindet sich ein hellerer Horizont, der die Auswaschungsprozesse widerspiegelt, also die durch das Versickern verursachte Mitnahme von organischem Material, Eisen und Aluminium. In der Tiefe ist ein Horizont vorhanden, der mit organischem Material angereichert ist, gefolgt von einem Horizont, der stärker orange und der reich an Eisenoxiden ist. Trotz des sehr sauren pH-Werts im Oberboden (pH-Wert zirka 4) (siehe Tabelle 6.1) wird die organische Substanz recht gut in den Boden eingearbeitet, wobei der AE-Horizont jedoch nicht sehr dick ist und bereits Anzeichen von Auswaschung zeigt (Foto: W. Wietlisbach).

dungsfaktoren, die oben erwähnt wurden, sind 1) das vorwiegend silikatische Ausgangsmaterial, das eine saure Pedogenese bewirkt, 2) die Moränen oder die Topografie, die die Zufuhr von Kolluvialmaterial oder die Ansammlung von Löss begünstigen, und 3) das Klima, das aufgrund der kalten Temperaturen die biologische Aktivität einschränkt.

Die Vegetation spielt eine ganz besondere Rolle, da sie organisches Material liefert. Aber angesichts des in situ beobachteten Mulls gibt es in dieser Hinsicht offensichtlich noch einige Punkte zu klären, denn sie widersprechen der üblichen Vorstellung von einer langsamen Zersetzung oder Inkorporation organischer Materie im Hochgebirge. Dies könnte neue Forschungsperspektiven eröffnen, die sich wahrscheinlich stärker auf den Verbleib dieser organischen Substanz in den obersten Zentimetern des Bodens konzentrieren.

6.4 Verteilung von Böden und Pflanzengesellschaften in der Landschaft

Die Vegetationskarte (siehe Abbildung 6.18) zeigt, dass der Krummseggenrasen die der Sonne am stärksten ausgesetzten Flanken des Kars der Seenplatte Macun besetzt. Die anderen Hänge werden von Felswänden und sauren Geröllhalden eingenommen, die je nach Stabilität mehr oder weniger von Pflanzen besiedelt sind. Am Grund des Kars finden sich verschiedene Rasenflächen auf gut entwickelten, besser differenzierten und in der Regel tiefgründigeren Böden.

Es gibt keine genaue Bodenkarte von Macun, aber aufgrund der parallel erfolgten Untersuchungen von Pflanzengemeinschaften und Böden lässt sich ihre jeweilige Verteilung entlang eines Querschnitts durch das Kar darstellen (siehe Abbildung 6.19). In der

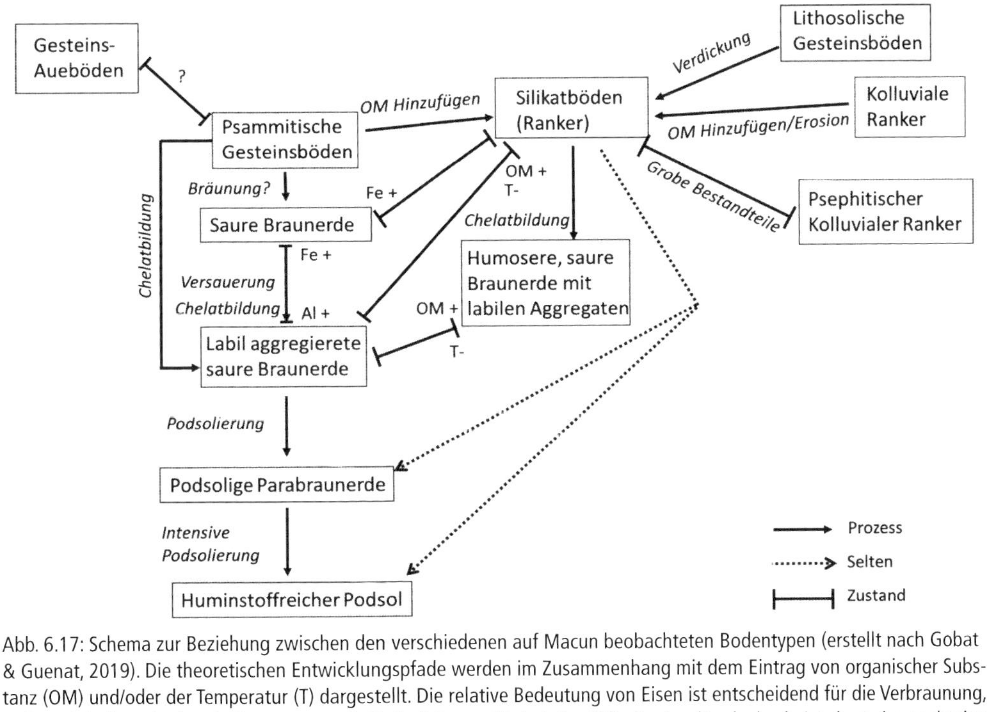

Abb. 6.17: Schema zur Beziehung zwischen den verschiedenen auf Macun beobachteten Bodentypen (erstellt nach Gobat & Guenat, 2019). Die theoretischen Entwicklungspfade werden im Zusammenhang mit dem Eintrag von organischer Substanz (OM) und/oder der Temperatur (T) dargestellt. Die relative Bedeutung von Eisen ist entscheidend für die Verbraunung, während die fortschreitende Versauerung die Podsolisierung fördert. Der Silikatboden (Ranker) scheint der Ankerpunkt der Bodenentwicklung auf Macun zu sein, der im Zentrum der Bodenbildungsprozesse auf silikatischem Substrat steht.

Tat werden Böden und Vegetation in der alpinen Stufe durch dieselben Faktoren ihrer Entwicklung eingeschränkt, wodurch eine gewisse Parallelität zwischen diesen beiden Kompartimenten der Ökosysteme aufgezeigt werden kann.

6.4.1 Temperatur

In der alpinen Stufe liegt die Jahresdurchschnittstemperatur unter 0 °C. Diese niedrigen Temperaturen verlangsamen die chemischen und biologischen Reaktionen und damit auch einige Bodenprozesse erheblich. Die Temperaturunterschiede zwischen den einzelnen Gebieten des Kars sind jedoch zu gering, um grössere Auswirkungen auf die Verteilung der Böden und Pflanzengemeinschaften zu haben, mit Ausnahme der nach Osten ausgerichteten Hänge. Es wurde gezeigt, dass die Bodentemperaturen in den Alpen an Osthängen für das Pflanzenwachstum genauso günstig sind wie jene an Südhängen: Die morgendliche Sonneneinstrahlung ermöglicht an Osthängen eine frühe Schneeschmelze und hohe Temperaturen während des ganzen Tages (Winkler et al., 2016) (siehe Kapitel 3.7). Daher sind diese Hänge die einzigen in der gesamten «Mauer», die von Gras bewachsen sind (siehe Abbildung 6.18). Die anderen steilen Hänge des Kars, die kälter und weniger stabil sind, sind kaum besiedelt.

6.4.2 Wasser

Wasser ist für das Leben der Pflanzen und für die chemischen Reaktionen in Böden von entscheidender Bedeutung. In der alpinen Stufe sind Niederschläge regelmässig und ausgiebig und die Pflanzen zeigen nur selten Anpassungen an die Trockenheit. Umgekehrt gibt es bei der Schneeschmelze reichlich Wasser, das die Böden vernässt und bestimmte Elemente (Ton, Nährstoffe, organische Substanzen) in die Tiefe verlagert. Wasser ist somit in Verbindung mit dem allgemeinen Säuregrad der Hauptfaktor für die Bildung von Podsolen, da es organische Stoffe, Eisen und Aluminium umverteilt. Wenn die Vernässung der Böden fast dauerhaft ist, werden die Böden hydromorph (Gleye), was in der Studie von Favre und Wietlisbach (2016) jedoch nicht beobachtet werden konnte. Es ist aber sicher, dass solche Böden an Seeufern unter dem kalkarmen Kleinseggenried zu finden sind. Da es sich hierbei um empfindliche und besonders schöne Lebensräume handelt (siehe Abbildung 6.7), wollten die Forscher:innen diese Juwelen nicht beschädigen und sahen davon ab, diese Bodenkategorie zu beschreiben.

6.4.3 Natur und Alter des Substrats

Pedogene Prozesse sind langsam, vor allem in diesen Höhenlagen. So dauert es Jahrhunderte oder sogar Jahrtausende, bis sich eine saure Braunerde oder ein Podsol entwickelt. Die Beschaffenheit des Substrats selbst, das reich an groben Bestandteilen ist, begünstigt die Pedogenese kaum. Wenn sie einsetzt, lenkt die kristalline mineralogische Zusammensetzung des Gesteins die Prozesse. Böden mit fortgeschrittener Pedogenese finden sich daher auf den ältesten Moränen, die am Ende der Eiszeit vor mehreren tausend Jahren abgelagert wurden. Obwohl sich die Pflanzengesellschaften schneller entwickeln, stellen diese alten, tiefgründigen Böden mit einem gut entwickelten, organisch-mineralischen Horizont das Optimum der Krummseggenrasen und der kalkarmen Schneetälchen dar. Umgekehrt sind die jungen Moränen (Kleine Eiszeit) von dünnen, wenig differenzierten Böden bedeckt, vor allem von lithosolischen Gesteinsböden und Silikatböden (Rankern). Die vorhandenen Pflanzengesellschaften bestehen aus alpinen Pionierarten, welche auch die Geröllhalden oder sich bildende Rasen besiedeln.

6.4.4 Topografie

Die Topografie hat einen direkten Einfluss auf die erosiven Prozesse an den Hängen und damit auch auf das Ausgangsgestein der Bodenbildung. Auf instabilen Substraten finden sich wenige entwickelte Böden (kolluviale Rankere) oder wenige differenzierte Böden (lithosolische und psammitische Gesteinsböden), da nach jedem grösseren erosiven Ereignis die Bodenbildung wieder von vorne beginnt. Auch die Pflanzen sind an Instabilitäten angepasst, da sie regelmässig von Steinschlag überdeckt werden und gezwungen sind, einen neuen Weg zum Licht zu finden (Pflanzengesellschaften der alpinen Silikatschuttflur).

In den steilen Wänden oder Felsen ist die Erosion am grössten. Die wenigen Gefässpflanzen halten sich nur in den Ritzen oder auf kleinen Felsvorsprüngen. Regen und Schnee reissen jedoch regelmässig die wenigen feinen Festsubstanzen (Streu, Mineralstaub) weg, so dass die Böden sehr flachgründig bleiben (lithosolische Gesteinsböden) und von den wenigen, für silikatische Felswände typischen Polsterarten stabilisiert werden.

In schwach geneigten Gebieten kann die Instabilität von Bächen ausgehen, die lokal erodieren und weiter talwärts Alluvionen bilden. Die Böden, die durch diese Abfolge von Anschwemmungen entstehen, werden als Gesteins-Auenböden bezeichnet. Die Vegetation hängt von der Strömungsgeschwindigkeit und der Häufigkeit der Überschwemmungen ab und reicht von feuchten, kalkarmen Schneetälchen (*Salici herbaceae-Caricetum lachenalii*) bis zur Vegetation der kalkarmen Quellflure.

Die Topografie spielt im Hochgebirge auch eine grosse Rolle bei der Umverteilung des Schnees, der wiederum ein wesentlicher Faktor für die Verteilung der Pflanzen ist. So wird auf den Bergkämmen im Winter regelmässig Schnee weggeblasen, wodurch die Pflanzen zwar dem Frost ausgesetzt sind, aber eine lange Wachstumsperiode haben. Hier ist der typische Lebensraum für alpine Windheiden, die auf der Seenplatte Macun mit dem *Loiseleurio-Caricetum curvulae* vorhanden sind. Umgekehrt sammelt sich der Triebschnee stellenweise an, verkürzt die schneefreie Zeit und begünstigt kalkarme Schneetälchen. Auch Feinstaub, der als Löss oder äolischer Schluff bezeichnet wird, wird vom Wind umverteilt. Er wird von den kahlen Moränen weggeblasen und im Windschatten abgelagert. Löss war vor allem am Ende der Eiszeiten reichlich vorhanden, aber den geschilderten Transport gibt es heute noch (Braun-Blanquet & Jenny 1926; Küfmann 2006). Löss neigt dazu, sich hinter den Bergrücken abzulagern, was zur Bildung von Böden führt, die im Vergleich zu von Moränen stammenden Böden mit sehr feinem Material angereichert sind. Auf Macun scheinen sie die Ursache für die seltenen, labil aggregierten sauren Braunerden zu sein, wobei der Schluff eine geringere Strukturstabilität gewährleistet.

Am Grund des Kars profitieren die wenigen Südhänge von der besseren Sonneneinstrahlung, die den Schnee frühzeitig schmelzen lässt und den Boden besonders stark erwärmt. Dies begründet das Auftreten einiger Arten der subalpinen Stufe. Im Gegensatz dazu schmilzt der Schnee an Nordhängen oder hinter Erhebungen, wo er sich durch Windverfrachtung angesammelt hat, besonders spät. Eine Schneebedeckung von mehr als acht Monaten hat keine grossen Auswirkungen auf die Bodenbildung, abgesehen von einer Tendenz zur Vernässung. Das Vegetationswachstum wird jedoch stark eingeschränkt. Entlang eines zunehmenden Gradienten der Schneebedeckung ist eine Abfolge von Pflanzengesellschaften zu beobachten (von kürzerer zu längerer Schneebedeckung): *Carici curvulae-Nardetum*, *Caricetum curvulae*, *Hygrocaricetum curvulae*, *Salicetum herbaceae*, *Polytrichetum sexangularis*.

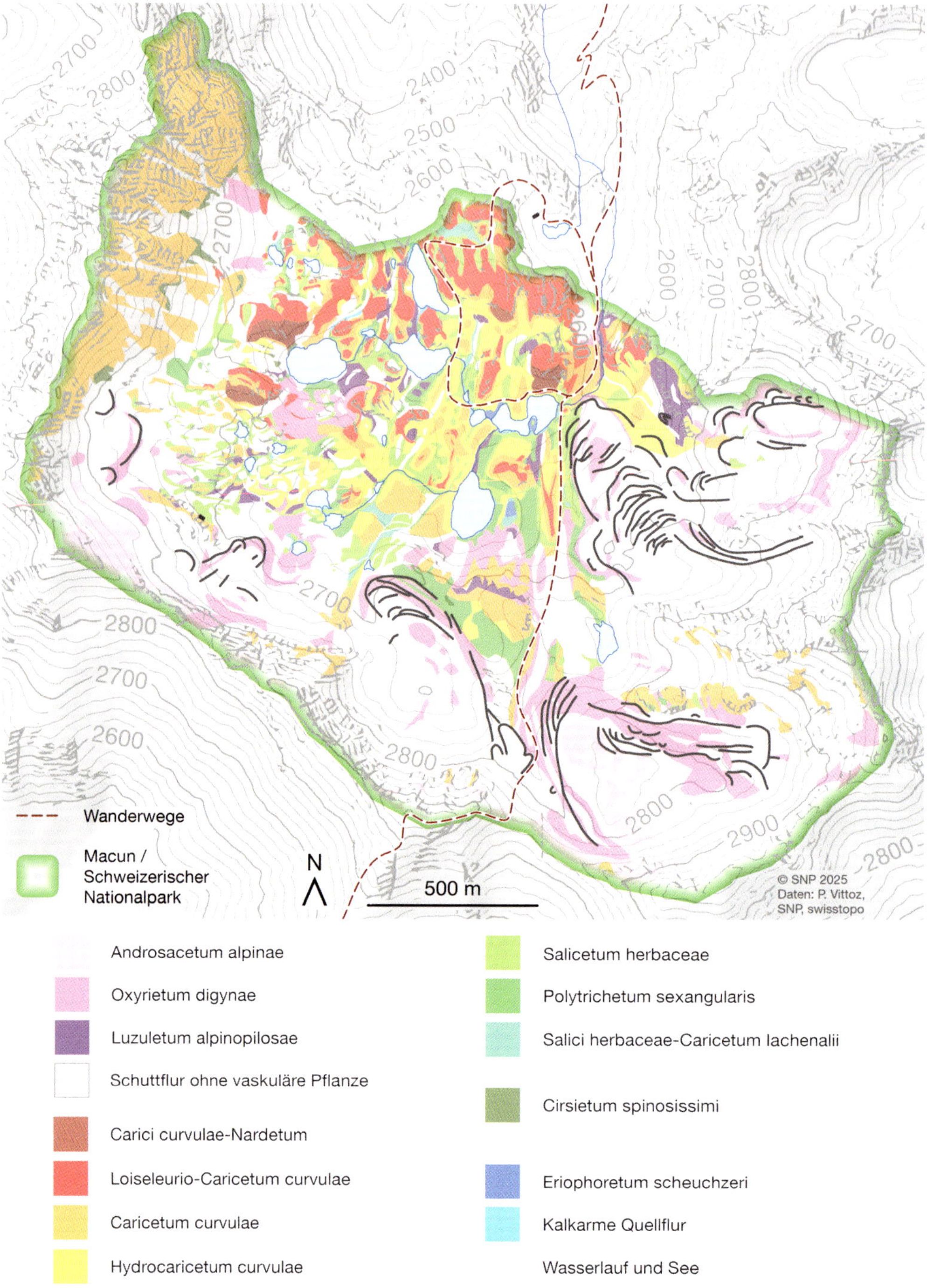

Abb. 6.18: Vegetationskarte des Kars der Seenplatte Macun. Die verschiedenen Pflanzengesellschaften werden im obigen Text beschrieben (modifiziert aus Favre & Wietlisbach 2016).

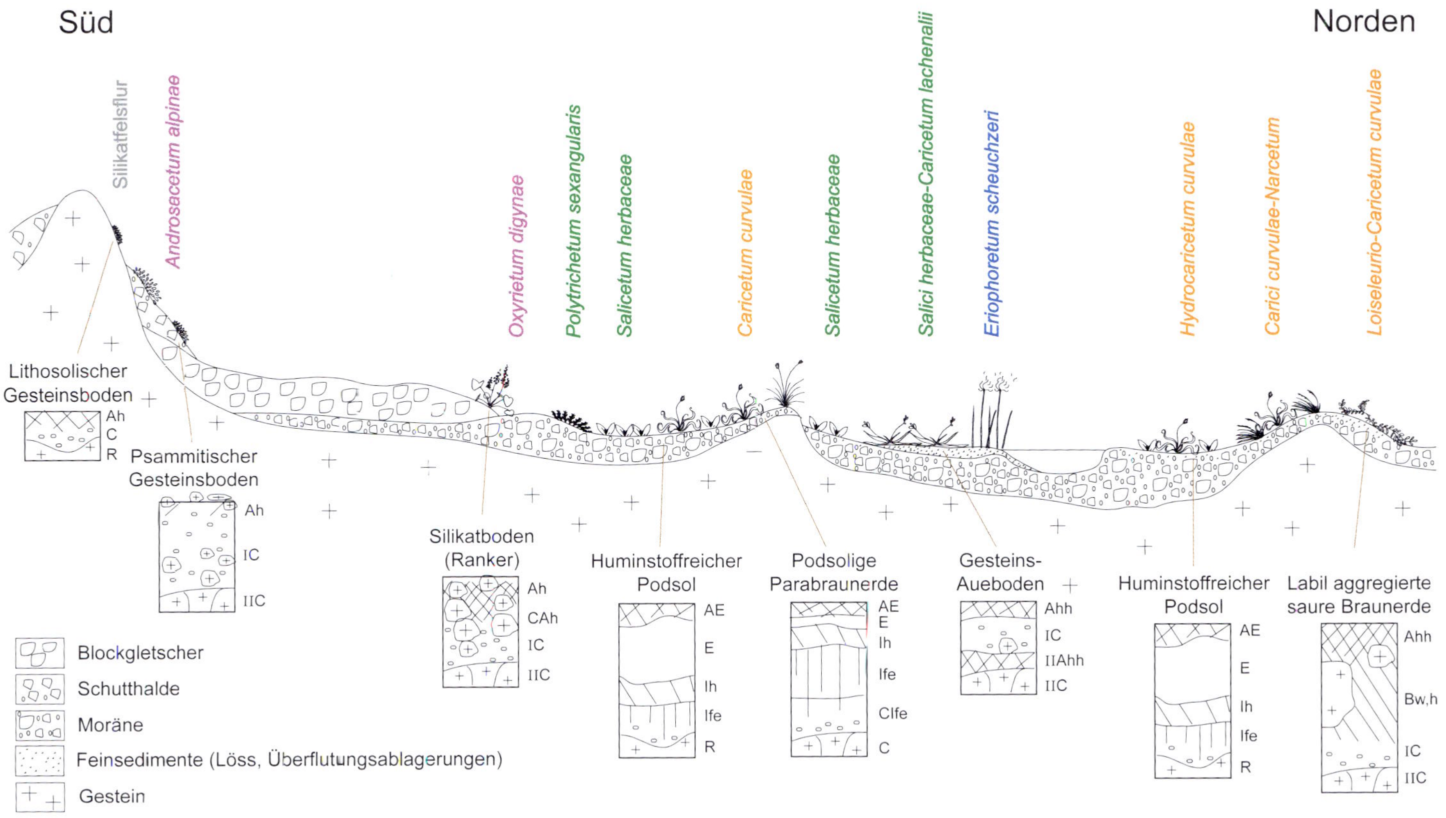

Abb. 6.19: Schematische Darstellung eines Transekts von Süden nach Norden des Kar auf Macun, der die wichtigsten Bodentypen und Pflanzengesellschaften zeigt. Das Schema basiert zum Teil auf direkten Beobachtungen entlang des Transekts, zum Teil auch auf Beobachtungen an anderen Stellen des Kars. Der felsige Untergrund ist nur an den Felswänden und in kleinen Flecken am Gletscherriegel zu sehen (Rundhöcker im Norden des Kars). Ansonsten besteht die Oberfläche vor allem aus Geröll (nicht stabilisiertes Felsmaterial), aus jüngeren Moränen und noch aktiven Blockgletschern (instabiles und kaltes Gemisch aus Felsblöcken und Eis, das von Pflanzen nur schwer besiedelt werden kann). Ältere Moränen aus der Späteiszeit sind mit gut differenzierten Böden und Rasen bedeckt und daher nicht sichtbar. Überlagert werden diese verschiedenen Substrate von Materialverschiebungen über geringe Entfernungen, nämlich Kolluvien an steilen Hängen, Alluvionen entlang von Bächen und Löss, der vom Wind transportiert wurde. Rosa umfasst die Pflanzengesellschaften, die zu den alpinen Silikatschuttfluren gehören, grün die Pflanzengesellschaften der kalkarmen Schneetälchen, orange die der Krummseggenrasen und blau bezeichnet das kalkarme Kleinseggenried (modifiziert aus Favre & Wietlisbach, 2016).

6.5 Fazit

Das Gletscher-Kar auf der Seenplatte Macun weist trotz seiner geringen Fläche und seiner Lage in der alpinen Stufe eine interessante Vielfalt an Pflanzengesellschaften und Bodentypen auf. Tatsächlich bieten die verschiedenen geomorphologischen Formen mehr oder weniger alte und unterschiedlich stabile Substrate, dazu kommt die Topografie, welche die Bodentemperaturen, die Dauer der Schneebedeckung und Hydrologie beeinflusst. All diese Merkmale beeinflussen die Bodenentwicklung und die Besiedelung durch Pflanzen. Mit Ausnahme des Zwerg-Hahenfusses (*Ranunculus pygmaeus*) in den felsigen (Amphibolit), kalkarmen Schneetälchen wurden keine während der Erhebungen beobachteten Arten und keine der untersuchten Lebensräume in die Roten Listen der Schweiz aufgenommen (Bornand et al. 2016; Delarze et al. 2016). Allerdings wurden die aquatischen Lebensräume und die Felswände bei dieser Studie nicht inventarisiert (Favre & Wietlisbach 2016). Zudem ist es möglich, dass sie weitere seltene Pflanzenarten beherbergen. Aus Sicht der Pflanzengesellschaften und Böden liegt der Wert des Kars auf Macun also nicht so sehr in den Seltenheiten, die er beherbergt, sondern in der Vielfalt der beobachteten Bedingungen, die ein sehr breites Spektrum an Pflanzengesellschaften und alpinen Böden auf Silikatgestein umfassen, die in den Schweizer Alpen vorkommen können.

In diesen Höhenlagen und insbesondere auf Macun, wo der menschliche Einfluss äusserst gering ist, werden Arten, Pflanzengesellschaften und Böden in erster Linie von den klimatischen Bedingungen beeinflusst. Sie reagieren daher sehr empfindlich auf die aktuellen Klimaveränderungen, insbesondere auf den Temperaturanstieg, der die Dauer der Schneebedeckung verringert (siehe Kapitel 3). In den nächsten Jahrzehnten ist daher mit erheblichen Veränderungen zu rechnen. Die Studie von Favre und Wietlisbach (2016), die 95 pflanzensoziologische Aufnahmen und 19 beschriebene Böden beschreibt, die alle auf wenige Meter genau georeferenziert sind, ist daher eine wichtige Referenz für zukünftige Überwachungen der terrestrischen Ökosysteme im Kar auf Macun. Sie dient als Ergänzung zu der von Braun-Blanquet 1921 eingerichteten und 2015 wiedergefundenen Dauerbeobachtungsfläche (Favre et al. 2017) sowie der 2016 eingerichteten Dauerbeobachtungsflächen auf dem Gipfel Chavagliet (GLORIA Monitoring-Netzwerk). Es gibt nur wenige Studien, die ein gemeinsames Monitoring von Boden und Vegetation in der alpinen Stufe ermöglichen. Es bleibt zu hoffen, dass zukünftige Forschergenerationen davon Gebrauch machen werden.

Literatur

Baize, D., & Jabiol, B. (2011): Guide pour la description des sols. Editions Quae.

Bornand, C., Gygax, A., Juillerat, L., Jutzi, M., Möhl, A., Rometsch, S., Sager, L., Santiago, H., & Eggenberg, S. (2016): Liste rouge – Plantes vasculaires. Espèces menacées en Suisse. L'environnement pratique n° 1621. OFEV/Info Flora.

Braun-Blanquet, J., & Jenny, H. (1926): Vegetations-Entwicklung und Bodenbildung in der alpinen Stufe der Zentralalpen. Mit besonderer Berücksichtigung der Verhältnisse im schweizerischen Nationalpark. Denkschrift der Schweiz. Naturforschenden Gesellschaft, 63, 181–349.

Braun-Blanquet, J. (1964): Pflanzensoziologie. Grundzüge der Vegetationskunde (3. Auflage). Springer.

Brunner, H., Conradin, H., Gasser, U., Kayser, A., Lüscher, P., Meuli, R., Müller, M. Nievergelt, J., Parzeller, A., Peyer, K., Presler, J., Weisskopf P., & Zürrer, M. (2008): Klassifikation der Böden der Schweiz (3. Auflage). Bodenkundliche Gesellschaft der Schweiz.

Carnelli, A. L., Theurillat, J.-P., Thinon, M., Vadi, G., & Talon, B. (2004): Past uppermost tree limit in the Central European Alps (Switzerland) based on soil and soil charcoal. Holocene, 14(3), 393–405.

Carter, D. W., & Arocena, J. M. (2000): Soil formation under two moss species in sandy materials of central British Columbia (Canada). Geoderma, 98(3–4), 157–176. DOI: https://doi.org/10.1016/S0016-7061(00)00059-8.
Chen, J., Blume, H.-P., & Beyer, L. (2000): Weathering of rocks induced by lichen colonization – a review. CATENA, 39(2). 121–146. DOI: https://doi.org/10.1016/S0341-8162(99)00085-5.
Delarze, R., Gonseth, Y., Eggenberg, S., & Vust, M. (2015): Lebensräume der Schweiz. Ökologie, Gefährdung, Kennarten (3. Auflage). Ott-Verlag.
Delarze, R., Eggenberg, S., Steiger, P., Bergamini, A., Fivaz, F., Gonseth, Y., Guntern, J., Hofer, G., Sager, L., & Stucki, P. (2016): Liste rouge des milieux de Suisse. Abrégé actualisé du rapport technique 2013 sur mandat de l'Office fédéral de l'environnement (OFEV), Berne. Centre Suisse de Cartographie de la Faune / Bureau d'études biologiques / Info Flora.
Favre, B., & Wietlisbach, W. (2016): Végétation, sols et formes d'humus autour des lacs de Macun. MSc Thesis Universités de Neuchâtel et Lausanne.
Favre, B., Wietlisbach, W., & Vittoz, P. (2017): Auf den Spuren von Josias Braun-Blanquet auf Macun. Cratschla, 2(17), 14–15.
Gobat, J.-M., & Guenat C. (2019): Sols et paysages – Types de sols, fonctions et usages en Europe moyenne. Presses polytechniques et universitaires romandes.
Jabiol, B., Zanella, A., Ponge, J. F., Sartori, G., Englisch, M., Delft van, B., Waal de, R., & Le Bayon, R. C. (2013): A proposal for including humus forms in the World Reference Base for Soil Resources (WRB-FAO). Geoderma, 192, 286–294. DOI: https://doi.org/10.1016/j.geoderma.2012.08.002.
Küfmann, C. (2006): Measurement and climatic control of eolian sedimentation on snow cover surface in the Northern Calcareous Alps (Wetterstein-, Karwendel and Berchtesgadener Alps, Germany). Zeitschrift für Geomorphologie, 50(2), 245–268.
Munsell Color (2009): Munsell soil color book. Munsell Color.
Prunier, P., Greulich, F., Béguin, C., Delarze, R., Hegg, O., Klötlzi, F., Pantke, R., Steffen, J., Steiger, P., & Vittoz, P. (2019): Phytosuisse : un référentiel pour les associations végétales de Suisse (4th. ed.). Abgerufen von https://www.infoflora.ch/fr/milieux/phytosuisse-(prunier-et-al.).html - ISSN 2624-6171.
Tinner, W., & Theurillat, J.-P. (2003): Uppermost limit, extent, and fluctuations of the timberline and treeline ecocline in the Swiss Central Alps during the past 11500 years. Arctic Antarctic and Alpine Research, 35(2), 158–169. DOI: https://doi.org/10.1657/1523-0430(2003)035[0158:ULEAFO]2.0.CO;2.
Ugolini, F. C., Stoner, M. G., & Marrett, D. J. (1987): Arctic pedogenesis: 1. Evidence for contemporary podzolization. Soil Science, 144(2), 90–100.
Winkler, M., Lamprecht, A., Steinbauer, K., Hülber, K., Theurillat, J.-P., Breiner, F., … & Pauli, H. (2016): The rich sides of mountain summits – a pan-European view on aspect preferences of alpine plants. Journal of Biogeography, 43(11), 2261-2273. DOI: https://doi.org/10.1111/jbi.12835.
Zoller, H. (1995): Vegetationskarte des schweizerischen Nationalparks. Erläuterungen. Nationalparkhaus.

Quelle Q1 am Lai d’Immez mit Schatten des Drohnenpiloten (in der Bildmitte, nahe der Wegkurve)

Kapitel 7: Quellen

Stefanie von Fumetti

Quellen sind Habitate mit sehr konstanten Umweltbedingungen. Alpine Quellen oberhalb der Waldgrenze sind ausserdem sehr harsche Lebensräume. Vor allem die Nährstoffarmut und die lange Schneebedeckung sind ihre Schlüsselmerkmale. Solche hochalpinen Quellen haben eine verhältnismässig geringe Diversität. Vor allem Stein- und Köcherfliegen sind nur mit wenigen Arten vertreten. Häufig findet man kalt-stenotherme Arten, die gut an den extremen Lebensraum angepasst sind. Die Quellen auf Macun sind sehr eng mit den anderen Wasserkörpern verzahnt. Ihre Fauna zeichnet sich sowohl durch Elemente der Fliessgewässer als auch durch solche der stehenden Gewässer aus; sie hat einen wenig eigenständigen Charakter. Wasserkäfer scheinen auf der Seenplatte Macun ein Schlüssel-Taxon zu sein.

7.1 Einführung in den Lebensraum Quelle

Quellen sind Stellen, an denen unterirdisch fliessendes Wasser zutage tritt. Es handelt sich um Grundwasser, das je nach Einzugsgebiet und Geologie aus sehr unterschiedlichen Tiefen stammen kann. Aus Quellen in den Hochlagen der Gebirge tritt eher oberflächennahes Grundwasser aus (Cantonati et al. 2006). Die ökomorphologische Unterscheidung von Quelltypen beruht auf der Austrittsform und der damit einhergehenden Ausgestaltung des Gewässerbetts (siehe Box 7.1). Die Definition der Grundformen Rheokrene – Helokrene – Limnokrene ist bereits hundert Jahre alt und geht auf Paul Steinmann (1915) und August Thienemann (1924) zurück.

Box 7.1: Ökomorphologische Quelltypen

Sturzquelle (Rheokrene): Punktförmiger Austritt und kiesig-steiniges Substrat. Es bildet sich mehr oder weniger unmittelbar ein Quellbach (siehe Abbildung 7.1a)

Sickerquelle (Helokrene): sickernd-flächiger Austritt und feines organisches Substrat. In den Hochlagen besteht häufig ein fliessender Übergang zu den Niedermooren.

Weiherquelle (Limnokrene): das aufsteigende Grundwasser füllt zunächst eine natürliche Senke auf, bevor es abfliesst. Es besteht eine faunistische Ähnlichkeit zu Weihern.

Karstquelle: wegen der kurzen Aufenthaltszeit im Karst-Grundwasserleiter weist sie starke Schüttungsschwankungen auf.

Kalksinter-Rheokrene: In kalkreichen Regionen fällt beim Austritt des Grundwassers Calciumkarbonat aus, es bilden sich charakteristische Sinterterrassen (siehe Abbildung 7.1b).

Alluvialquelle (Giesse): Entlang von Flüssen kann Fluss-Grundwasser aufsteigen und Quelltöpfe bilden. Alluvialquellen sind artenreich und schütten gut.

Abb. 7.1: Eine Rheokrene in den Alpen (a) und eine Kalksinter-Rheokrene im schweizerischen Tafeljura (b) (Fotos: Marko von Fumetti, Stefanie von Fumetti)

Quellen zeichnen sich gegenüber tiefer gelegenen Bachabschnitten durch stabilere Umweltbedingungen aus. Vor allem die Wassertemperatur ist im Jahresverlauf konstant – das Wasser ist im Sommer kühler und im Winter wärmer als im Bach, in den das Quellwasser fliesst. Auch die Schüttung ist bei Quellen, die aus Tiefengrundwasser gespiesen werden, sehr stabil. Ausserdem sind Quellen nährstoffarm, dies trifft insbesondere auf alpine Quellen zu (Cantonati et al. 2006). Für die trotz der meist kleinräumigen Ausdehnung von Quellen hohe Biodiversität ist die Tatsache verantwortlich, dass Quellen multiple Ökotone sind: Sie liegen an den Schnittstellen zwischen Grund- und Oberflächenwasser beziehungsweise zwischen Wasser- und Landlebensräumen. Dies bedingt ein Habitatmosaik mit vielen Lebensräumen für diverse Organismen. Zu den Taxa, die in der Übergangszone Wasser–Land eingenischt sind, gehören Zweiflügler-Larven (Diptera) wie die Schmetterlingsmücken der Gattung *Pericoma*. Andere Arten brauchen konstante, immer feuchte und homotherme Bedingungen mit geringer Schüttung, die in Sickerquellen vorherrschen. Dies trifft zum Beispiel auf die Quellköcherfliege *Crunoecia irrorata* zu (siehe Abbildung 7.2a).

Arten, die Quellen besiedeln, haben sich zum Teil stark an die speziellen Bedingungen angepasst. Viele dieser sogenannten Krenobionten findet man unter den Wassermilben (Hydrachnidia) (siehe Abbildung 7.2b), den Köcherfliegen (Trichoptera) und den Zweiflüglern; wenige Krenobionte gibt es dagegen bei den Steinfliegen (Plecoptera), sie können aber durchaus artenreich in Quellen vertreten sein (Lubini et al. 2012). Eintagsfliegen (Ephemeroptera) sind dagegen nur mit wenigen Arten vertreten, sie bevorzugen Gewässer mit stärkerer Strömung. Kaltstenotherme Glazialrelikte wie der Alpenstrudelwurm (*Crenobia alpina*) haben ihren Verbreitungsschwerpunkt in Quellen und Quellbächen (Fischer 1996). Endemiten sind in Quellen dagegen eher selten anzutreffen. Eine Ausnahme sind die Schnecken der Gattung *Bythinella*, deren Arten meist geographisch isoliert sind (Glöer 2017).

Quellen müssen aufgrund ihrer Lage am Anfang der Gewässersysteme und ihrer speziellen Umweltbedingungen als isolierte Inselhabitate angesehen werden. Dies trifft insbesondere auf Regionen wie Karstlandschaften zu, in denen die Quelldichte natürlicherweise gering ist. In hochalpinen Lagen ist die Zahl der Quellen wegen der kleineren Grundwasserkörper ebenfalls klein. Diese geografische Isolation hat Auswirkungen auf die Besiedlung von Quellen. Für Quellen im Schweizerischen Nationalpark wurde eine kleinräumige Differenzierung der Quellfauna aufgezeigt (von Fumetti & Blattner 2017). Auch die genetische Isolation von Quellorganismen ist die Folge ihrer isolierten Lage: Es konnte gezeigt werden, dass Populationen der Wassermilbe *Partnunia steinmanni* in den Alpen genetisch sehr stark voneinander isoliert sind (Blattner et al. 2022).

Abb. 7.2: Die Quellköcherfliege *Crunoecia irrorata* (a) und die im UNESCO-Biosphärenreservat Engiadina Val Müstair (UBEVM) häufige Wassermilbe *Partnunia steinmanni* (b) (Fotos: Stefanie von Fumetti, Lucas Blattner)

7.2 Quellen oberhalb der Waldgrenze

Quellen in der alpinen Zone oberhalb der Waldgrenze sind nochmals deutlich harscheren Bedingungen ausgesetzt. In solchen Lagen bedeckt oft Schnee die Quellen, manchmal mehrere Monate lang (siehe Abbildung 7.3). Dies ist bei Quellen in tieferen Lagen wegen der im Winter vergleichsweise hohen Wassertemperaturen nicht der Fall. Oberhalb der Waldgrenze sind die ohnehin schon nährstoffarmen Bedingungen noch extremer, da Falllaub nicht zum allochthonen Eintrag von Nährstoffen beiträgt. Die Nahrungsnetze beruhen meist auf der Primärproduktion des Periphytons, so dass unter den Wasserinsekten Weidegänger dominieren. Generell nimmt der Anteil der Gebirgsarten zu, die nicht auf Quellen beschränkt sind (Wigger et al. 2015). Im Vergleich zu Fliessgewässern, die von Gletschern gespiesen werden, sind alpine Quellen aber immer noch lebensfreundlich. Es gibt keine täglichen Schüttungsschwankungen, das Wasser ist zwar kalt, aber nicht eiskalt, und es ist nicht durch Gletschermilch getrübt. Küry et al. (2017) zeigen, dass die Wassertemperatur mit steigender Höhe sinkt, dies aber auch in Abhängigkeit von der Distanz zum Permafrost und von der Exposition. Gleichzeitig kann das Schmelzwasser von Schnee und Permafrost die Wassertemperatur in hochalpinen Quellen stabilisieren (von Fumetti et al. 2017). Man kann davon ausgehen, dass die unterschiedliche Herkunft der «Wässer» einer Quelle die Temperatur und die Schüttung im Jahresverlauf massgeblich beeinflusst (Frisbee et al. 2013).

Grundwasseraustritte in hochalpinen Lagen kann man anhand ihrer höheren Biodiversität von Gletscher gespiesenen Austritten unterscheiden, was Füreder et al. (2001) an der Rotmoosache und am Königsbach in den Hohen Tauern zeigen konnten. Im Vergleich zu tiefer beziehungsweise im Wald gelegenen Quellen ist die Fauna jedoch weniger divers. Quellspezialisten wie die Wassermilben gibt es kaum. Es dominieren kalt-stenotherme Fliessgewässerarten wie der Alpenstrudelwurm und die Köcherfliege *Consorophylax consors* sowie an eine kurze Entwicklungszeit angepasste Taxa wie die Zuckmücken (Chironomidae).

Abb. 7.3: Eine Quelle im Berner Oberland unter einer dicken Schneedecke (Foto: Simon Steiner)

Abb. 7.4: a) Quelle 2 im Nordbecken, b) Quelle 7 im Südbecken, c) Quelle 6 im unteren Auslaufbereich (Fotos: Gian von Moos)

7.3 Die Quellen auf der Seenplatte Macun

Die Quellen auf der Seenplatte Macun sind sehr eng mit den anderen auf Macun anzutreffenden Gewässertypen verzahnt: Es gibt Weiher, Tümpel, Seen und ihre Austritte sowie den das Wasser von Macun in seiner Gesamtheit abführenden Bach Zeznina. Alle Quellen sind durch eine geringe Wasserführung und eine starke Wasser–Land-Verzahnung gekennzeichnet. Der Anteil an Moos ist eher gering, dagegen findet man im Quellumfeld viele Gräser, zum Teil auch die für Flachmoore oder Rieselfluren typischen Wollgräser (siehe Abbildungen 7.4a–c). Auf Macun finden wir Scheuchzers Wollgras *(Eriophorum scheuchzeri)*. Der hohe Anteil an organischer Substanz in manchen Quellen stammt daher vor allem aus dem unzureichenden Abbau der Gräser, die im unmittelbaren Quellbereich wachsen und absterben (7.4b). Insbesondere die Quellen im nördlichen Becken sind von viel Geröll im Umfeld geprägt, so dass hier grosse Steine das Quellsubstrat dominieren (siehe Abbildung 7.4a). Die etwas tiefer gelegenen Quellen im unteren Auslaufbereich (Abbildung 7.4c) weisen mit ihren Moospolstern am stärksten die Charakteristika einer alpinen Quelle auf.

Die unterschiedliche Herkunft des Wassers und der Blockgletscher im nördlichen und südlichen Becken machen sich in den Quellen bemerkbar. Die Quellen Q1, Q2 und Q3 liegen in dem von Schmelzwasser und Grundwasser gespiesenen Bereich (siehe Abbildung 7.5). Die im südlichen Becken gelegene Quelle Q7 zeigt mit einer Wassertemperatur von 4,8 °C den Einfluss des Blockgletschers an (siehe Tabelle 7.1). Die gemessenen Wassertemperaturen sind zwar nur sommerliche Momentaufnahmen aus dem Jahr 2023, verdeutlichen aber, dass die Quellen auf der Seenplatte Macun nicht durch Tiefengrundwasser gespiesen werden und im Sommer eine für die Höhe starke Erwärmung erfahren. Die Quellen Q6, Q8 und Q9 liegen 70 bis 100 m unterhalb des eigentlichen Macun-Beckens. Die höhere elektrische Leitfähigkeit und der pH-Wert zeigen hier bereits die längere Verweildauer des Wassers im Untergrund an (siehe Tabelle 7.1).

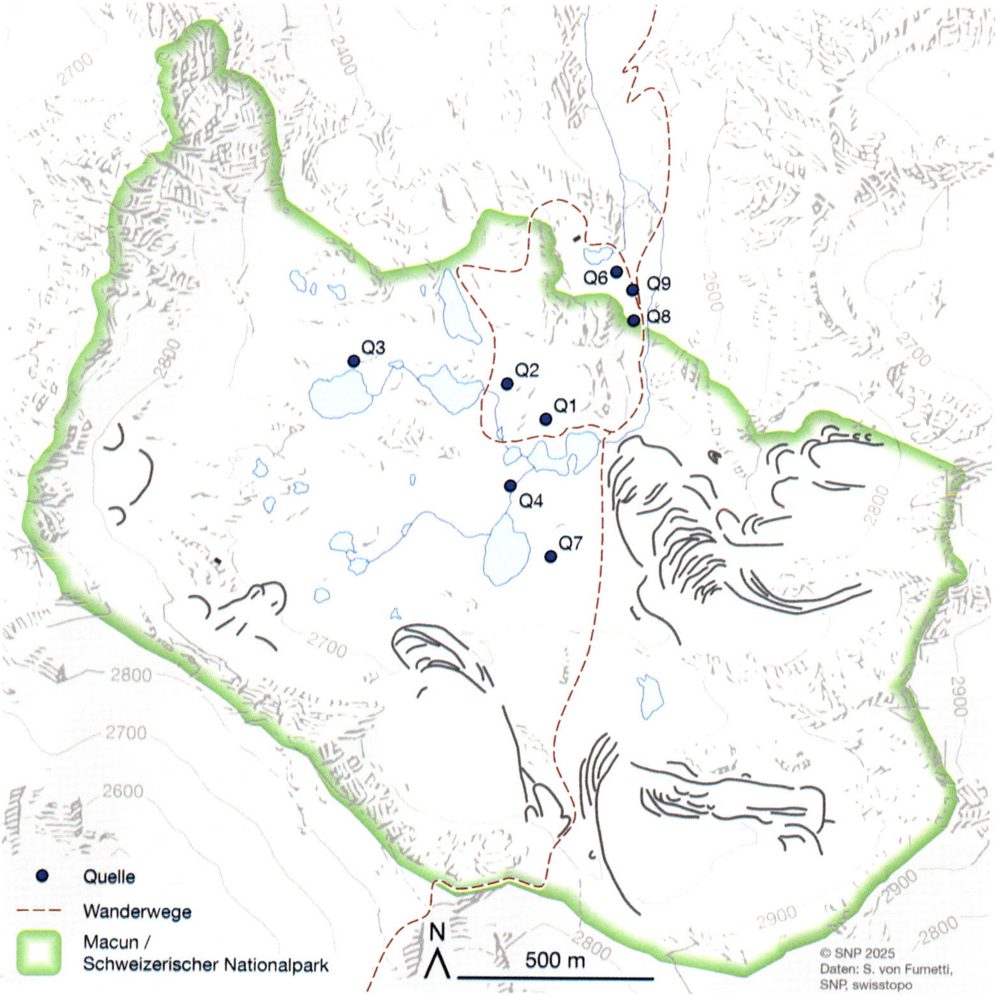

Abb. 7.5: Lage der untersuchten Quellen gemäss Tabelle 7.1 auf Macun.

Tab. 7.1: Höhenlage, Koordinaten, Wassertemperatur, elektrische Leitfähigkeit und pH-Wert der auf der Seenplatte Macun untersuchten Quellen Q1 bis Q9

	Q1	Q2	Q3	Q4	Q6	Q7	Q8	Q9
Höhe (m ü. M.)	2615	2620	2645	2625	2540	2630	2545	2540
Koordinaten CH1903+/LV95	2 805 896	2 805 790	2 805 366	2 805 801	2 806 086	2 805 912	2 806 133	2 806 130
	1 178 789	1 178 886	1 178 946	1 178 604	1 179 197	1 178 410	1 179 062	1 179 147
Lage	Nord-becken	Nord-becken	Nord-becken	Süd-becken	Auslauf	Süd-becken	Auslauf	Auslauf
Temperatur (°C)	9,8	11	9,1	7,2	9,8	4,8	10,1	9,3
Leitfähigkeit (µS/cm)	6	12	6	27	71	13	209	92
pH-Wert	7,3	6,2	6,3	6,9	7,6	6,1	7,6	7,2

Anhand der Ionen- und Substratzusammensetzung lassen sich die drei Quellregionen gut voneinander abgrenzen. Die Quellen Q2 und Q3 im nördlichen Becken haben sehr niedrige Ionenkonzentrationen, jedoch die höchste Nitratkonzentration; sie sind durch steiniges Substrat geprägt. Q1 und Q7 im Südbecken weisen leicht höhere Ionenkonzentrationen auf und haben einen hohen Anteil an Detritus. Die höhere Leitfähigkeit in den etwas tiefer gelegenen Quellen Q6, Q8 und Q9 ist vor allem durch Calciumsulfat zu erklären (siehe Abbildung 7.6).

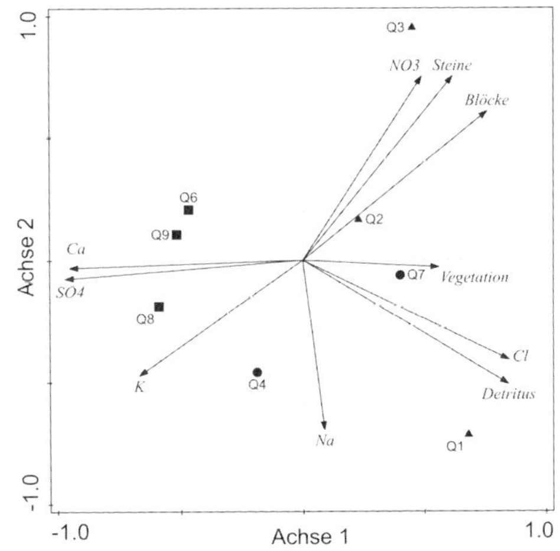

Abb. 7.6: Hauptkomponentenanalyse (Principal Component Analysis, PCA) und Zuordnung der Quellen anhand der Ionenkonzentrationen und der Substratzusammensetzung. Achse 1 erklärt 73 Prozent der Varianz, Achse 2 erklärt 16 Prozent der Varianz.

Die Fauna ist im Vergleich zu Quellen unterhalb der Waldgrenze artenarm, was auch zutrifft, wenn man mit anderen Quellen im Kanton Graubünden vergleicht, die sich oberhalb der Waldgrenze befinden. Es existieren Taxa, die im Übergangsbereich Wasser–Land leben können, zudem gibt es Arten aus den Weihern und Bächen wie die Köcherfliege *Limnephilus coenosus* oder den Käfer *Agabus biguttatus*. Die Köcherfliege *Mictropterna lateralis* ist mit ihrer kurzen Entwicklungszeit an temporäre Gewässer angepasst. Als kaltstenotherm gelten der Alpenstrudelwurm und der Käfer *Helophorus nivalis*. Letzterer ist ein im gesamten Alpenraum in der subalpinen und alpinen Stufe lebender Wasserkäfer, der auch in Schmelzwassertümpeln zu finden ist (Angus 1992), so auch in den Tümpeln auf Macun (Oertli et al. 2008). Die Köcherfliege *Limnephilus coenosus* ist typisch für Moorgewässer und nicht auf die Alpen beschränkt. Typische Elemente der Quellfauna wie die Wassermilben fehlen auf Macun gänzlich. Bei den gefundenen Milben handelt es sich ausschliesslich um terrestrische Arten (siehe Tabelle 7.2). Die hohen Individuendichten der Bärtierchen (Tardigrada) in den Quellen Q4, Q7 und Q9 unterstreicht die starke Wasser–Land-Verzahnung. Eine genauere Bestimmung der Chironomiden auf Art- oder zumindest Gattungsniveau würde sicher interessante Resultate generieren. Aber auch hier sind viele Arten zu erwarten, die in den Seen, Weihern und Tümpeln sowie in den Bächen ebenfalls zu finden sind. Über die Artenzusammensetzung der Chironomiden könnte der Einfluss des Blockschuttgletschers auf Quelle Q7 sichtbarer werden.

Tab. 7.2: Gefundene Taxa in den Quellen auf der Seenplatte Macun

	Q1	Q2	Q3	Q4	Q6	Q7	Q8	Q9
Crenobia alpina (Dana, 1766)	–	+	+	–	–	–	–	+
Oligochaeta	+++	+++	+++	+++	+++	+++	+++	+++
Tardigrada	+	+	–	+++	–	+++	+	+++
Copepoda	+	+++	+++	+++	+	++	+	+++
Ostracoda	+	–	–	+	–	–	–	++
Acari*	+++	+++	++	+++	+++	++	+	+++
Consorophylax consors (McLachlan, 1880)	–	–	+	–	–	–	–	+
Limnephilidae	+	+	–	–	–	–	–	–
Limnephilini	–	–	–	++	+	–	–	–
Limnephilus coenosus Curtis, 1834	–	–	–	–	–	+	+	+
Micropterna lateralis (Stephens, 1837)	–	–	+	+	+	+	+	+
Dytiscidae	+	–	+	+	–	+	–	–
Agabus biguttatus (Olivier, 1795)	–	–	–	+	–	–	–	–
Helophorus nivalis Giraud, 1852	++	+	+	+	–	+	+	–
Ceratopogonidae	–	–	–	–	–	+	+	–
Chironomidae	++	+++	++	+++	+++	+++	+++	+++
Chelifera spp.	–	+	–	–	+	+	–	–
Dicranota spp.	–	–	–	–	+	–	–	+
Prosimulium spp.	–	–	+	–	–	–	–	–
Dolichopodidae	+	–	–	–	+	+	–	–
Limoniidae	+	+	–	–	–	–	–	–
Tipulidae	–	–	–	–	+	+	–	–

(+++): > 50 Individuen, (++): > 10 Individuen, (+): < 10 Individuen, *: keine aquatischen Taxa

Trotz ihrer relativen räumlichen Nähe und der geringen Diversität lassen sich die Quellen im südlichen und nördlichen Becken sowie im Abflussbereich entlang der Zeznina faunistisch voneinander abgrenzen (siehe Abbildung 7.7). Allerdings zeichnet sich hier eher eine «Zweiteilung» der Daten ab: Die Quelle Q6 gruppiert sich mit den Quellen im nördlichen Becken, während die Quellen Q8 und vor allem Q9 in ihrer Artenzusammensetzung den Quellen im südlichen Becken ähnlicher sind. Dies könnte auf die unterschiedliche Substratzusammensetzung in den Quellen zurückzuführen sein. Vor allem der unterschiedliche Anteil an Vegetation und Detritus auf der einen Seite sowie Kies und Steine auf der anderen Seite könnten wichtig für die Besiedlung der Quellen sein (siehe Abbildung 7.4). So sind die Wasserkäfer zum Beispiel in den Quellen im südlichen und nördlichen Becken zu finden, die eine räumliche Nähe zu den Weihern und Tümpeln aufweisen, in denen die Wasserkäfer der Familie Dytiscidae häufig vorkommen (Oertli et al. 2008). Zusammenfassend lässt sich sagen, dass die Quellen auf Macun artenarm sind und keinen eigenständigen Charakter aufweisen. Ähnlich wie von Oertli et al. (2008) für die stehenden Gewässer auf Macun beschrieben, scheinen die Wasserkäfer auch für die Quellen ein «Flagship-Taxon» zu sein, auf das ein besonderes Augenmerk gerichtet werden sollte. Doch sie kommen wie alle weiteren gefundenen Taxa in anderen Gewässern auf Macun ebenfalls vor.

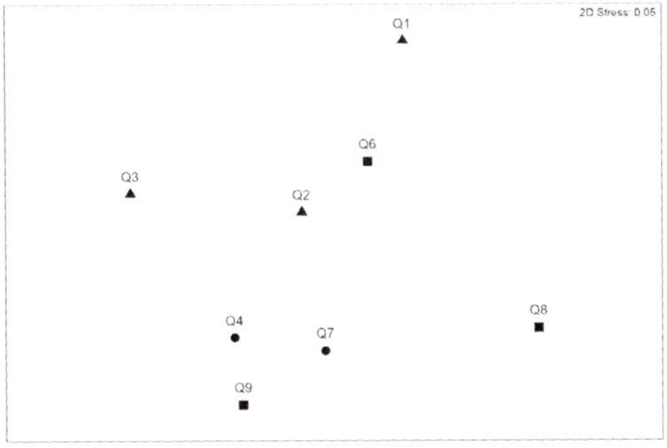

Abb. 7.7: Nichtmetrische multidimensionale Skalierung (nMDS) auf der Basis der faunistischen Aufnahmen der untersuchten Quellen. Die Distanzen der einzelnen Punkte zueinander sind relativ und spiegeln die Ähnlichkeit zwischen den Quellen wider. Eine nMDS-Grafik hat deswegen keine Achsen und kann frei gedreht werden. Transformation: Log(X+1), Ähnlichkeitsmass: Bray-Curtis Similarity, ▲: nördliches Becken, •: südliches Becken, ■: Auslaufbereich

7.4 Quellen auf Macun und in anderen hochalpinen Regionen Graubündens im Vergleich

Generell gibt es nicht viele Untersuchungen, die sich mit Quellen oberhalb der Waldgrenze beschäftigen. In einer vom Bundesamt für Umwelt in Auftrag gegebenen Studie wurden 61 Quellen untersucht, die sich über den gesamten Schweizer Alpenraum verteilen. 17 von ihnen liegen über 2200 m ü. M., allerdings nur zwei über 2500 m ü. M. (Küry et al. 2016). Es zeigte sich, dass die Anzahl der sogenannten EPT-Arten (EPT: Ephemroptera, Plecoptera, Trichoptera) mit der Höhe signifikant abnimmt. Innerhalb der Trichoptera und Plecoptera wurden kalt-stenotherme Arten identifiziert, die zum Teil auch eine enge Bindung an Quelllebensräume aufweisen. Von diesen Arten wurde nur *Consorophylax consors* in den Quellen auf Macun nachgewiesen. Der Vergleich mit Untersuchungen weiterer Quellen oberhalb von 2200 m ü. M. im UNESCO-Biosphärenreservat Engiadina Val Müstair (UBEVM), in der Region Samnaun sowie im Naturpark Beverin zeigt zwar Unterschiede auf, aber die Quellen auf Macun fügen sich dennoch gut ins Gesamtbild ein (siehe Tabelle 7.3). Hoch gelegene Quellen scheinen generell nicht immer von sehr niedrigen Wassertemperaturen geprägt zu sein. So wurden im Park Beverin Wassertemperaturen von bis zu 17,3 °C gemessen. Die Diversität in den Quellen, die auf über 2200 m ü. M. zu finden sind, ist sehr variabel und kann wie im Park Beverin oder auch in einer Quelle auf der Alp Buffalora sehr niedrig sein. Das Fehlen von Steinfliegen und Wassermilben scheint dabei kein generelles Phänomen der hochalpinen Quellen zu sein: In einer Quelle oberhalb von Samnaun auf 2523 m ü. M. wurden 19 Arten und höhere Taxa nachgewiesen, darunter die kaltstenothermen Arten *Protonemura brevistyla*, *Dictyogenus fontium* und *Leuctra rosinae*. Wassermilben kamen hier bis zu einer Höhe von 2455 m ü. M. vor (Hofstetter 2023). Erste Resultate aus dem UNESCO-Biosphärenreservat Engiadina Val Müstair, die unter anderem mittels eDNA-Metabarcoding generiert wurden, zeigen für die Quelle Era da la Bescha (2230 m ü. M.) in der Val Müstair wiederum eine geringe Diversität. Selbst innerhalb der Familie der Zuckmücke (Chironomidae) wurden nur fünf verschiedene Arten nachgewiesen. Krenobionte wie die Köcherfliegen *Consorophylax consors* und *Drusus melanchaetes* oder die Steinfliege *Nemoura mortoni* wurden aber auch hier gefunden. Zusammenfassend lässt sich sagen, dass die Quellen auf der Seenplatte Macun im Vergleich zu anderen Quellen im Hochgebirge eine ähnlich geringe Artenvielfalt aufweisen. Die Artenzusammensetzung ist hier aber stärker durch die umgebenden Pools sowie die topografischen und hydrogeologischen Gegebenheiten eines Hochplateaus geprägt als in den anderen Regionen. Der sonst eigenständige Charakter der Quellfauna wird auf Macun weniger stark deutlich.

Tab. 7.3: Vergleich von Quellen auf einer Höhe ab 2200 m ü. M. in Graubünden (Quellen: Macun und UNESCO-Biosphärenreservat Engiadina Val Müstair: eigene Daten; Samnaun: Hofstetter 2023; Park Beverin: Naef 2019). Die Anzahl Taxa/Quelle bezieht sich auf Markoinvertebraten, also wirbellose Tiere in Gewässern, die von blossem Auge zu erkennen sind.

Thema	Macun	UBEVM	Samnaun	Park Beverin
Höhe [m ü. M.]	2540–2645	2230–2334	2285–2523	2206–2553
Wassertemperatur [° C]	4,8-11,0	2,5–9,0	2,9–9,0	2,5–17,3
Anzahl Quellen	8	7	5	26
Anzahl Taxa/Quelle	10–14	4–17	10–19	1–6

7.5 Ausblick

Die Quellen auf der Seenplatte Macun zeichnen sich durch eine Fauna aus, die vor allem durch die Gewässer in der unmittelbaren Umgebung überprägt ist. Echte Quellspezialisten trifft man auf Macun kaum an, was auch an der Höhenlage liegt, aber vermutlich vor allem an der Herkunft des Wassers und der damit einhergehenden «Unstetigkeit» der Quellen im Jahresverlauf. Die Wassertemperaturen sind zum grossen Teil bereits relativ hoch, so dass davon auszugehen ist, dass der Klimawandel in den nächsten Jahren zunächst keine deutliche Erwärmung der Quellen zur Folge haben wird. Es ist allenfalls verstärkt mit einer temporären Austrocknung der Quellaustritte zu rechnen. Die Arten scheinen aber ohnehin angepasst zu sein an harsche Umweltbedingungen, was eine temporäre Austrocknung der Quellen im Jahresverlauf einschliesst. Eine vertiefte Betrachtung der Zuckmücken könnte differenziertere Resultate ergeben. Hierfür wäre eine zusätzliche Beprobung mittels eDNA-Metabarcoding als Ergänzung geeignet. Diese Methode würde eine relativ rasche und kostengünstige Erfassung und Bestimmung morphologisch schwer bestimmbarer Taxa wie der Chironomiden erlauben.

Literatur

Angus, R. B. (1992): Insecta Coleoptera Hydrophilidae Helophorinae. Süßwasserfauna von Mitteleuropa, Bd. 20(10–2). Gustav Fischer Verlag.

Blattner, L., Lucek, K., Beck, N., Berner, D., & von Fumetti, S. (2022): Intra-Alpine Islands: Population genomic inference reveals high degree of isolation between freshwater spring ecosystems. Diversity and Distributions, 28(1), 291–305. DOI: https://doi.org/10.1111/ddi.13461.

Cantonati, M., Gerecke, R., & Bertuzzi, E. (2006): Springs of the Alps – sensitive ecosystems to environmental change: from biodiversity assessments to long-term studies. Hydrobiologia, 562, 59–96. DOI: https://doi.org/10.1007/s10750-005-1806-9.

Fischer, J. (1996): Kaltstenothermie – einziger Schlüssel zum Verständnis der Krenobionten? Crunoecia, 5, 91–96.

Frisbee, M. D., Philipps, F. M., White, A. F., Campbell, A. R., & Liu, F. (2013): Effect of source integration on the geochemical fluxes from springs. Applied Geochemistry, 28, 32–54. DOI: https://doi.org/10.1016/j.apgeochem.2012.08.028.

Füreder, L., Schütz, C., Wallinger, M., & Burger, R. (2001): Physico-chemistry and aquatic insects of a glacier-fed and a spring-fed alpine stream. Freshwater Biology, 46(12), 1673–1690, DOI: https://doi.org/10.1046/j.1365-2427.2001.00862.x.

Glöer, P. (2017): Süsswassermollusken: Ein Bestimmungsschlüssel für die Bundesrepublik Deutschland. Deutscher Jugendbund für Naturbeobachtungen (15., korr. Auflage).

Hofstetter, E. (2023): Quellen in Samnaun: Entwicklung eines Lehrpfads als Instrument zur Sensibilisierung. Masterarbeit Universität Basel.

Küry, D., Lubini, V., & Stucki, P. (2016): Empfindlichkeit von Quell-Lebensgemeinschaften gegenüber Klimaveränderungen in den Alpen. Studie im Auftrag des Bundesamts für Umwelt.

Küry, D., Lubini, V., & Stucki, P. (2017): Temperature patterns and factors governing thermal response in high elevation springs of the Swiss Central Alps. Hydrobiologia, 793(1), 185–197. DOI: https://doi.org/10.1007/s10750-016-2918-0.

Lubini, V., Knispel, S., & Vinçon, G. (2012): Die Steinfliegen der Schweiz: Bestimmung und Verbreitung = Les plécoptères de Suisse: identification et distribution. Centre Suisse de Cartographie de la Faune.

Naef, M. (2019): Strukturelle Qualität von Quellen im Park Beverin und deren Abhängigkeit von Höhe und Landnutzungsverhältnissen. Masterarbeit Universität Basel.

Oertli, B., Indermuehle, N., Angélibert, S., Hinden, H., & Stoll, A. (2008): Macroinvertebrate assemblages in 25 high alpine ponds of the Swiss National Park (Cirque of Macun) and relation to environmental variables. Hydrobiologia, 597(1), 29–41. DOI: https://doi.org/10.1007/978-90-481-9088-1_4.

Steinmann, P. (1915): Praktikum der Süßwasserbiologie. Bornträger.

Thienemann, A. (1924): Hydrobiologische Untersuchungen an Quellen. Archiv für Hydrobiologie, 14, 151–190

Von Fumetti, S. & Blattner, L. (2017): Faunistic assemblages of natural springs in different areas in the Swiss National Park – a small-scale comparison. Hydrobiologia, 793, 175–184. DOI: https://doi.org/10.1007/s10750-016-2788-5.

Von Fumetti, S., Wigger, F., & Nagel, P. (2017): Temperature variability and its influence on macroinvertebrate assemblages of alpine springs. Ecohydrology, 10(7). DOI: https://doi.org/10.1002/eco.1878.

Wigger, F. W., Schmidlin, L., Nagel, P., & von Fumetti, S. (2015): Macroinvertebrate assemblages of natural springs along an altitudinal gradient in the Bernese Alps, Switzerland. Annales de Limnologie, 51, 237–247. DOI: https://doi.org/10.1051/limn/2015018.

Blockgletscher B1 und Lai d'Immez mit
Brücke und Wanderwegen

Kapitel 8: Flora und Fauna von Oberflächengewässern

Christopher T. Robinson, Niklas Bosch, Eliane Demierre, Julie Fahy, John Hesselschwerdt, Brigitte Lods-Crozet, Beat Oertli, Łukasz Peszek und Peter Rey (nach Erstautor alphabetisch aufgeführt)

In diesem Kapitel wird die Flora und Fauna der Gewässer auf der Seenplatte Macun besprochen, einschliesslich Zooplankton, Kieselalgen, Makroinvertebraten und Fischen. Das Kapitel basiert auf der wissenschaftlichen Beobachtung der Seen, Weiher, Tümpel und Bäche von Macun seit der Angliederung des Gebiets an den Schweizerischen Nationalpark im Jahr 2000. Die präsentierten Daten sollen denjenigen, die sich für allgemeine Ökologie interessieren, Hintergrundwissen über die Macun-Süsswasserorganismen bieten und hoffentlich andere dazu inspirieren, sich eingehender mit bestimmten Gruppen und den Gruppen, die noch untersucht werden müssen, zu befassen.

8.1 Zooplankton und Diatomeen

Łukasz Peszek und Christopher T. Robinson

8.1.1 Diversität des Zooplanktons in den Macun-Seen

Zooplankton wie die Cladoceren *Daphnia* wurden in vielen alpinen Seen gefunden. Bei Zooplankton handelt es sich um den tierischen Teil des Planktons. Für das Jahr 2002 liegen Zooplanktonproben aus neun Seen und Weihern der Seenplatte Macun und für 2003 aus dreizehn Seen und Weihern vor. Im Jahr 2002 war das Zooplankton der grossen Seen dominiert von der Ruderfusskrebs-Gattung (Copepoden) der Hüpferlinge (*Cyclops* sp.), weniger bedeutsam waren die Wasserflöhe (Cladoceren) *Chydorus sphaericus* und *Alonella*. In den kleineren Seen des Südbeckens dominierten *Chydorus sphaericus* und *Alonella*. *Bosmina* wurde im kleinen See oberhalb des Lai d'Immez gefunden. Der unterste Macun-See (M6) unterschied sich von den anderen Seen durch das häufige Vorkommen von Insektenlarven, meist Chironomiden. Die 2002 beprobten Seen zeigten in der Regel sechs Zooplankton-Taxa. Im Jahr 2003 war *Chydorus sphaericus* in den meisten Seen dominant, gefolgt von *Alonella* (siehe Abbildung 8.1). Eine Ausnahme machte der Lai Grond, wo *Cyclops* die häufigste Zooplankton-Gattung war. Die kleinen Seen, in denen sowohl 2002 als auch 2003 Proben erhoben wurden (M12, M13, M10), wiesen in beiden Jahren ähnliche Zooplankton-Gemeinschaften auf. Hier gab es eine Dominanz von *Chydorus sphaericus* und *Alonella*. In den grösseren Seen nahm 2003 die Bedeutung von *Cyclops* gegenüber 2002 ab und *Chydorus sphaericus* nahm überhand. Die fünf grossen Macun-Seen (M1-M5) enthalten eine Fischpopulation, welche die Struktur der Zooplankton-Gemeinschaft beeinflusst haben könnte. Es ist jedoch vorläufig unklar, ob dies eine Folge des heissen Sommers im Jahr 2003 war. Im selben Jahr tauchte in einem See der Wasserfloh *Daphnia curvirostris* auf.

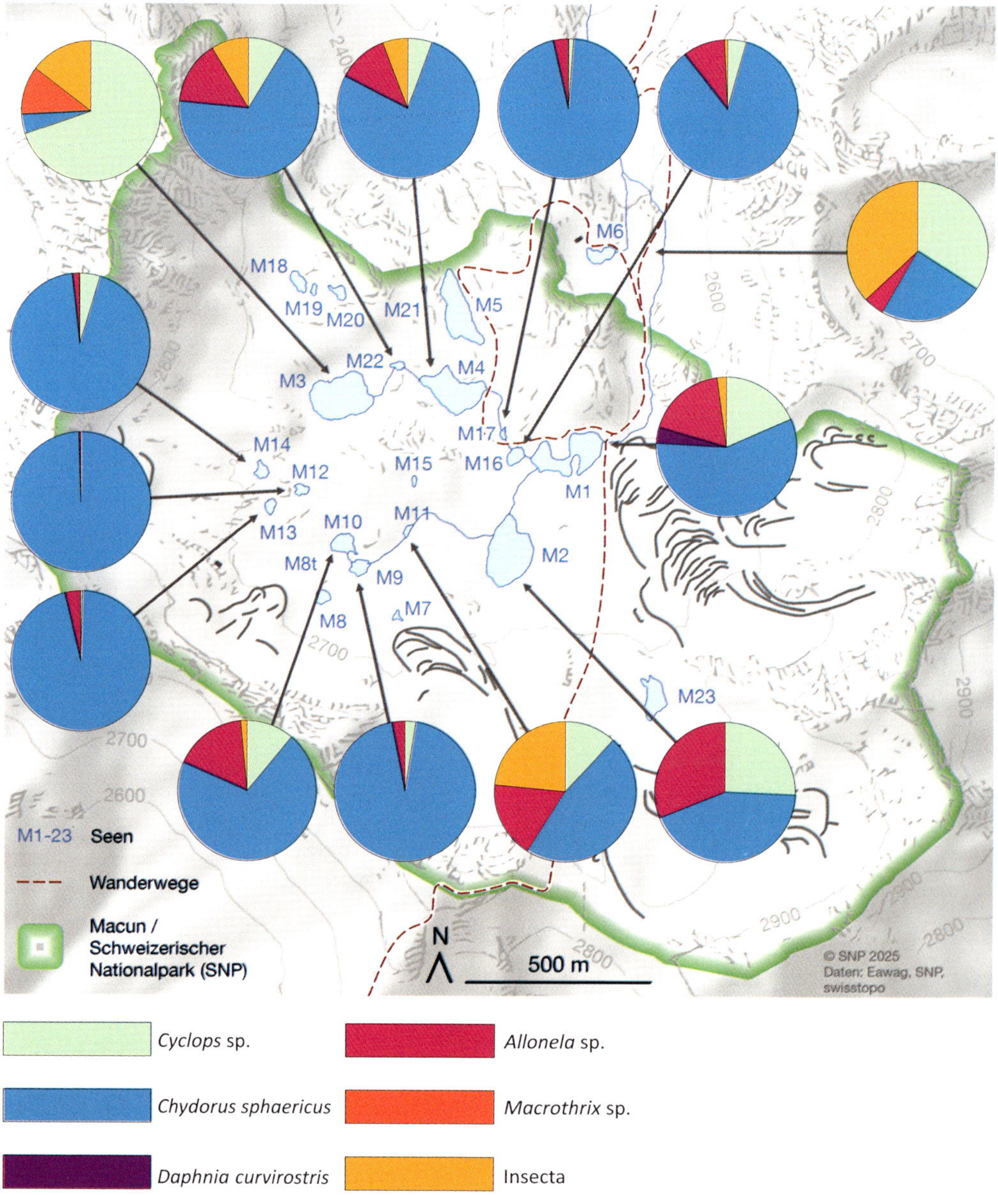

Abb. 8.1: Zooplankton in Macun Seen im September 2003.

8.1.2 Diatomeen (Kieselalgen)

Diatomeen (Bacillariophyta) sind eine Klade einzelliger, mikroskopisch kleiner Algen, die in fast allen aquatischen Lebensräumen vorkommen. Ausnahmen bilden heisse und hypersaline Lebensräume. Diatomeen sind im Phytoplankton und Phytobenthos von Meeres- und Süsswasser reichlich vorhanden. Sie sind wichtige Bestandteile aquatischer Ökosysteme, da sie in der Regel die häufigsten Primärproduzenten sind (Mann & Droop 1996). Die meisten alpinen Gewässer befinden sich oberhalb der Baumgrenze und sind autochthon, so dass Primärproduzenten in den Energieflüssen der Nahrungsnetze die basalen Ressourcen dominieren. Unter extremen und rauen Bedingungen können Diatomeen überleben und über ein Jahr lang eingefroren werden (Yallop & Anesio 2010). Benthische Diatomeen sind auch die wichtigsten Elemente des Phytobenthos, sowohl was die Artenvielfalt als auch was die Biomasse betrifft. Aus diesem Grund sind sie auch die wichtigsten Primärproduzenten in alpinen Fliessgewässern. Sie gelten als die am häufigsten vorkommende Algengruppe (die Anzahl der Arten weltweit wird auf 104 000 bis 105 000 geschätzt). In europäischen Süsswasserökosystemen werden in der Regel rund 700 Arten gefunden (Lange-Bertalot et al. 2013).

Diatomeen sind pigmentiert und betreiben Photosynthese. Der Protoplast der Diatomeen ist nicht besonders ungewöhnlich, er enthält die gleichen Organellen wie andere eukaryotische Algen. Ein charakteristisches Merkmal der Diatomeen ist ihre Zellwand, die stark mit Kieselsäure imprägniert ist (Round et al. 1990). Im Allgemeinen besteht die Zellwand aus zwei Hälften, den sogenannten Klappen. Die beiden Klappen, deren Grösse sich leicht unterscheidet, passen zusammen wie der Boden und der Deckel einer Dose. Zwischen den Klappen befinden sich eine Reihe von kieselsäurehaltigen Bändern (Gürtelbänder). Die Klappen und alle Gürtelbänder bilden eine vollständige Zellwand, die als «Frustel» bezeichnet wird. Während der vegetativen Vermehrung werden neue Klappen und Bänder innerhalb der Grenzen der ursprünglichen Frustel gebildet, was dazu führt, dass die Zellgrösse mit jeder Zellteilung abnimmt. Nach einer Phase der vegetativen Vermehrung muss daher die Grösse durch die Bildung von Auxosporen (sexuelle Vermehrung) wiederhergestellt werden (Round et al. 1990).

Abgesehen von ihrer wichtigen ökologischen Rolle sind Diatomeen sehr nützlich für die Beurteilung der Umweltbedingungen in Flüssen und Bächen. Sie reagieren direkt und schnell auf wesentliche physikalische und chemische Veränderungen des Wassers. Aufgrund der grossen Vielfalt an Diatomeen-Arten eignen sie sich hervorragend für die Bewertung von Umweltveränderungen und der Wasserqualität (Julius & Theriot 2010; Stevenson 2014; Falasco et al. 2021).

8.1.3 Untersuchungen von Diatomeen im Schweizerischen Nationalpark

Erste Untersuchungen von Diatomeen im Schweizerischen Nationalpark wurden in den Jahren 1964–1969 durchgeführt (Wuthrich 1975; Schanz 1978). Diese konzentrierten sich auf das Gebiet des Kars der Seenplatte Macun, nachdem dieses für die langfristige Überwachung von alpinen Bächen und Seen ausgewiesen worden war. Seit 2001 wurden diese Untersuchungen regelmässig durchgeführt (Robinson & Kawecka 2005; Kawecka & Robinson 2008; Robinson et al. 2010). Peszek et al. (2022) veröffentlichten eine Arbeit, die Daten aus zwanzig Jahren Forschung zusammenfasst und sich mit Diatomeen, dem Aufwuchs und der Wasserchemie der Bäche von Macun befasst. Bei Untersuchungen im Schweizerischen Nationalpark wurde sogar eine neue Diatomeen-

Abbildung 8.2: Blick auf den Bach am Ausfluss des Lai d'Immez (Standort 28) mit dem Blockgletscher (in der rechten oberen Bildhälfte) und der Wetterstation (Foto: Łukasz Peszek).

Art entdeckt und 2023 beschrieben: *Orthoseira helvetica* (Peszek et al. 2023).

Das Einzugsgebiet von Macun besteht aus einem nördlichen und einem südlichen Becken mit sechsundzwanzig kleinen Seen und Weihern und zehn temporären Tümpeln. Die Seen sind durch Bachabschnitte in beiden Becken miteinander verbunden, bevor sie sich in einem Abflusssee vereinigen. Die Zuflüsse eines grossen Blockgletschers (Barsch 1969; Fehr & Reich, 2015; Derungs & Tischhauser, 2017) beeinflussen das Oberflächenwasser in Zeznina, obwohl sechs weitere kleine Blockgletscher Schmelzwasser in die Bäche des Südbeckens leiten (siehe Abbildung 8.2). Die Forscher:innen erwarteten, dass zeitliche Veränderungen in den Diatomeen-Gemeinschaften die Veränderungen in der langfristigen physikalisch-chemischen Zusammensetzung des Oberflächenwassers zwischen den Becken, zwischen dem Zu- und dem Ausfluss des Sees und entlang der Seenketten widerspiegeln würde.

8.1.4 Allgemeine Methoden

Diatomeen Proben wurden einmal pro Jahr im Hochsommer in den Jahren 2001, 2002, 2004–2010, 2015, 2016 und 2018–2020 an zehn Stellen in jenen Bächen gesammelt, die die wichtigsten Seen von Macun verbinden (siehe Abbildung 8.3). Die Diatomeen wurden nach dem Standardprotokoll beprobt, das heisst durch Abbürsten von untergetauchten Steinen mit einer kleinen Bürste; anschliessend wurden sie ins Labor gebracht. Zusätzlich wurden in der Nähe von Bächen und Steinen in der Spritzwasserzone von Bächen Proben von terrestrischen Moosen zur taxonomischen Untersuchung gesammelt. In den Jahren 2002, 2019, 2021 und 2022 wurden an ausgewählten Stationen Moosproben gesammelt (Peszek et al. 2023). Im Labor wurden die Diatomeen durch Abkochen mit 30 Prozent Wasserstoffperoxid gereinigt. Aus diesem gereinigten Material wurden Präparate für das Licht- und das Rasterelektronenmikroskop hergestellt und analysiert.

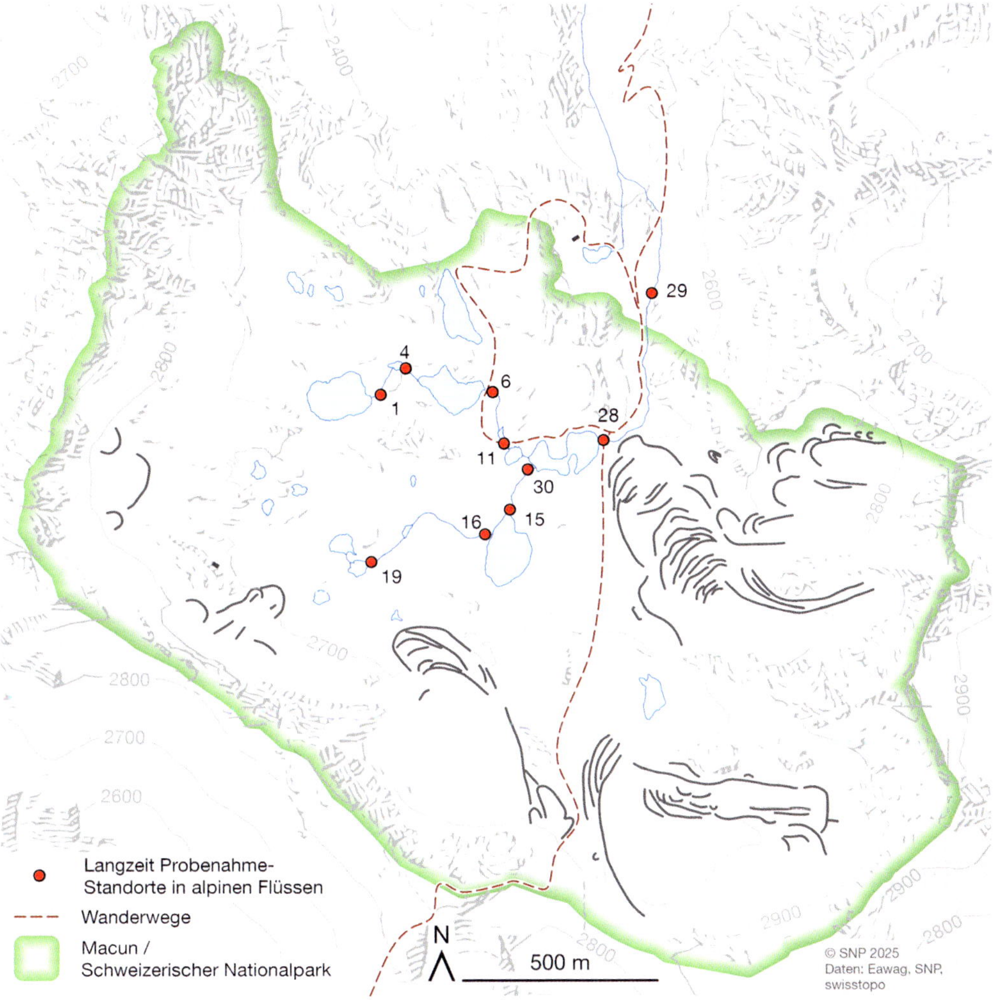

Abbildung 8.3: Karte des Kars auf der Seenplatte Macun mit den zehn Untersuchungsstandorten (rote Punkte): 1) Grond (G), 4) Mezza-Glüna-Zufluss (MIL), 6) Mezza-Glüna-Ausfluss (MOL), 11) Immez-Nord-Zufluss (ILN), 15) Sura-Ausfluss (SOL), 16) Sura-Zufluss (SIL), 19) Sura-Ober (SOB), 28) Immez-Ausfluss (IOL), 29) Zeznina (Z), 30) Immez-Süd-Zufluss (ILS). Man beachte die Blockgletscher, die das Wasser des Südbeckens beeinflussen, sowie den grossen Blockgletscher, der in den Bach Aua da Zeznina mündet (Quelle: adaptiert aus Robinson et al. 2022).

8.1.5 Resultate

Während der gesamten Dauer der Studie wurden etwa 370 Taxa identifiziert. Die durchschnittliche Anzahl der Taxa reichte von einem Tiefstand von 12 Taxa im Bach Zeznina (Standort 29) im Jahr 2001 bis zu einem Höchststand von 88 Taxa am Immez-Ausfluss (Standort 28) im Jahr 2010. Der Diversitätsindex (Shannon Diversity Index) war 2010 am Immez-Ausfluss am höchsten (über 3,5) und 2018 an derselben Stelle am niedrigsten (Wert von 0,5). Zu den häufigsten Diatomeen mit relativen Häufigkeiten von über 30 Prozent gehörten *Achnanthidium nanum* (maximal 89,4 %), *A. minutissimum* (maximal 86,8 %), *Gomphonema exilissimum* (maximal 68,1 %), *Odontidium mesodon* (maximal 68,8 %),

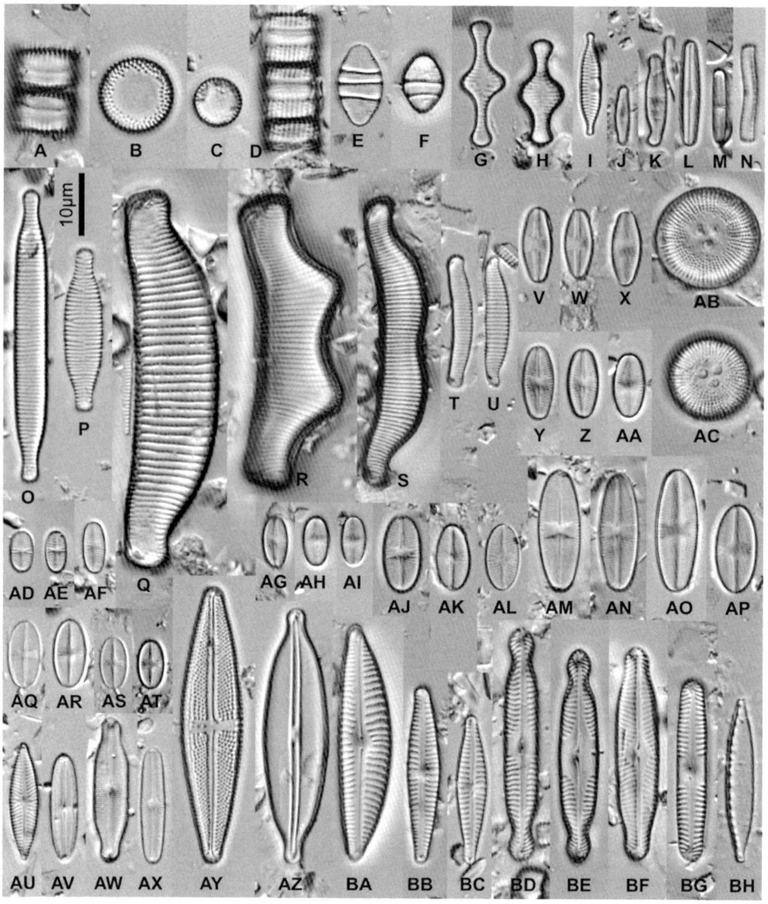

Abbildung 8.4: Kieselalgenvielfalt in den Bächen der Seenplatte Macun: *Aulacoseira perglabra* (AUPE; A, B), *Aulacoseira alpigena* (AUAL; C, D), *Odontidium mesodon* (ODME; E, F, G, H), *Tabellaria flocculosa* (TAFL; I), *Fragilaria perminuta* (FRPE; J, K), *Achnanthidium minutissimum* (ACMI; L–N), *A. hidium nanum* (O, P), *Fragilariforma virescens* (FRVI; Q), *Eunotia praerupta* (AUPR; R), *Eu. islandica* (EOIS; S), *Eu. suecica* (EUSU; T), *Eu. pseudogroenlandica* (EUPS; U), *Eu. fallacoides* (EUFA; V–X), *Psammothidium marginulatum* (PSMA; Y–AA), *P. acidoclinatum* (PSAC; AB, AC), *Orthoseira helvetica* (ORHE; AD–AF), *Psammothidium microscopicum* (PSMI; AG–AI), *Psammothidium scoticum* (AJ–AL), *P. helveticum* var. *minus* (PSHM; AM–AP), *P. helveticum* (PSHE; AQ–AT), *P. subatomoides* (PSSU; AU), *Navicula* sp. (NAVI; AV), *Neidium alpinum* (NEAL; AW), *N. longiceps* (NELO; AX), *Genkalia boreoalpina* (GEBO; AY), *Luticola grupcei* (LUGR; AZ), *Frustulia crassinervia* (FRCR; BA), *Encyonema hebridicum* (ENHE; BB, BC), *Gomphonema exilissimum* (GOEX; BD), *Pinnularia subcapitata* (PISU; BE), *P. rumrichae* (PIRU; BF), *P. microstauron* var. *nonfasciata* (PIMI; BG), *P. sinistra* (PISI; BG), *Nitzschia bryophila* (NIBR; BH)

Psammothidium helveticum (maximal 68,0 %), *P. subatomoides* (maximal 50,9 %), *Tabellaria flocculosa* (maximal 48,8 %) und *Aulacoseira alpigena* (maximal 37,0 %) (siehe Abbildung 8.4).

Achnanthidium nanum war mit einer durchschnittlichen Häufigkeit von 20,6 Prozent während des Untersuchungszeitraums die häufigste Art in allen Proben. Beide *Achnanthidium*-Arten (*A. nanum* und *A. minutissimum*) wiesen in jedem Jahr der Studie relativ hohe Häufigkeiten auf. Weitere räumliche Muster zeigten *Odontidium mesodon*, *Gomphonema exilissimum*, *Psammothidium* spp., *Tabellaria flocculosa*, *Aulacoseira* spp. (z. B. *A. alpigena*, *A. perglabra*). *Achnanthidium minutissimum* gilt als Pionierart und Frühbesiedler, der oft schon kurz nach

Abbildung 8.5: *Orthoseira helvetica*, aufgenommen mit dem Rasterelektronenmikroskop (Scanning Electron Microscope, SEM). Exemplare mit drei Stützborsten (Carinoportulae). Man beachte die drei abgelösten Stacheln, die auf der Ventilfläche liegen, und den Silicatkragen, der den hyalinen Bereich begrenzt (Foto: Łukasz Peszek).

einem Störungsereignis Substrate besiedelt (Passy 2007; Berthon et al. 2011). Über *Achnanthidium nanum* ist ökologisch wenig bekannt, diese Art wird aber häufig mit stehenden Gewässern aus hoch gelegenen Schweizer Seen in Verbindung gebracht (Novais et al. 2015). Andere häufig vorkommende Diatomeen haben eine ähnliche Ökologie und sind hauptsächlich in Gewässern mit niedriger Leitfähigkeit anzutreffen (Rott et al. 2006; Jütter et al. 2013; Lange-Bertalot et al. 2017). In den Diatomeen-Proben wurden auch verschiedene planktonische Diatomeen nachgewiesen. Dieses Ergebnis ist nicht überraschend, da sich die Probenahmestellen oberhalb und unterhalb von Seen im Bach-See-Netzwerk befanden. Planktonische Diatomeen waren mit *Aulacoseira* spp. und *Tabellaria flocculosa* in grosser Zahl vertreten, was darauf hinweist, dass die Diatomeen der Seen auch die Fliessgewässerassoziationen beeinflussen (Schanz 1984).

Bei taxonomischen Untersuchungen von Moosproben aus dem Gebiet von Macun wurde eine unbekannte Diatomeen-Art aus der Gattung *Orthoseira* festgestellt und 2023 als *Orthoseira helvetica* beschrieben (Peszek et al. 2023). Die Art hat zylindrische Zellen (7,5–26,5 µm im Durchmesser) und Stacheln. Das auffälligste Merkmal ist das Vorhandensein eines auffälligen Silicatkragens in Form einer «Rosenblüte», der jede Stützborste (Carinoportulae) umgibt (siehe Abbildung 8.5).

Es scheint eine klare zeitliche Veränderung in der Zusammensetzung der Diatomeen vor und nach 2010 zu geben. Zum Beispiel nahm die Häufigkeit von Diatomeen, die vor 2010 eine hohe relative Häufigkeit hatten, nach 2010 ab, während einige Diatomeen, die vor 2010 eine geringe relative Häufigkeit aufwiesen, nach 2010 häufiger zu verzeichnen waren. Insbesondere der Anteil von *A. minutissimum* war vor 2010 gering (0,8 Prozent pro Probe) und stieg nach 2010 auf rund 14,8 Prozent an. Der höchste Anteil von *A. minutissimum* trat an Standorten im Südbecken und am Immez-Ausfluss (Stelle 28) auf und reichte von 18,0 Prozent (Immez-Süd-Zufluss (Stelle 30) im Jahr 2020) bis zu 86,8 Prozent (Immez-Ausfluss im Jahr 2018). Der höchste Anteil von *A. minutissimum* wurde vor 2010 am Mezza-Glüna-Ausfluss (2001), am Sura-Ausfluss (2002, 2005) und Sura-Ober (2004) verzeichnet, lag aber immer unter 17,9 Prozent. Ausserdem war die Häufigkeit von *Psammothidium* spp. vor 2010 generell geringer und nahm nach 2010 allmählich zu.

Die Ergebnisse der statistischen Analysen (Principal Component Analysis, PCA, deutsch Hauptkomponentenanalyse) zeigten eindeutig einige charakteristische Muster zwischen den einzelnen Gemeinschaften. Die Proben am Immez-Ausfluss befanden sich in der Hauptkomponentenanalyse zwischen den beiden Becken, während die Zeznina-Proben meist mit Proben aus dem südlichen Becken assoziiert waren (siehe Abbildung 8.6). Darüber hinaus gab es offenbar subtile Unterschiede in der Zusammensetzung der Diatomeen zwischen Zu- und Abflüssen, gruppiert nach Einzugsge-

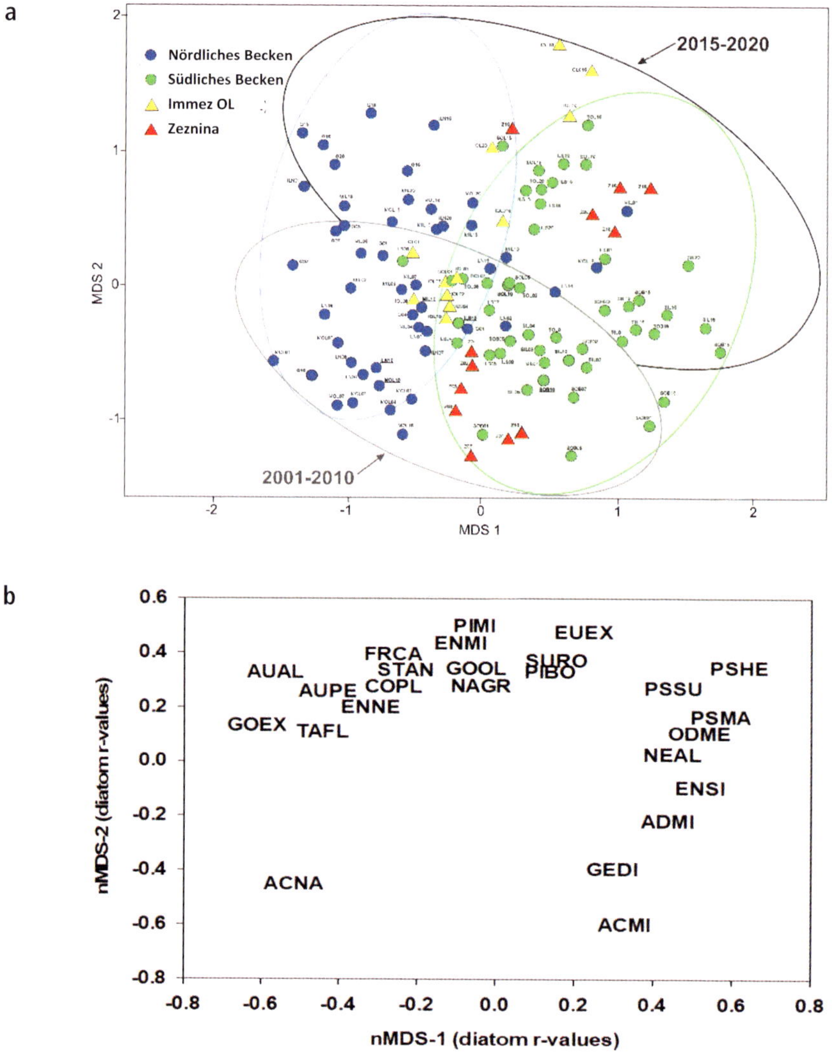

Abb. 8.6: (a) Streudiagramm der Ergebnisse der nichtmetrischen multidimensionalen Skalierung (nMDS), basierend auf 78 Kieselalgen mit einer relativen Häufigkeit von 2 Prozent oder mehr. Die Zahlen geben das Jahr der Probenentnahme (2001–2020) für die angegebenen Standorte an: Grond (G), Mezza-Glüna-Zufluss (MIL), Mezza-Gluna-Ausfluss (MOL), Immez-Nord-Zufluss (ILN), Sura Ober (SOB), Sura-Zufluss (SIL), Sura-Ausfluss (SOL), Immez-Süd-Zufluss (ILS), Immez-Ausfluss (IOL), Zeznina (Z). Ellipsen repräsentieren die beiden Hauptgruppen von Kieselalgengesellschaften, die mit den Nord- und Südbereichen in Verbindung stehen, sowie Proben, die vor 2010 und nach 2010 gesammelt wurden. (b) Streudiagramm der Kieselalgen, die stark mit der Achse-1 und der Achse-2 der nMDS-Darstellung assoziiert sind (Korrelationen von 0,30 oder höher). Siehe die Legende von Abbildung 8.4 für die Notationen der Kieselalgen.

biet und Untersuchungszeitraum (vor 2010, nach 2010) im Einzugsgebiet.

Bei den meisten Diatomeen, die im Netzwerk der Macun-Bäche und -Seen nachgewiesen wurden, handelt es sich um Taxa, die in oligotrophen (nährstoffarmen) Gewässern vorkommen und deren Häufigkeit in dieser Studie negativ mit der Leitfähigkeit korrelierte. Dies ist nicht überraschend, wenn man an den nährstoffarmen Untergrund denkt –

die lokale Geologie besteht überwiegend aus Orthogneis und Granit –, der sich in der physikalisch-chemischen Wasserqualität der untersuchten Bäche widerspiegelt. Die raschen Veränderungen bei den Diatomeen nach 2010 gehen mit physikalisch-chemischen Veränderungen einher (siehe Kapitel 5). Dies deutet darauf hin, dass in den Oberflächengewässern von Macun ein Kipppunkt erreicht ist, der sich eindeutig auf die Algengemeinschaften auswirkt. Robinson et al. (2022) und Peszek et al. (2022) weisen darauf hin, dass ein Rückgang der Wassereinträge von Blockgletschern im Einzugsgebiet im Laufe der Zeit dazu führte, dass sich die Gewässer zwischen den beiden Einzugsgebieten einander anglichen.

Die Ergebnisse zeigten, dass räumlich-zeitliche Veränderungen – beispielsweise in der physikalisch-chemischen Zusammensetzung von Oberflächengewässern (siehe Kapitel 5) – die Diatomeen-Gemeinschaften direkt beeinflussen können. Umweltveränderungen wie die Verringerung der Gletscherbedeckung und des Gletschereintrags werden für alle alpinen Landschaften weltweit und insbesondere für die Alpen vorhergesagt (Intergovernmental Panel on Climate Change 2021). Dieser physikalisch-chemische Trend wird sich wahrscheinlich fortsetzen, da das Schmelzwasser der Blockgletscher mit der Zeit abnimmt. Homogenere Bedingungen in alpinen Bächen können auch zu einer Verringerung der Diversität führen, wie in dieser Studie und in Untersuchungen zu anderen Gletscherbächen (Fell et al. 2018) mit abnehmenden Gletscherwassereinträgen gezeigt wird.

8.2 Aquatische Makroinvertebraten

Beat Oertli, Eliane Demierre, Julie Fahy, Brigitte Lods-Crozet und Christopher T. Robinson

8.2.1 Eine zwanzigjährige Bestandsaufnahme der Makroinvertebraten in Seen und Bächen

Das jährliche Monitoring aquatischer Makroinvertebraten aus Seen, Weihern und Bächen auf der Seenplatte Macun läuft seit 2002. Zwischen 2002 und 2021 wurden in 29 Weihern 718 Proben entnommen, wobei alle zwei Jahre zwei bis fünf Seen und Weiher beprobt wurden (Einzelheiten siehe Oertli et al. 2008; Robinson & Oertli 2009). Bei den Bächen wurden in jedem Einzugsgebiet jedes Jahr Ende Juli zehn Stellen am Hauptgerinne beprobt (in der Regel die Ein- und Ausläufe der grossen Seen) (siehe Abbildung 8.7). Zusätzlich wurden aus ökohydrologischer Sicht die meisten Nebenflüsse (n = 31) im Einzugsgebiet beprobt, und zwar 2005 (Robinson & Matthaei 2007) und erneut 2017 (Vogler 2018). Dieses ökologische Monitoring ist eine aussergewöhnlich reichhaltige Informationsquelle. Es liefert ein realistisches Bild der zoobenthischen Gemeinschaften und der zeitlichen Entwicklung der Häufigkeit und Verteilung der Taxa, die die Gewässer in diesem alpinen Gebiet auf Macun bewohnen.

Aquatische Makroinvertebraten wurden im Sommer beprobt und in den jeweiligen Labors der verschiedenen Forschungsgruppen bearbeitet und bestimmt. Das Ziel bestand darin, die gesammelten Makroinvertebraten bis auf Artenniveau zu bestimmen, was für die meisten taxonomischen Gruppen mithilfe verschiedener Fachleute gelungen ist. Die Identifizierung auf Artniveau war jedoch bei Gruppen, für die es an taxonomischem Fachwissen fehlte (einige Dipteren-Familien, Milben (Acari), Wenigborster (Oligochaeta))

Abb. 8.7: Makroinvertebraten werden jedes Jahr im Sommer mit einem Handnetz (250 µm Maschenbreite) aus Seen/Weihern und Bächen beprobt, hier eine Beprobung von Weiher M6 (Foto: Beat Oertli).

Tab. 8.1: Liste der aquatischen Makroinvertebraten, die zwischen 2002 und 2021 in den Seen und Bächen von Macun gesammelt wurden (Fahy et al. 2024)
Häufigkeit (Anzahl der Individuen): (1) 1, (+) 2–5, (++) 6–50, (+++) > 50

Taxonomische Gruppe	**Taxa**	**Rote Liste**	**Prioritätenliste**	**Weiher**	**Bäche**
Oligochaeta	Enchytraeidae			(+++)	(+++)
	Lumbriculidae			(+++)	0
	Lumbricidae			(+)	0
	Tubificidae/Naididae			(+++)	0
Tricladida	*Crenobia alpina* (Dana, 1766)			(++)	(+++)
Hydracarina				0	(+++)
Bivalvia	*Euglesa casertana* (Poli, 1791) *(Pisidium casertanum)*	LC		(+++)	0
Coleoptera	*Agabus bipustulatus* (Linnaeus, 1767)	LC		(+++)	(+)
	Agabus lapponicus (C.G. Thomson, 1867)	LC		(++)	0
	Agabus paludosus (Fabricius, 1801)	VU		(+)	0
	Hydroporus foveolatus Heer, 1839 *(H. nivalis)*	VU		(+++)	(++)
	Hydroporus memnonius Nicolai, 1822	LC		(+++)	0
	Hydroporus nigrita (Fabricius, 1792)	LC		(+)	0
	Hydroporus sabaudus Fauvel, 1865	VU		(++)	0
	Helophorus glacialis (A. Villa & G.B. Villa, 1833)			(+++)	(++)
	Limnebius truncatellus (Thunberg, 1794)			(1)	0
	Limnius perrisi (Dufour, 1843)			(1)	(++)
Diptera	Chironomidae			(+++)	(+++)
Culididae	*Aedes pullatus* (Coquillett, 1904)			(+)	0
Culididae	*Culiseta* sp.			(1)	0
Ceratopogonidae				(1)	0
Dolichopodidae				(+)	0

Taxonomische Gruppe	Taxa	Rote Liste	Prioritä-tenliste	Weiher	Bäche
Limoniidae				(+)	0
Simuliidae	*Prosimulium* sp.			(++)	(+++)
Simuliidae	*Simulium* sp.			0	(+++)
Pediciidae	*Dicranota* sp.			0	(+++)
Thaumaleidae				(+)	(++)
Limoniidae	*Rhypholophus* sp.			0	(+++)
Empididae				(++)	(+++)
Tipulidae				(+)	0
Ephemeroptera	*Rhithrogena loyolaea* Navás, 1922	LC		(1)	(+++)
	Baetis alpinus (Pictet, 1843)	LC		0	(+++)
Plecoptera	*Leuctra* sp.			(++)	(+++)
	Leuctra sesvenna Aubert, 1953 #	CR	1		
	Leuctra rosinae Kempny, 1900 #	LC			
	Dictyogenus sp.			0	(+++)
	Dinocras sp.			0	(++)
	Perlodes sp.			(1)	(+++)
	Perlodes intricatus (Pictet, 1841) #	LC			
	Nemurella pictetii (Klapalek, 1900) #	LC		(++)	(+++)
	Protonemura sp.			0	(+++)
	Protonemura brevistyla (Ris, 1902) #	LC			
Heteroptera	*Arctocorisa carinata* (C.R. Sahlberg, 1819)			(++)	0
	Mesovelia furcata Mulsant & Rey, 1852			(1)	0
	Micronecta sp.			(+)	0
Odonata	*Somatochlora alpestris*	NT		(+)	0
Trichoptera	*Allogamus uncatus* (Brauer, 1857)	LC		(++)	0
	Acrophylax zerberus Brauer, 1867	VU	4	(+++)	(+++)
	Consorophylax consors (McLachlan, 1880)	NT	4	(++)	0
	Limnephilus coenosus Curtis,1834	NT		(+++)	(+++)
	Limnephilus centralis Curtis,1834 #	LC			
	Pseudopsilopteryx zimmeri	LC		(+++)	(+++)
	Leptoceridae			(1)	0
	Drusus melanchaetes McLachlan, 1876 #	VU	2		
	Drusus trifidus (D. destitutus)	NT		0	(+++)

Arten, die bei zusätzlichen Beprobungen der grössten Seen und Weiher mittels Treibnetz oder Malaise Falle identifiziert wurden

Abb. 8.8: Ausgewählte aquatische Makroinvertebraten, die typisch für kalte oder kühle Gebiete sind und in den Gewässern von Macun häufig vorkommen: (a) der Käfer *Hydroporus foveolatus* (Foto: HEPIA), (b) die Wasserwanze *Arctocorisa carinata* (Foto: HEPIA), (c) die Steinfliege *Nemurella pictetii* (Foto: J. L. Gattoliat), (d) die Zuckmückelarve *Pseudodiamesa nivosa* (Foto: HEPIA) und (e) der Plattwurm *Crenobia alpina* (Foto: BIOPIX).

und bei den Jungtierstadien der meisten Invertebraten nicht möglich.

8.2.2 51 Taxa in den Seen und Weihern – mehrere bedrohte Arten

Im Laufe der zwanzig Jahre (2002-2021), in denen das Monitoring auf der Seenplatte Macun läuft, wurden in den beprobten Weihern 51 Taxa erfasst (Tabelle 8.1). Vor allem Insekten sind gut vertreten, insbesondere Zweiflügler (Diptera) (13 Taxa, die auf Familien- und Gattungsebene identifiziert wurden). Die Familie der Zuckmücken (Chironomidae) ist bemerkenswert vielfältig und wird weiter unten im Text behandelt. Weitere häufige Insekten sind Wasserkäfer (Coleoptera, Hydrophilidae; zehn Arten), Köcherfliegen (Trichoptera; acht Arten) und Steinfliegen (Plecoptera; sieben Arten). Auf der Grundlage der Roten Liste und der Prioritätenliste der Schweiz ist der Erhaltungswert dieser Gemeinschaft hauptsächlich mit sechs bedrohten Arten verbunden. Eine Steinfliegenart, *Leuctra sesvenna*, ist vom Aussterben bedroht (*critically indangered*, CR; Gefährdung höchster Priorität). Fünf Arten sind als gefährdet (*vulnerable*, VU) eingestuft: drei Wasserkäfer (*Agabus paludosus*, *Hydroporus foveolatus* und *H. sabaudus*) und zwei Köcherfliegen (*Acrophylax zerberus*, *Drusus melanchaetes*); vier weitere Arten gelten als potenziell gefährdet (eine Libelle und drei Köcherfliegen).

8.2.3 Makroinvertebraten typisch für Süsswasserökosysteme in höheren Lagen

Die identifizierten Makroinvertebraten sind typisch für Süsswasserökosysteme in höheren Lagen und umfassen mehrere Arten, die in Tieflandgewässern fehlen und ein kaltes oder kühles Klima bevorzugen (siehe Abbildung 8.8). Zu diesen gehören fünf Käfer (*Agabus lapponicus*, *Hydroporus foveolatus*, *H. memnonius*, *H. nigrita* und *H. sabaudus*), eine Steinfliege (*Nemurella pictetii*), eine Libelle (*Somatochlora alpestris*), eine Wasserwanze (*Arctocorisa carinata*), eine Köcherfliege (*Acrophylax zerberus*), ein Plattwurm (*Crenobia alpina*) und mehrere Zuckmücken (siehe Tabelle 8.1). Ausserdem fehlen in dieser Hochgebirgsgemeinschaft bestimmte taxonomische Gruppen, die im Flachland häufig vorkommen, wie Süsswasserschnecken (Gastropoda), grössere Krebstiere (wie Amphipoden oder Isopoden) und Blutegel (Hirudinea). Zudem fehlen viele Arten, die im Flachland anzutreffen sind. Im Allgemeinen ist die Gemeinschaft der Macun-Weiher durch einen geringen lokalen (Weiher) und regionalen (Alpinen) Artenreichtum gekennzeichnet (Rosset et al. 2010).

8.2.4 Starke Zugehörigkeit der Makroinvertebraten in Fliessgewässern zum Einzugsgebiet

Der taxonomische Reichtum an Makroinvertebraten in den Bächen war am Standort Zeznina höher als an den Standorten im nördlichen und südlichen Einzugsgebiet und am Immez-Ausfluss. Wie bei den Weihern war der taxonomische Reichtum an Makroinvertebraten im Einzugsgebiet generell gering (durchschnittlich < 8 Taxa, wobei die Chironomiden in einer Gruppe zusammengefasst wurden). Am Standort Zeznina war er mit etwa elf Taxa deutlich höher. Die Zeznina ist der Abfluss des Einzugsgebiets und daher grösser: Wasser aus beiden Becken und beträchtliche Zuflüsse aus dem Blockgletscher münden in die Zeznina. Hinsichtlich der Lebensraumbedingungen ist diese heterogener als die anderen Standorte. Die Häufigkeit von Makroinvertebraten war an den Standorten im südlichen Einzugsgebiet höher als an den anderen Standorten (rund 150 Individuen mehr pro Kicknetz-Probe als an den anderen Standorten), während der Simpson-Index in Zeznina niedriger war als an den anderen Standorten, was mit dem höheren taxonomischen Reichtum in Zeznina zusammenhängt.

Eine multivariate Analyse (nichtmetrische dimensionale Skalierungsanalyse, NMDS) der Makroinvertebraten ergab signifikante Unterschiede zwischen den gruppierten Standorten (Nordbecken, Südbecken, Immez-Auslass, Zeznina) (siehe Abbildung 8.9). Die Standorte im nördlichen Becken sind im Diagramm auf der rechten Seite entlang der Achse 1 zu finden, während der Immez-Auslass und die Zeznina ganz links zu sehen sind. Die Standorte des südlichen Beckens befinden sich in der Mitte der NMDS-Achse 1 und sind zentraler gelegen. Entlang der NMDS-Achse 2 befindet sich Zeznina in der Nähe des oberen Randes des Diagrammes, während die anderen Standorte weiter unten zu finden sind (siehe Abbildung 8.9). Die Ergebnisse zeigen, dass am Standort Zeznina mehr Köcherfliegen (*Drusus melanchaetus*), Steinfliegen (*Dictyogenus* sp.) und Eintagsfliegen (*Rhithrogena loyolaea* und *Baetis alpinus*) vorkamen als an den anderen Standorten, während im nördlichen Einzugsgebiet Kriebelmücken (Simuliiden) am häufigsten gezählt wurden; im südlichen Einzugsgebiet dominierten Steinfliegen (*Leuctra* spp., *Protonemura* sp., *Perlodes* sp.), Oligochaeten (*Crenobia alpina*) und Chironomiden. Diese Daten deuten darauf hin, dass die räumlichen Unterschiede in der physikalisch-chemischen Beschaffenheit des Oberflächenwassers und die damit verbundenen organischen Ressourcen (Unterschiede zwischen

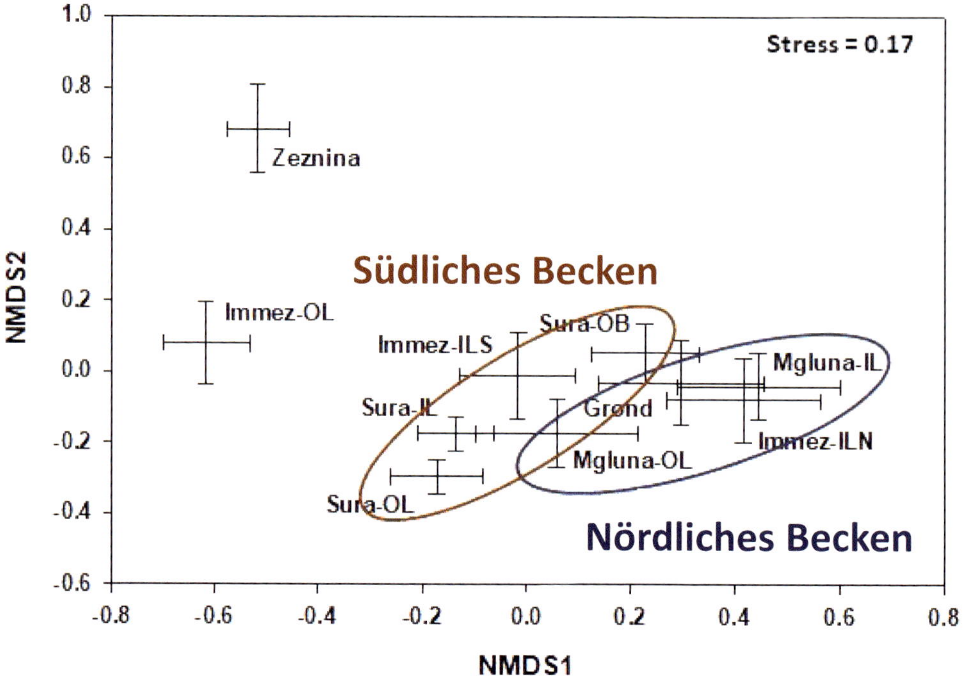

Abb. 8.9: Streudiagramm einer NMDS-Analyse der Makroinvertebraten von Fliessgewässern auf der Seenplatte Macun während des Untersuchungszeitraums. Die Daten stellen Mittelwerte (+SE) der Jahre für jeden Standort dar.

den Einzugsgebieten hinsichtlich der Primärproduzenten) wahrscheinlich eine Rolle spielen bezüglich der Häufigkeit von Makroinvertebraten und deren der Verteilung zwischen den Einzugsgebieten und den Standorten.

8.2.5 Vergleich von Makroinvertebraten aus Weihern und Bächen

Eine Analyse von 49 Makroinvertebraten-Taxa zeigt die Komplementarität von Weihern und Bächen. Die Bäche verbinden einige Weiher. Daher gibt es einige typische Bacharten, die aus den Bächen in die Weiher strömen (z. B. Steinfliegen), sowie einige Weiher-/Seearten, die aus den Weihern in die Bäche strömen (z. B. Käfer). Das im Laufe der Forschungsarbeit beobachtete Muster (siehe Tabelle 8.1 und Abbildung 8.10) zeigt, dass der gesamte Artenreichtum in den Weihern (40 Taxa mit 22 einzigartigen Taxa) höher ist als in Bächen (26 Taxa mit 8 einzigartigen Taxa).

Die taxonomischen Zusammensetzungen der Lebensgemeinschaften aus Weihern und Bächen zeigen einige deutliche Unterschiede (siehe Abbildung 8.11). Weihergemeinschaften weisen eine höhere Anzahl von Taxa für Käfer (Coleoptera), Würmer (Oligochaeta), Wasserwanzen (Heteroptera) und Zweiflügler (Diptera) auf, während es in Bachgemeinschaften einen höheren Reichtum an Steinfliegen (Plecoptera) und Eintagsfliegen (Ephemeroptera) gibt.

Einige Arten sind in den Weihern besonders häufig und fehlen in den Bächen (oder sie sind dort selten), beispielsweise Wasserwürmer, die Muschel *Euglesa casertana* und der Käfer *Hydroporus memnonius*. In den Fliessge-

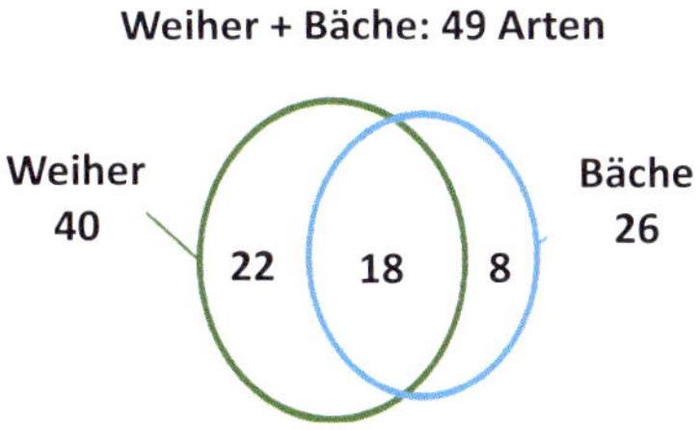

Abb. 8.10: Taxonomischer Reichtum der Weiher und Bäche auf der Seenplatte von Macun, mit gemeinsamen und einzigartigen Taxa in beiden Systemen

wässern sind dagegen Hydracarina, drei Dipterenfamilien (Limoniidae, Simuliidae, Pediciidae), Eintagsfliegen, Steinfliegen und die Köcherfliege *Drusus trifidus* zu finden.

8.2.6 Klimawandel und langfristige Trends in den Makroinvertebratengemeinschaften

Im Zeitraum des zwanzigjährigen Monitorings haben sich die physikalischen Bedingungen der Gewässer auf Macun erheblich verändert. So betrug beispielsweise der Anstieg der Wassertemperatur im August in den Weihern zwischen 2005 und 2020 um die 4 °C (2,7 °C pro Jahrzehnt) (Fahy et al. 2024; siehe Kapitel 5), wobei diese Schätzung mit grossen Unsicherheiten behaftet ist. Die Entwicklung der physikalisch-chemischen Verhältnisse deutet darauf hin, dass sich die Oberflächengewässer – insbesondere die Bäche – aus den unterschiedlichen Einzugsgebieten immer stärker angleichen, da die Wassereinträge aus den Blockgletschern im Laufe der Zeit abnehmen und der Stickstoffgehalt in allen Gewässern generell sinkt (Robinson et al. 2022).

Fahy et al. (2024) untersuchten die zeitliche Entwicklung der Makroinvertebraten in den Weihern auf Macun in den ersten zwanzig Jahren des Monitorings (2002–2021). Der Artenreichtum an Makroinvertebraten ist in diesem Zeitraum weitgehend stabil geblieben. Es waren keine negativen Auswirkungen auf die erfassten boreo-alpinen Arten (Arten, die an kalte Klimazonen gebunden sind) festzustellen. Da sich die Weiher in grosser Höhe befinden, leben diese kältespezialisierten Arten trotz des beobachteten Anstiegs der Wassertemperaturen in den Weihern immer noch innerhalb ihrer bevorzugten klimatischen Bereiche. Einige neue boreo-alpine Arten, die aus tieferen Lagen stammen und nach oben wandern, haben sogar die Weiher besiedelt, die als Refugien für Taxa dienen. Aufgrund der hohen Lage können diese Gewässer auch heute noch Refugien für boreo-alpine Arten sein. In den Langzeitdaten wurde für die Makroinvertebraten und die Chironomiden der Bäche an den untersuchten Standorten kein signifikanter zeitlicher Trend festgestellt (Robinson et al. 2024). Die Ergebnisse deuten darauf hin, dass Makroinvertebraten in Fliessgewässern durch die Verbindung von Fliessgewässern und Seen gepuffert werden können, wobei Seen die Reaktionen von Fliessgewässern auf grosse Umweltveränderungen abmildern. Da über die nächsten Jahrzehnte ein weiterer Temperaturanstieg prognostiziert ist (National Centre for Climate Services 2018), ist langfristig ein Kipppunkt zu erwarten, der zu einem möglichen Zusammenbruch der boreo-alpinen Biodiversität führen könnte (Rosset & Oertli 2011). Es wird auch eine Zunahme des Artenreichtums erwartet, die mit der Ansiedlung von Taxa aus tieferen Lagen zusammenhängt (Rosset et al. 2010). Eine konzeptionelle Abbildung veranschaulicht die derzeitigen und prognostizierten Trends für aquatische Makroinvertebraten in Weihern (siehe Abbildung 8.12).

8.2.7 Ein Fokus auf Chironomiden (Diptera)

Die Zuckmücken (Chironomidae) wurden seit 2002 an denselben Weiher- und Bachstellen gesammelt wie die Makroinvertebreten (siehe Abbildung 8.2). Die Larven und Pup-

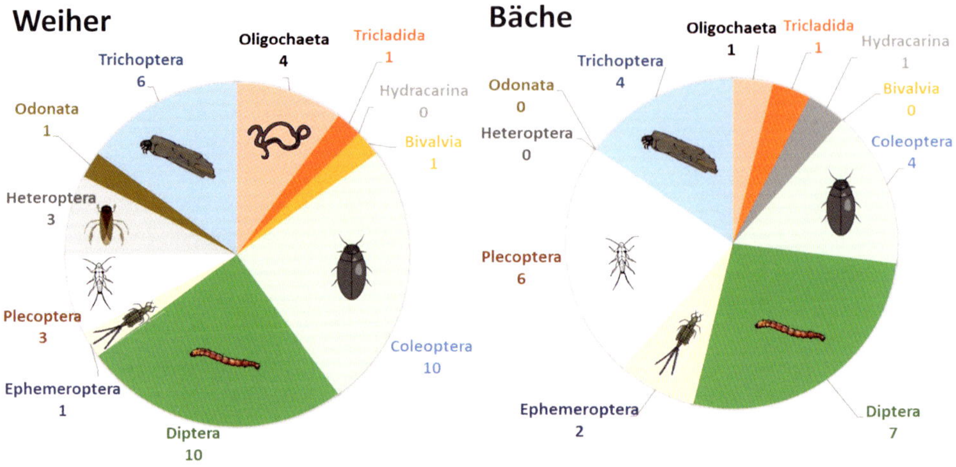

Abb. 8.11: In Weihern und Bächen gesammelte Makroinvertebraten (basierend auf der Taxa-Liste in Tabelle 8.1)

pen der Chironomiden wurden im Musée cantonal des sciences naturelles (MCSN) Lausanne, Abteilung für Zoologie, bestimmt. Das Hauptziel des Monitorings war es, das Wissen über hochalpine Chironomiden langfristig zu verbessern (Robinson et al. 2007; Robinson et al. 2016). Da für die Larven oft morphologische Kriterien fehlen, wurden in den Sommern 2013/2014 und 2022/2023 (Lods-Crozet et al. 2012; Robinson et al. 2024) sowie 2011 die grossen Seen Grond, Mezza Glüna, Sura und Immez zusätzlich beprobt: Mithilfe von Malaise-Fallen (siehe Abbildung 8.13) wurde die Anzahl der adulten Tiere erhoben, ausserdem wurde das Puppenmaterial (Driftproben) untersucht.

In den über zwanzig Jahren des Monitorings wurden in den verschiedenen Gewässern 74 Chironomidenarten nachgewiesen (siehe Tabelle 8.2). Der grosse Reichtum der Chironomidengemeinschaft spiegelt die Vielfalt der aquatischen Lebensräume (Quellen, Bäche, Weiher und Seen), der diversen Wasserquellen (vom Gletscher, von Schnee oder von der Quelle gespeist) und der damit verbundenen physikalisch-chemischen Bedingungen im Kar auf Macun wider. Die Zusammensetzung der Chironomiden ist typisch für unberührte alpine Umgebungen mit einer Dominanz von Arten aus der Unterfamilie Diamesinae (*Diamesa* spp., *Pseudodiamesa branickii*, *Pseudokiefferiella parva*), einigen Orthocladiinae (*Corynoneura arctica*, *Eukiefferiella* spp., *Parorthocladius nudipennis*, *Tvetenia bavarica*, *T. calvescens*) und Tanytarsini (*Paratanytarsus austriacus*). Diese Arten sind in den Bächen von Macun weit verbreitet. *Pseudodiamesa branickii* ist eine Art, die in den meisten Gewässern häufig vorkommt. Die Mehrheit der Chironomiden ist boreo-alpin geprägt. Die *Diamesa*-Arten sind mit zehn Arten sehr vielfältig und gut an die Umweltbedingungen in den Bächen von Macun angepasst.

Eine Reihe der gesammelten Orthocladiinae ist typisch für die hygropetrische Fauna, die in feuchten Böden, in Moosen in der Nähe von Quellgewässern, in Bächen und Weihern lebt (Gattungen *Allocladius*, *Bryophaenocladius*, *Georthocladius*, *Limnophyes*, *Metriocnemus*, *Paraphaenocladius*, *Pseudosmttia*, *Smittia*). Diese Arten wurden nur selten als Larven gesammelt, sondern als Puppen oder männliche Erwachsene. Drei Arten wurden ausschliesslich aus den grossen Seen auf Macun gesammelt: *Procladius tatrensis* und *Protanypus caudatus* wurden hier zum ersten Mal in der

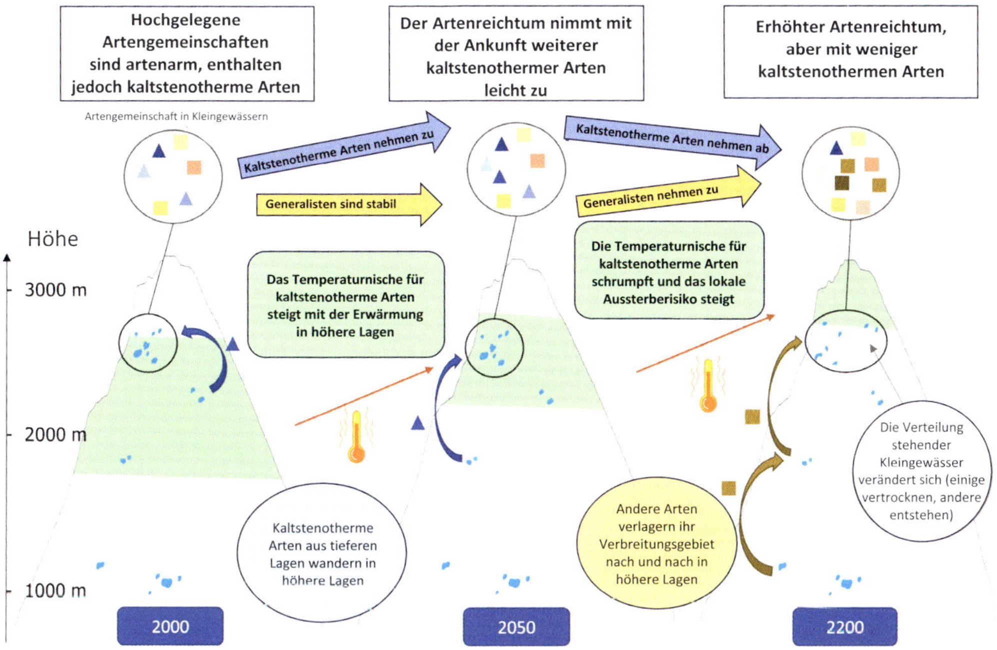

Abb. 8.12: Gegenwärtige (2000–2050) und prognostizierte (2050–2200) Entwicklung der Makroinvertebraten-Gemeinschaften in der alpinen Seenlandschaft der Seenplatte von Macun (schwarz eingekreist) im Zusammenhang mit dem Klimawandel, mit prognostizierten Verschiebungen in der geografischen Zone der thermischen Komfortbedingungen für boreo-alpine Arten (grüner Bereich) und Veränderungen in der Zusammensetzung der Gemeinschaften sowie in der Verteilung und Verfügbarkeit von Weihern. Die Zusammensetzung der Lebensgemeinschaften in der alpinen Seenlandschaft wird durch die Quadrate und Dreiecke oben in der Abbildung dargestellt, wobei jede Farbe für eine andere Art steht. Dreiecke mit einer blauen Schattierung stehen für Kältespezialisten und Quadrate mit einer gelbbraunen Schattierung für Generalisten (Quelle: Fahy et al. 2024).

Schweiz beobachtet und gelten als boreale Arten, die vor allem in Skandinavien und Polen leben. Vor allem *P. tatrensis* wurde in den Schweizer Alpen vorher nur als Subfossil in Seesedimenten nachgewiesen (Heiri et al. 2003). *Paracladius alpicola* schliesslich ist eine boreo-alpine Art, die häufig in alpinen Bergseen vorkommt.

8.2.8 Drei neue Arten entdeckt

Die in den Malaise-Fallen gesammelten adulten Exemplare machten es möglich, drei neue Orthocladiinae (*Chaetocladius macunensis*, *Limnophyes sartorii*, *Pseudorthocladius immezensis*) zu beschreiben (Moubayed-Breil & Lods-Crozet 2018, 2021 und 2023). Das Vorkommen dieser neuen Arten in diesem hochalpinen Einzugsgebiet unterstreicht die Bedeutung einiger kalter glazialer Enklaven – die als Hotspots des Endemismus gelten – für die Erhaltung und den Fortbestand autochthoner und empfindlicher alpiner Reliktarten. Es gilt zu bemerken, dass andere hochalpine Umgebungen auf der Nord- und Südseite der Alpen ebenfalls einige neu beschriebene Arten beherbergen (Robinson et al. 2024). Solche Arten sind aus biogeografischer Sicht relevant und ihr Verlust wäre ein Hinweis auf Umweltveränderungen in alpinen Landschaften (z. B. Lencioni et al. 2021).

Abb. 8.13: Malaise-Falle, aufgestellt in der Nähe des Lai d'Immez (Foto: J. L. Lods); rechts: adultes Exemplar einer Zuckmücke (Foto: A. Santillana)

Zudem untersuchten Robinson et al. (2024) die zeitliche Entwicklung der Chironomidengemeinschaften auf Macun. In den langfristigen Aufzeichnungen der Chironomiden an allen Probenahmestellen waren keine eindeutigen zeitlichen Trends zu erkennen, was die allgemeine Annahme unterstützt, dass die Seen eine puffernde Wirkung auf das fluviale Netzwerk (beispielsweise Gletschersignaturen) auf Macun haben. Diese Daten deuten darauf hin, dass die Verbindung von Seen und Bächen geringfügige umweltbedingte Veränderungen der physikalisch-chemischen Eigenschaften des Wassers und damit der Nahrungsressourcen für Makrowirbellose abmildern kann. Zudem deuten die in dieser Studie präsentierten Daten darauf hin, dass Chironomiden in alpinen Umgebungen nur unzureichend erforscht sind und dass mehr Anstrengungen unternommen werden sollten, um ihre biologische Vielfalt zu beschreiben, einschliesslich der Anwendung aktueller Methoden, die mit eDNA arbeiten. Der Endemismus, der taxonomische Reichtum und die Häufigkeit von Chironomiden in alpinen aquatischen Lebensräumen deuten darauf hin, dass sie gute Indikatoren für Umweltveränderungen sein können.

Tabelle 8.2. Artenliste und Vorkommen von Chironomidae in Seen, Weihern und Bächen der Seenplatte Macun in den Jahren 2002–2022, basierend auf Larven, Puppen und männlichen Adulten.
Vorkommen: (1) eine Beobachtung, (+) selten, (++) häufig, (+++) sehr häufig *: bestätigt durch DNA-Sequenzierung, 2023 (MCSN, Lausanne), **: bestätigt durch eDNA-Nachweise, 2021 (HEPIA, Genève); grüner Rahmen: neue Art aufgenommen

Unterfamilie	**Gattung / Art**	**Bäche**	**Weiher**	**Seen**
Tanypodinae	*Macropelopia* sp.	(1)		
	Monopelopia tenuicalcar (Kieffer, 1918)		(1)	
	Pentaneurella katterjokki Fittkau & Murray, 1983 *	(1)		
	Procladius tatrensis Gowin, 1944			(+)
	Rheopelopia complex	(1)		
	Zavrelimyia melanura (Meigen, 1804) *	(+)	(++)	(++)
Diamesinae	*Diamesa bertrami* Edwards, 1935	(++)		
	Diamesa bohemani Goetghebuer, 1932 *	(+)		
	Diamesa cinerella Meigen, 1835 / *Diamesa tonsa* (Haliday, 1856) *	(+++)		
	Diamesa goetghebueri Pagast, 1947	(++)		
	Diamesa latitarsis (Goetghebuer, 1921) *	(++)		
	Diamesa starmachi Kownacki & Kownacka, 1970	(+)		
	Diamesa steinboecki Goetghebuer, 1933 **	(+)		
	Diamesa thomasi Serra-Tosio, 1970	(+)		
	Diamesa wülkeri Serra-Tosio, 1964	(++)		
	Diamesa zernyi Edwards, 1933 *	(++)		
	Protanypus caudatus Edwards, 1924 **			(+)
	Pseudodiamesa branickii (Nowicki, 1873) *	(+++)	(+++)	(+++)
	Pseudodiamesa nivosa (Goetghebuer, 1928) *	(++)	(++)	(+)
	Pseudokiefferiella parva Edwards, 1932 *	(+++)	(++)	
Orthocladiinae	*Allocladius arenarius* (Strenzke, 1960)	(+)		
	Bryophaenocladius spp.	(+)	(+)	
	Chaetocladius dentiforceps (Edwards, 1929)	(+)		
	Chaetocladius macunensis Moubayed-Breil, 2018	(1)		
	Corynoneura arctica Kieffer, 1923 *	(+++)	(++)	(+)
	Corynoneura edwardsi Brundin, 1949	(+)	(+)	
	Corynoneura lobata Edwards, 1924	(+)	(+)	
	Cricotopus (Isocladius) sylvestris (Fabricius, 1794)		(+)	
	Cricotopus (Paratrichocladius) skirwithensis (Edwards, 1929)	(1)		
	Eukiefferiella brevicalcar (Kieffer, 1911)	(+)		
	Eukiefferiella gr. *claripennis*	(+)		
	Eukiefferiella dittmari Lehmann, 1972	(+)		
	Eukiefferiella fittkaui Lehmann, 1972 / *Eukiefferiella minor* (Edwards, 1929)	(++)	(+)	

Unterfamilie	Gattung / Art	Bäche	Weiher	Seen
	Eukiefferiella ilkleyensis (Edwards, 1929)	(+)		
	Eukiefferiella lobifera Goetghebuer, 1934	(+)		
	Georthocladius luteicornis (Goetghebuer, 1941)	(+)		
	Heleniella spp.	(1)		
	Heterotrissocladius marcidus (Walker, 1856) **	(+)	(++)	(++)
	Hydrosmittia oxoniana (Edwards, 1922)	(1)		
	Limnophyes asquamatus Soegaard Andersen, 1937	(++)	(++)	
	Limnophyes bidumus Saether, 1990	(++)	(++)	
	Limnophyes gr. *brachytomus*	(++)	(++)	
	Limnophyes edwardsi Saether, 1990	(++)	(++)	
	Limnophyes sartorii Moubayed-Breil, 2023	(1)		
	Metriocnemus eurynotus gr.		(++)	
	Metriocnemus cf. *tristellus* Edwards, 1929		(1)	
	Metriocnemus ursinus (Holmgren, 1869) **		(++)	
	Orthocladius (Eudactylocladius) fuscimanus (Kieffer & Thienemann, 1908)	(+)	(+)	
	Orthocladius (Euorthocladius) thienemanni Kieffer & Thienemann, 1906	(+)		
	Orthocladius (Mesorthocladius) frigidus (Zetterstedt, 1838)	(++)	(+)	
	Paracladius alpicola (Zetterstedt, 1850)			(+)
	Parakiefferiella sp.	(1)		
	Parametriocnemus stylatus (Spärck, 1923)	(++)	(++)	
	Paraphaenocladius sp.	(+)	(+)	
	Parorthocladius nudipennis (Kieffer, 1908)	(+++)		
	Psectrocladius sordidellus (Zetterstedt, 1838)		(++)	
	Pseudorthocladius immezensis Moubayed-Breil, 2021	(1)		
	Pseudosmittia cf. *gracilis* (Goetghebuer, 1913)	(1)		
	Pseudosmittia gr. *trilobata*	(1)		
	Rheocricotopus effusus (Walker, 1856)	(+)	(+)	
	Smittia alpilonga Rossaro & Lencioni, 2000	(+)		
	Smittia edwardsi Goetghebuer, 1932	(+)		
	Thienemaniella gr. *clavicornis*	(+)		
	Tokunagaia rectangularis (Goetghebuer, 1940)	(+)	(1)	
	Tvetenia bavarica (Goetghebuer, 1934) *	(+++)		
	Tvetenia calvescens (Edwards, 1929)	(+++)		
Tanytarsini	*Micropsectra* cf. *bavarica* Stur & Ekrem, 2006 *	(1)		
	Micropsectra lindrothi Goetghebuer, 1931	(+)		
	Micropsectra logani (Johannsen, 1928)	(+)		
	Micropsectra radialis Goetghebuer, 1939 **	(+)	(++)	(++)

Unterfamilie	Gattung / Art	Bäche	Weiher	Seen
	Paratanytarsus austriacus (Kieffer, 1924) *	(+)	(++)	(+++)
	Tanytarsus bathophilus Kieffer, 1911 **	(+)	(+)	(++)
	Tanytarsus niger Soegaard Andersen, 1937		(+)	(+)
	Tanytarsus sinuatus (Goetghebuer, 1936) **		(+)	

8.2.9 Schutzmassnahmen für die Zukunft

Die aquatischen Lebensräume von Macun sind ein Zufluchtsort für Taxa, die auf hoch gelegene Umgebungen angewiesen sind, und verdienen es, für künftige Generationen bewahrt zu werden. Entsprechend sind der konsequente Schutz und die Fortsetzung des Monitorings der aquatischen Ökosysteme von Macun von besonderer Bedeutung. Ein solcher Schutz auf lokaler Ebene kann wirksam sein, um Folgendes zu reduzieren oder zu vermeiden: 1) Nährstoffbelastung durch menschliche Einflüsse (z. B. Abfälle, menschlicher Kot und Hundekot), 2) Wasserverschmutzung (durch Baden und Trampeln), 3) Zerstörung oder Störung aquatischer Lebensräume (durch Trampeln), 4) Fischen und dadurch Entstehung räuberischer Beziehungen. In der Tat ist es wünschenswert, die eingeführten Fische aus den Gewässern der Seenplatte Macun zu entfernen. Ein lokaler Schutz wird jedoch auf globaler Ebene ineffizient sein, da er die Auswirkungen des Klimawandels (z. B. Temperaturanstieg, veränderte Niederschlagsmuster und -mengen sowie Nähr- und Schadstoffeinträge durch Deposition) nicht verringern kann. Die kälteangepassten Arten, die auf diese aquatischen Lebensräume angewiesen sind, werden auf lange Sicht lokal aussterben. Wo es möglich ist, sollte der Bau von Teichen in höheren Lagen in Betracht gezogen werden, um eine funktionale ökologische Infrastruktur zu verbessern, insbesondere für Gewässer in höheren Lagen. Auch die Bildung neuer Weihern in Gletscherrückzugsgebieten kann potenzielle Lebensräume für kälteliebende Arten bieten. Aufgrund der Besonderheiten dieser Gewässer (z. B. hohe Trübung) sind sie jedoch nur für eine begrenzte Anzahl von Arten günstig.

8.3 Fische

Niklas Bosch, John Hesselschwerdt und Peter Rey

8.3.1 Wie kamen die Fische nach Macun?

Die Gewässer auf der Seenplatte von Macun waren historisch fischfrei. Aufgrund der Höhenlage und der fehlenden Durchgängigkeit der Fliessgewässer konnten vom Inntal aus niemals Fische einwandern. Die Vorfahren der heutigen Fische gehen somit auf einen aktiven Fischbesatz zurück (siehe Kapitel 2). Seit August 2000 gehört das Gebiet dieser Seen zum Schweizerischen Nationalpark. Bereits sieben Jahre vor diesem Datum wurde jegliche fischereiliche Bewirtschaftung eingestellt.

Werden Fische in einen zuvor fischfreien Lebensraum eingesetzt und können sich dort vermehren, dann beeinflussen sie die ursprünglichen Lebensgemeinschaften durch Veränderungen im Nahrungsnetz, durch die Bindung von Nährstoffen und durch Nischenbesetzung. Das Einsetzen von Fischen unterschiedlicher Art und Herkunft in natürlichen Alpenseen war noch bis Anfang der 1990er-Jahre in der Schweiz gängige Praxis, um den Freizeitwert dieser Gewässer zu erhöhen. An verschiedenen Stellen im Alpenraum wird auch heute noch ein solcher Besatz praktiziert (z. B. Engstlen- und Melchsee). Die grösseren Seen der Seenplatte von Macun wurden bereits vor 1964 und bis ins Jahr 1993 mit Lachsfischen (Salmoniden) besetzt. Es handelte sich dabei um Bachforellen (*Salmo trutta fario*) und Amerikanische Seesaiblinge, auch «Namaycush» genannt (*Salvelinus namaycush*). Elritzen (*Phoxinus* sp.) gelangten wahrscheinlich als entkommene lebende Köderfische von Angelfischern in die Gewässer. Die genetische Herkunft dieser verschiedenen Fischarten wurde bisher noch nicht untersucht. Einige der Elritzen liessen sich nach äusseren Merkmalen als Donau-Elritzen (*Phoxinus csikii*) identifizieren.

8.3.2 In welchen Seen und Weihern Macuns kommen Fische vor?

Die Fischbestände Macuns wurden seit 2002 in unregelmässigen Abständen und mit unterschiedlichen Methoden untersucht. Da diese teilweise sehr aufwändigen Methoden erst getestet werden mussten, waren erst 2023 alle zugänglichen Still- und Fliessgewässer auf Macun mindestens einmal untersucht worden (siehe Abbildung 8.14 und Tabelle 8.3). Über die Jahre hinweg wurden Netz- und Angelfänge, Beobachtungen über und unter Wasser, Elektrobefischungen sowie Mageninhaltsuntersuchungen durchgeführt. Die ersten Befischungen 2001 und 2002 deuteten bereits auf einen Fischbestand in drei der grösseren Seen hin. Aus wissenschaftlicher Sicht war die Frage interessant, ob es sich bei diesem Bestand noch um «Altfische» aus ehemaligen Besatzmassnahmen handelte oder schon um Individuen aus einer autochthonen Reproduktion. Schon vor Beginn der Untersuchungen gab es von der kantonalen Fischereiaufsicht und den Parkwächtern immer wieder Berichte über Bachforellen und Amerikanische Seesaiblinge in verschiedenen Seen sowie über Elritzen im Lai Grond und im Lai d'Immez.

2002 wurden im Lai Grond erste Bachforellen gefangen und mit einem Fettflossenschnitt markiert. Einer dieser Fische wurde zusammen mit weiteren Bachforellen 2003 erneut gefangen. Im selben Jahr wurden auch grössere Zahlen von Amerikanischen Seesaiblingen nachgewiesen. Netzfischfänge im Jahr 2008 sowie Tauchbeobachtungen im Jahr 2012 bestätigten erneut das Vorkommen von Bachforellen und Amerikanischen Seesaiblingen. Auch Elritzen konnten im Lai Grond bei allen Kampagnen vom Ufer aus beobachtet werden.

Im Lai d'Immez wurden 2000, 2003, 2012 und 2015 Elritzen beobachtet, im Jahr 2023 auch im Elektrofang nachgewiesen. Zusätzlich wurden hier auch immer Bachforellen beobachtet.

Im Lai da la Mezza Glüna wurden bei allen dort durchgeführten Netzfängen (2003, 2008, 2012, 2015) Bachforellen und Amerikanische Seesaiblinge gefangen. Ein Nachweis von Elritzen gelang 1993 und 2023.

Im Lai Sura wurde bei Untersuchungen in den Jahren 2003, 2008, 2012 sowie 2024 als bisher einzige Fischart die Bachforelle gefunden.

Der Lai dal Dragun wurde, beziehungsweise wird von allen Untersuchungen ausgenommen. Vom Ufer aus konnten jedoch 2003 und 2012 Bachforellen beobachtet werden.

In den 2023 und teilweise 2024 untersuchten kleineren Seen und Weihern wurden keine Salmoniden gefunden. In mehreren dieser kleinen Gewässer, die mit den grösseren Seen in Verbindung stehen (M16, M17, M22) wurde aber das Vorkommen von Elritzen festgestellt (2002 auch in M6). Diese und vereinzelte kleine Bachforellen fanden sich auch wieder in den Fliessverbindungen zwischen dem Lai Grond, dem Lai da la Mezza Glüna und dem Lai d'Immez. Auch die Fischdichten waren auf dieser Achse am

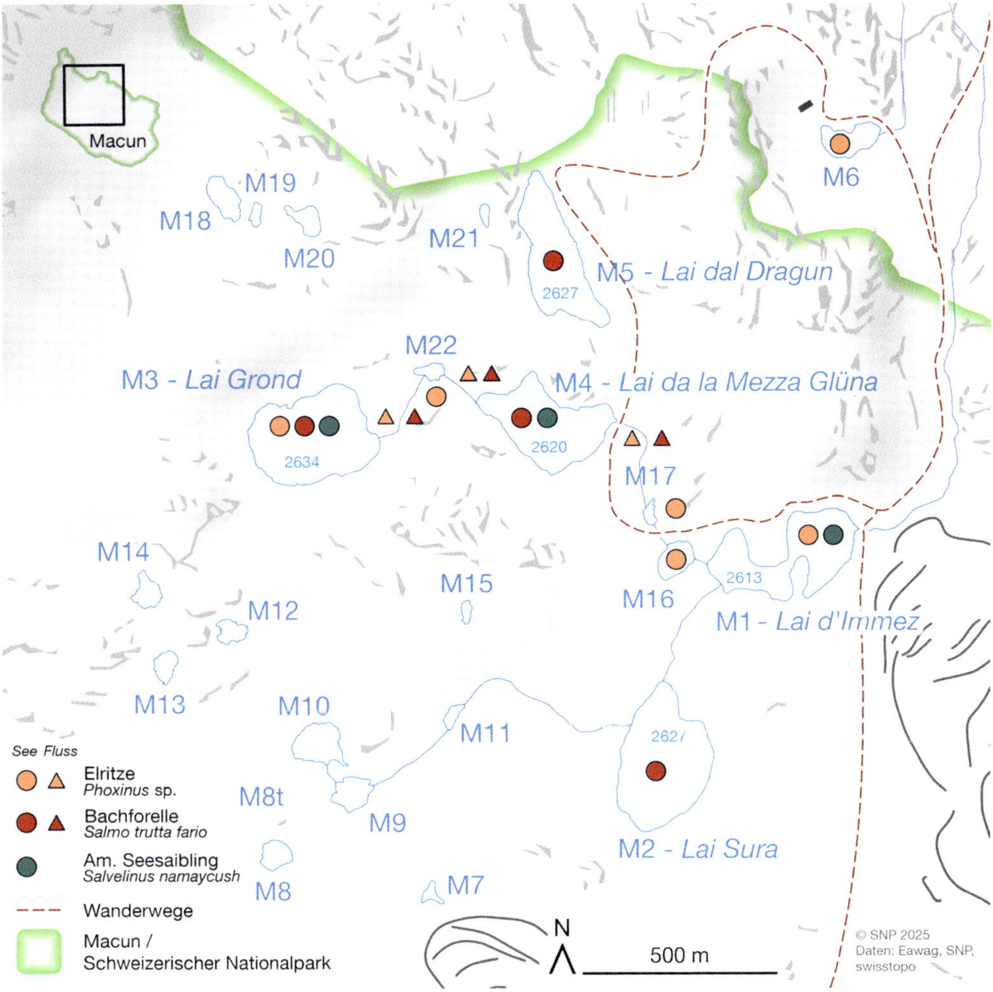

Abbildung 8.14: Die Seenplatte von Macun und bisherige Nachweise der drei Fischarten Bachforelle, Amerikanischer Seesaibling und Elritze

höchsten, angeführt vom Lai Grond, gefolgt vom Lai da la Mezza Glüna, dem Lai d'Immez und dem Weiher M17. Im Lai Sura waren die Fischdichten dagegen stets sehr gering.

Tab. 8.3: Ergebnisse fischbiologischer Untersuchungen der Gewässer auf Macun. Methoden, Fänge und Beobachtungen. – = kein Nachweis; + = nicht näher quantifizierter Nachweis; FA = Fischereiaufsicht

Bearbeiter	Gewässer	Methode	Fischfunde [Anzahl Fische]		
			Bach-forellen	Namay-cush	Elritzen
vor 1993					
kantonale FA	Lai Grond (M3)	Netzfang, Beobachtungen vom Ufer	+	+	+
	Lai d'Immez (M1)		+	–	+
	Lai da la Mezza Glüna (M4)	Beobachtungen vom Ufer	–	–	+
2002					
HYDRA	Lai Grond (M3)	Angelfang, Biometrie, Markierung, Nahrungsanalysen, Beobachtungen vom Ufer	39	–	+
	M6	Beobachtungen vom Ufer	–	–	+
2003					
HYDRA	Lai Grond (M3)	Netzfang (Kiemennetze), Biometrie, Markierung, Nahrungsanalysen, Alters-/Wachstumsanalysen, Beobachtungen vom Ufer	43	27	–
	Lai Sura (M2)		22	–	–
	Lai da la Mezza Glüna (M4)		10	18	–
kantonale FA	Lai d'Immez (M1)	Beobachtungen vom Ufer	+	–	+
	Lai dal Dragun (M5)		+	–	
2008					
HYDRA	Lai Grond (M3)	Netzfang Zugnetz (u. Reuse), Beobachtungen vom Ufer	1	–	+
	Lai Sura (M2)		–	–	–
	Lai da la Mezza Glüna (M4)		–	18	–
2012					
HYDRA	Lai Grond (M3)	Tauchuntersuchungen, Unterwasserdokumentation	+	–	+
	Lai Sura (M2)		+	–	–
	Lai da la Mezza Glüna (M4)		+	+	–
	Lai d'Immez (M1)	Beobachtungen vom Ufer	+	–	+
	Lai dal Dragun (M5)		+	–	–
2015					
HYDRA	Lai da la Mezza Glüna (M4)	Netzfang (Kiemennetze), Biometrie, Markierung, Nahrungsanalysen, Alters-/Wachstumsanalysen, Beobachtungen vom Ufer	5	27	–

Bearbeiter	Gewässer	Methode	Fischfunde [Anzahl Fische]		
			Bachforellen	Namaycush	Elritzen
2023					
HYDRA	Lai da la Mezza Glüna (M4)	Elektrobefischungen, Beobachtungen vom Ufer	–	–	200
	Lai d'Immez (M1)		1	–	1500
	Lai Sura		–	–	–
	M6–M15, M18–M21		–	–	–
	M16		–	–	245
	M17		–	–	470
	M22	Elektrobefischungen, Beobachtungen vom Ufer, Nahrungsanalysen, Alters-/ Wachstumsanalysen,	–	–	180
2024					
HYDRA	Lai da la Mezza Glüna (M4)	Elektrobefischungen, Beobachtungen vom Ufer	8	2	100
	Lai d'Immez (M1)		2	–	5000
	Lai Grond (M3)		13	5	30
	Lai Sura (M2)	Elektrobefischungen, Beobachtungen vom Ufer, Netzfischfang, Nahrungsanalysen, Alters-/ Wachstumsanalysen, Schnorcheln	23	–	–
	M22	Elektrobefischungen	–	–	50

8.3.3 Die körperliche Verfassung der Fische von Macun

Setzt man das Gewicht eines Fisches in das Verhältnis zu seiner Körperlänge, so erhält man einen Konditionsindex und mit ihm erste Anhaltspunkte über seinen Ernährungs- und Gesundheitszustand. Für 25 cm lange Amerikanische Seesaiblinge liegt der Referenzwert zwischen 0,98 und 1,08 (Johnson 1973). Die im Jahr 2003 auf Macun gefangenen Amerikanischen Seesaiblinge hatten einen durchschnittlichen Konditionsindex von nur 0,78. Besonders schlecht genährt und von auffallend schlanker Form waren die Individuen aus dem Lai Grond. Der durchschnittliche Konditionsindex der Amerikanischen Seesaiblinge im Lai da la Mezza Glüna lag 2003 bei 0,81 und 2008 bei 0,90, fiel danach aber auf 0,74 im Jahr 2015 ab. Somit kann davon ausgegangen werden, dass die Nahrungsressourcen für diese Art in verschiedenen Zeiträumen unterschiedlich stark limitiert sind.

Der Konditionsindex der untersuchten Bachforellen war im Durchschnitt immer höher als jener der Amerikanischen Seesaiblinge. Im Verlauf der Untersuchungen hat aber auch er tendenziell abgenommen. Einige der 2002 und 2003 untersuchten Bachforellen (Rey & Pitsch 2004), unter denen damals möglicherweise noch überlebende

Abbildung 8.15: Die unterschiedlichen Konditionen der Bachforellen (a) und der Amerikanischen Seesaiblinge (b) sind an diesen beiden rund 25 cm langen Individuen aus dem Lai Grond (2003) gut erkennbar. Fische mit Mangelernährung wie der Amerikanische Seesaiblinge zeigen eine schlanke Form, hervorstehende Augenwülste und ungewöhnliche Körper-Kopf-Proportionen (Fotos: A. Becker).

Besatzfische waren, wiesen hohe Konditionswerte zwischen 1,1 und 1,3 auf (siehe Abbildung 8.15). Bei den anderen, vorwiegend schlankeren Forellen lag der Index noch immer zwischen 0,85 und 1,03. Im Lai Sura, wo vermutlich ausschliesslich Bachforellen vorkamen, lag der durchschnittliche Wert bei 1,03. Solche Werte um leicht über 1 sind vergleichbar mit aus anderen alpinen Gewässern zwischen 1700 und 2200 m ü. M. (Friedl 1996).

Im Jahr 2015 wurde nur noch bei einer Bachforelle im Lai da la Mezza Glüna ein Wert über 1 (1,05) gemessen. Damit scheinen sich die Bachforellen bisher zwar deutlich besser mit den extremen Lebensraumbedingungen auf Macun arrangieren zu können als die Amerikanischen Seesaiblinge, doch wies auch ein über die Jahre zunehmender Teil der Bachforellen deutliche Anzeichen von Mangelernährung auf. Der durchschnittliche Konditionsindex beider Salmonidenarten zusammen lag im Jahr 2015 nur noch bei 0,75.

Die bisher bestimmten Konditionsindices der Elritzen betrugen zwischen 1,1 und 1,4 (2023 aus dem Weiher M22). Dies ist ein deutlicher Hinweis darauf, dass sich diese Fischart gut an die extreme Umgebung anpassen konnte und dass die Nahrung für sie offenbar nicht limitiert ist.

8.3.4 Wachstum, Alter und Laichreife

Eine gute Kondition setzt ein gutes und regelmässiges Wachstum der Fische voraus. Letzteres hängt in erster Linie vom Nahrungsangebot und vom jährlichen Verlauf der Wassertemperatur ab (Elliott 1994; Klemetsen et al. 2003; Jonsson & Jonsson 2011). Die optimale Wachstumstemperatur für Bachforellen liegt bei 13–17 °C (Jonsson & Jonsson 2011). Solche hohen Werte werden auf der Seenplatte Macun – wenn überhaupt – nur während ein bis zwei Monaten im Hochsommer vereinzelt erreicht (Robinson 2009). Entsprechend langsam wachsen hier die wechselwarmen Fische heran. Die reduzierte Stoffwechselaktivität in einer sehr kalten und störungsarmen Wasserumgebung kann auf der anderen Seite auch zur Verlängerung der durchschnittlichen Lebensdauer führen (Pauly 1980; Glebe & Leggett 198a, 1981b; Johnsson 1991).

Das jahreszeitlich unterschiedliche Wachstum und das Alter der Fische auf Macun wurde mittels Zählung der Zuwachsringe auf verschiedenen Hartstrukturen wie Schuppen,

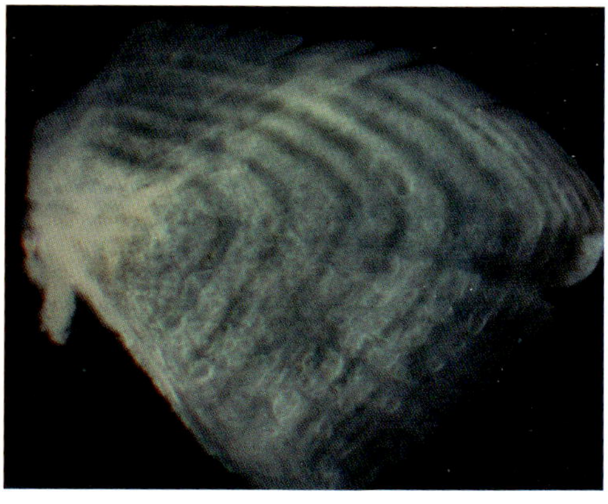

Abb. 8.16: Zuwachsringe auf dem Kiemendeckel einer 14-jährigen Bachforelle (Foto: Peter Rey)

Kiemendeckeln und Ohrsteinen (Otolithen) ermittelt (siehe Abbildung 8.16).

Im Jahr 2003 waren die meisten Salmoniden zwischen vier und sieben Jahre alt (Rey & Pitsch 2004). Es gab jedoch auch ein über 14 Jahre altes Exemplar, das somit noch aus einer Besatzmassnahme vor 1990 stammte. Unter den Fischen, die im Jahr 2015 im Lai da la Mezza Glüna gefangen wurden, fanden sich Bachforellen und Amerikanische Seesaiblinge, die über acht Jahre alt waren und eine Körperlänge bis zu 31,9 cm erreichten.

Für Bachforellen aus dem Mittelland kann in den ersten drei Lebensjahren ein Wachstum von 22 cm angenommen werden (Blohm et al. 1994). Aus hochalpinen Gewässern sind dagegen bei Salmoniden sehr geringe Wachstumsraten bekannt. Bestes Beispiel sind die «Schwarzreuter», in Alpenseen lebende Seesaiblinge (*Salvelinus alpinus*) mit einem relativ langsamen Wuchs von beispielsweise 12 cm in drei Jahren (Haempel 1924; Reisinger 1953; Freudlsperger 2017). Auch gibt es Nachweise von 22 Jahre alten Seesaiblingen mit einer Wachstumsrate von 2,2 cm pro Jahr. Aufgrund der Altersbestimmungen der 2015 untersuchten Bachforellen und der Amerikanischen Seesaiblinge von Macun lassen sich für einzelne Individuen Wachstumsraten von über 5 cm pro Jahr ableiten. Die meisten Fische zeigten aber ein deutlich langsameres Wachstum. Stellvertretend dafür steht eine Bachforelle, die 2002 im Lai Grond gefangen und markiert und 2003 wiedergefangen wurde. Sie war in einem Jahr nur 1,9 cm gewachsen und hatte dabei 40 g zugenommen.

Trotz ungünstiger Umgebungsbedingungen deuten verschiedene Beobachtungen über und unter Wasser, sowie die Netzfänge von gut konditionierten Bachforellen im Jahr 2003 darauf hin, dass sich trotz des langsamen Wachstums auch grosse Fische von über 40 cm Länge in den Seen von Macun aufhalten können. Da bisher bei den Netzen nur kleinere Maschenweiten eingesetzt wurden, konnten Exemplare von deutlich über 30 cm Länge methodisch noch nicht genau erfasst werden. Der grösste nachgewiesene Amerikanische Seesaibling von 29,4 cm wurde 2008 im Lai da la Mezza Glüna gefangen. Die grösste Bachforelle war 40,9 cm lang und wurde 2024 mit einem Netz im Lai Sura gefangen.

Auch unter den Elritzen findet man über zehnjährige Exemplare, die mit bis zu 13 cm Länge ein Grösse erreichen, das sogar für ihre Artgenossen aus niedrigeren Höhenstufen aussergewöhnlich ist. Die niedrigen Temperaturen scheinen ein Wachstum zu einer letztendlich normalen Grösse nicht zu verhindern.

8.3.5 Die Nahrung der Fische auf Macun

Das Nahrungsangebot auf Macun ist für Fische limitiert und in den Seen, die den Grossteil des Jahres mit Eis bedeckt sind, ist auch die Fressaktivität der Fische durch die niedrigen Temperaturen stark reduziert. Wie bereits beschrieben, wies eine kleine Zahl von Individuen auch immer wieder sehr gute Körperkonditionen auf, was ihnen nur durch die ausreichende Aufnahme von vorwiegend eiweiss- und fettreicher Nahrung wie grösseren Insekten oder anderen Fischen gelungen sein kann.

In den Jahren 2003 und 2015 wurden die Mageninhalte von gefangenen Fischen untersucht, siehe Bilder nächste Seite.

2003 setzte sich die Nahrung der Salmoniden aus einem grossen Spektrum verschiedener Wasserwirbelloser und Anflugorganismen zusammen (siehe Abbildung 8.17). Unter den Bachforellen waren schon 2003 Individuen, die überwiegend die bis 0,4 cm grossen Erbsenmuscheln frassen (siehe Abbildung 8.17b). Diese Fische müssen ein für sie untypisches Verhalten gelernt und den Schlamm nach Nahrung durchwühlt haben. Anflugnahrung ist zwar nur selten und nur an

Abb. 8.17: Nahrungsorganismen von Bachforellen und Amerikanischen Seesaiblingen aus den Proben von 2003; a) Anflugnahrung (Haut- und Zweiflügler, Zikaden, Köcherfliegen, Wasser- und Landkäfer); b) Erbsenmuscheln; c) Zuckmückenlarven; d) der Boden des Lai Grond mit Köchern der Zuckmückenlarven

Sommertagen ohne Niederschlag verfügbar, dann aber oft in grösserer Menge. Bei Zählungen an einem warmen Tag im Sommer 2012 landeten auf einer 2,5 m^2 grossen Beobachtungsfläche am Ufer von Lai da la Mezza Glüna innerhalb von 15 Minuten 119, am Lai Grond 225 und am Lai Sura 245 Fluginsekten und damit potenzielle Beutetiere für die Fische. Hinzu kommen Arten, die vom Ufer aus ins Wasser fallen oder hineinkrabbeln.

2015 wurden in den Fischmägen am häufigsten Wassermilben, Wasser- und Landkäfer, Zuckmückenlarven, Würmer und Hautflügler vorgefunden (siehe Abbildung 8.18). Auch fanden sich Hinweise auf andere Fische (Fischreste und Fischeier). Mageninhaltsanalysen aus dem Jahr 2015 zeigten, dass schon jeder fünfte untersuchte Amerikanische Seesaibling und drei von fünf Bachforellen aus dem Lai da la Mezza Glüna Erbsenmuscheln gefressen hatten und damit diese Nahrungsressource in verschiedenen Seen unabhängig voneinander erschlossen hatten. Am häufigsten bestand die Nahrung der 26 Amerikanischen Seesaiblinge 2015 jedoch aus Wassermilben, Zuckmückenpuppen und -larven. Ebenfalls gefundene, pflanzliche Partikel wurden wahrscheinlich zusammen mit der Kleintiernahrung aufge-

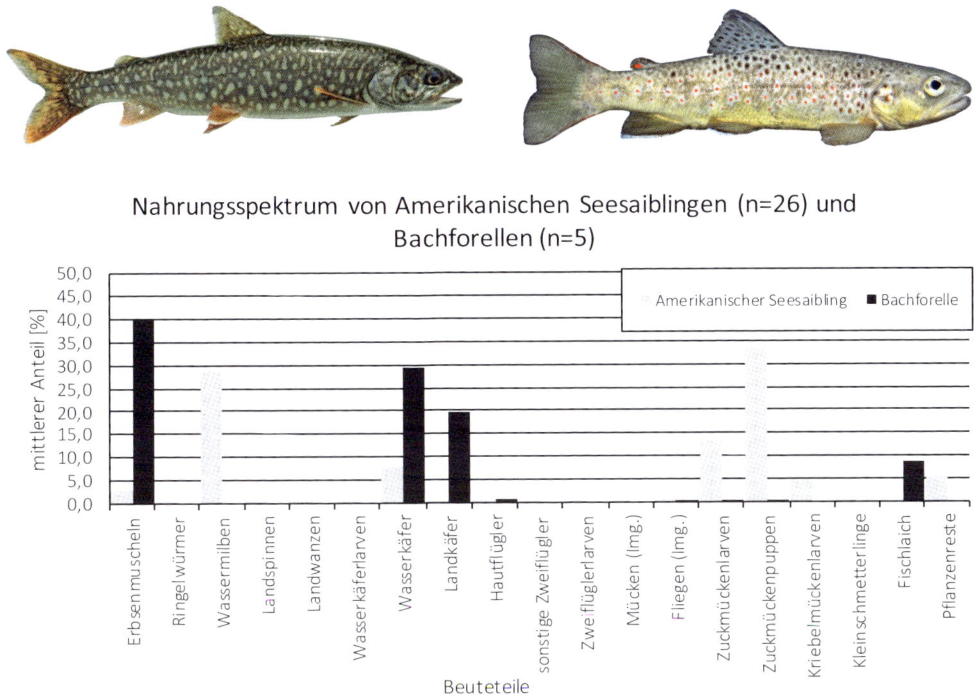

Abb. 8.18: Anteile unterschiedlicher Beuteteile in den Mageninhalten von 26 Amerikanischen Seesaiblinge (grau) und fünf Bachforellen (schwarz) aus dem Lai da la Mezza Glüna im Jahr 2015. Img = Imago (Adultform der Insekten)

nommen oder mit Anflugbeute verwechselt (z. B. Samenkapseln).

Die Mageninhaltsanalysen der fünf Bachforellen aus dem Lai da la Mezza Glüna zeigen, dass die meisten von ihnen Anflugnahrung in Form von Landkäfern und anderen Insekten gefressen hatten. Eine Bachforelle hatte Fischlaich im Magen, drei hatten sich auf Erbsenmuscheln spezialisiert.

Vergleicht man das Nahrungsspektrum der zwei Salmonidenarten, könnte man daraus schliessen, dass artspezifisch unterschiedliche Nahrungsnischen genutzt wurden. Während Bachforellen sich hauptsächlich von grösserer Anflugnahrung und Muscheln ernährten, wurden von den Amerikanischen Seesaiblingen («Namaycush») vermehrt kleine aquatische Beutetiere aufgenommen. Um ihren Energiebedarf zu decken, wurde dafür also auch sehr viel Energie in die Nahrungssuche investiert. Dies könnte auch die geringeren Konditionsindizes gegenüber den Bachforellen erklären, die eine ergiebigere Nahrungsressource nutzten. Da jeder Fisch aus Gründen der Energieeffizienz, falls vorhanden, grosse Nahrungspartikel den kleineren vorzieht, hat sich bei einigen Fischindividuen wohl sekundär eine Nahrungsspezialisierung entwickelt. Das Fehlen von Elritzen im Lai da la Mezza Glüna, in dem es grössere Bestände von Bachforellen und Amerikanischen Seesaiblingen gibt, deutet zudem darauf hin, dass die Raubfische die Rekrutierung von Klein- und Jungfischbeständen beeinflussen und auf diese Weise auch die Bestandsgrössen regulieren.

Die Mageninhaltsuntersuchung einer 12 cm langen Elritze, die im Jahr 2023 im Weiher M22 gefangen wurde, lieferte bereits erste Hinweise auf die Ernährung dieser Kleinfischart. Im Mageninhalt wurden Überreste von Köcherfliegenlarven, adulten Hautflüglern sowie von Würmern gefunden. Daneben traten auch viele Algenreste zutage. Wahrscheinlich hatte der Fisch Algenaufwuchs mit den darin lebenden Wirbellosen gefressen. Die Aufnahme vieler Fadenalgen wurde auch bei der Untersuchung kleinerer Elritzen bestätigt.

8.3.6 Fortpflanzung

Betrachtet man das Altersspektrum der Fische auf Macun und auch den regelmässigen Nachweis von jüngeren Fischen, ist zwischenzeitlich bei allen Arten von einer gesicherten Reproduktion auszugehen. Mit einem langsameren Wachstum kann sich auch der Eintritt der Geschlechtsreife verschieben. Daten von anderen hochalpinen Gewässern zeigen, dass Amerikanische Seesaiblingen erst mit zirka sechs Jahren geschlechtsreif wurden (Allardi & Keith 1991), Bachforellen mit zirka fünf Jahren (Friedl 1996). Auch wenn eine Laichsaison aufgrund knapper Ressourcenverfügbarkeit ausgelassen werden kann, ist die Laichaktivität an die Verfügbarkeit von nötigen Ressourcen gekoppelt (Rideout & Tomkiewicz 2011). Auf Macun lag die durchschnittliche jährliche Wachstumsrate bei Fischen mit einem Alter von vier oder fünf Jahren um jährlich 1,6 cm über derjenigen der älteren Fische. Dies legt die Vermutung nahe, dass die Fische bis zum Erreichen der Laichreife schneller wachsen als danach. Bisherige Indizien, unter anderem auch der Reifegrad der Keimdrüsen (Gonaden), deuten darauf hin, dass einige der Bachforellen und Saiblinge auf Macun erst mit sechs bis sieben Jahren geschlechtsreif werden und damit deutlich später als ihre Artgenossen im Flachland. Bei einer schlechten Körperkondition reifen in den Gonaden der Weibchen (Rognern) generell weniger Eier heran respektive können diese bei Nahrungsmangel auch wieder resorbiert werden. Die Fortpflanzung kann dann ganz ausfallen oder nur in «guten» Jahren stattfinden. Einige Amerikanische Seesaiblinge hatte im August 2003 und im Juli 2015 neben überwiegend unreifen Gonaden auch reife Eier im Bauchraum. Im Juli 2015 und 2023 wurden Bachforellen gefangen, bei denen nur ein kleinerer Teil der Eianlagen (bis maximal 20 Prozent) herangereift war.

Zudem konnten Hinweise dafür gesammelt werden, dass alle drei Fischarten auf Macun zu anderen Zeiten im Jahr laichen als ihre Artgenossen aus tieferen Lagen. Bei Tauchuntersuchungen im Juli 2012 – beispielsweise im Lai da la Mezza Glüna – wurde beobachtet, dass Amerikanische Seesaiblinge ein für das Laichen typisches Verhalten zeigten. Auch Laichgruben konnten zu diesem Zeitpunkt dokumentiert werden (siehe Abbildung 8.19). Für die in tieferen Lagen ansonsten von Dezember bis Februar laichende Fischart ist dies ungewöhnlich (Allardi & Keith 1991). Die Tatsache, dass die Saiblingsart für eine erfolgreiche Reproduktion Wassertemperaturen von 3–10 °C benötigt (Kottelat & Freyhof 2007), erklärt aber die in der hochalpinen Lage beobachtete zeitliche Verschiebung der Laichaktivitäten von den Wintermonaten in den Sommer. Auch bei den Bachforellen fanden sich Hinweise auf eine Verschiebung der Laichzeit bis weit in die eisfreien Monate hinein.

Die Elritzen auf Macun laichen ebenfalls mehrere Monate später als Artgenossen, die im Flachland teilweise schon im beginnenden Frühling eine Laichaktivität zeigen (Kottelat & Freyhof 2007). Sowohl 2012, 2023 als auch 2024 wurden Ende Juli in mehreren Gewässern laichende Elritzen sowie Männchen (Milchner) mit der für die Laichzeit typischen orange-roten Färbung dokumentiert (siehe Abbildung 8.20). Die Elritzenbestände sind mit Schwärmen von über 400 Individuen zudem sehr gross, was gegenüber den beiden Salmonidenarten auf eine gute und regelmässige Reproduktion hindeutet.

Die im Jahr 2024 geglückten Fänge von jungen Salmoniden von bis zu 15 cm Länge deuten in allen grossen Seen (Lai Grond, Lai da la Mezza Glüna, Lai d'Immez, Lai Sura) auf eine zumindest sporadisch funktionierende Reproduktion in den letzten Jahren hin.

Abbildung 8.19: Amerikanischer Seesaibling (*Salvelinus namaycush*) auf seiner Laichgrube im Lai Grond (Foto: John Hesselschwerdt)

8.3.7 Überlebenskünstler in grosser Höhe

Die Fische auf Macun haben sich bestmöglich an die Extrembedingungen auf 2600 m ü. M. angepasst. Sie nutzen die begrenzte Menge an verfügbaren Nahrungsressourcen, um sich dennoch fortzupflanzen und teilweise eine respektable Grösse zu erreichen. Die voranschreitende Klimaerwärmung könnte sich auf die Bestandsentwicklung förderlich auswirken, da bisher limitierende Faktoren wie tiefe Wassertemperatur und die Eisbedeckung nicht mehr über so lange Zeiträume wirken werden wie bisher. In zwei der Weihern stieg beispielsweise die durchschnittliche Wassertemperatur im August innerhalb von 14 Jahren (2006–2020) bereits beträchtlich an (Fahy et al. 2024) (siehe Kapitel 5). Auch kann damit gerechnet werden, dass durch die steigenden Verbreitungsgrenzen neue Futtertierarten einwandern werden (Oertli et al. 2008). Auf die Fische auf Macun wirken deshalb auch zukünftig immer wieder wechselnde und ungewisse Faktoren ein. Es bleibt spannend, die Entwicklung weiterzuverfolgen.

Abbildung 8.20: Elritzenpärchen aus dem Kleingewässer M22 im Jahr 2023; oben das rund 8 cm grosse Männchen mit Laichausschlag und -färbung, unten das rund 13 cm lange Weibchen (Foto: John Hesselschwerdt)

Danksagung

Wir danken den früheren Mitarbeitern, die an dem Projekt beteiligt waren (Olga Béguin, Christiane Ilg, Nicola Indermuehle, Nathalie Menétrey, Amandine Pillonel, Barbara Przybyla, Véronique Rosset, Lionel Sager) und allen Studierenden und Praktikant:innen, die im Laufe der Jahre bei der Feldarbeit und Analyse geholfen haben (Anne-Cyrielle Dalmard, Hélène Hinden, Estelle Lecomte, Nathalie Mavel, Axelle Piaudel, Anne-Sophie Reymond und Aurélien Stoll). Hilfe bei der Bestimmung leisteten Gilles Carron, Andrés Millán, Felix Picazo Mota (Coleoptera), Narcisse Giani, Jean Wuillot (Oligochaeta), Ladislav Hamerlick (Chironomidae), Sandra Knispel (Plecoptera), Verena Lubini (Trichoptera), Joël Moubayed und Elisabeth Stur (Chironomidae) sowie Nigel Thew (Sphaeriidae). Diese Arbeit wurde von der Fachhochschule Westschweiz und durch Mittel der Forschungskommission des Schweizerischen Nationalparks unterstützt.

Literatur

Allardi, J., & Keith, P. (1991): Atlas préliminaire des poissons d'eau douce de France. Coll. Patrimoines Naturels, vol. 4. Secrétariat Faune Flore, Muséum national d'Histoire naturelle, Paris.

Barsch, D. (1969): Studien und Messungen an Blockgletschern in Macun, Unterengadin. Zeitschrift für Geomorphologie. Annals of Geomorphology – Annales de Geomorphologie, Supplementband. 8, 11–30.

Becker, A. (2003): Fischbiologische Untersuchung an den Lais da Macun – Erster Zwischenbericht, Hydra AG.

Berthon, V., Bouchez, A., & Rimet, F. (2011): Using diatom life-forms and ecological guilds to assess organic pollution and trophic level in rivers: a case study of rivers in southeastern France. Hydrobiologia, 673, 259–271. DOI: https://doi.org/10.1007/s10750-011-0786-1.

Blohm, H.-P., Gaumert, D., & Kämmereit, M. (1994): Leitfaden für die Wieder- und Neuansiedlung von Fischarten. Niedersächsisches Landesamt für Ökologie.

Derungs, D., & Tischhauser, M. (2017): Blockgletscher Macun – Dritte Folgemessung. Bachelorthesis Fachhochschule Nordwestschweiz (FHNW), Hochschule für Architektur, Bau und Geomatik.

Elliott, J. M. (1994): Quantitative ecology and the brown trout. Oxford University Press.

Fahy, J., Demierre, E., & Oertli, B. (2024): Long-term monitoring of water temperature and aquatic macroinvertebrates highlight climate change threat to high-elevation ponds in protected alpine areas. Biological Conservation, 290, 110461. DOI: https://doi.org/10.1016/j.biocon.2024.110461.

Falasco, E., Bona, F., Risso, A. M., & Piano, E. (2021): Hydrological intermittency drives diversity decline and functional homogenization in benthic diatom communities. Science of the Total Environment, 762, 143090. DOI: https://doi.org/10.1016/j.scitotenv.2020.143090.

Fehr, M., & Reich, R. (2015): Blockgletscher Macun – Zweite Folgemessung. Bachelorthesis Fachhochschule Nordwestschweiz (FHNW), Hochschule für Architektur, Bau und Geomatik.

Fell, S. C., Carrivick, J. L., Kelly, M. G., Füreder, L., & Brown, L. E. (2018): Declining glacier cover threatens the biodiversity of alpine river diatom assemblages. Global Change Biology, 24(12), 5828–5840. DOI: https://doi.org/10.1111/gcb.14454.

Freudlsperger, H. (2017): Meldung aus Österreich: Die Schwarzreiter. Österreichs Fischerei, 70, 86–87.

Friedl, C. (1996): Populationsdynamik und Reproduktionsbiologie der Bachforellen (salmo trutta fario L.) in einem hochalpinen Fliessgewässer. Dissertation ETH Zürich. DOI: https://doi.org/10.3929/ETHZ-A-001608154.

Glebe, B. D., & Leggett, W. C. (1981a). Temporal, intra-population differences in energy allocation and use by American Shad (*Alosa sapidissima*) during the spawning migration. Canadian Journal of Fisheries and Aquatic Sciences, 38(7), 795–805. DOI: https://doi.org/10.1139/f81-108.

Glebe, B. D., & Leggett, W. C. (1981b). Latitudinal differences in energy allocation and use during the freshwater migrations of American Shad (*Alosa sapidissima*) and their life history consequences. Canadian Journal of Fisheries and Aquatic Sciences, 38(7), 806–820. DOI: https://doi.org/10.1139/f81-109.

Haempel, O. (1924): Studien am Seesaibling mehrerer österreichischer Alpenseen. SIL Proceedings, 1922–2010, 2(1), 129–135. DOI: https://doi.org/10.1080/03680770.1924.11898302.

Heiri, O., Wick, L., van Leeuwen, J., van der Knapp, W., & Lotter, A., (2003): Holocene tree immigration and the chironomid fauna of a small Swiss subalpine lake (Hinterburgsee, 1515 m asl). Palaeogeography, Palaeoclimatology, Palaeoecology, 189(1–2), 35–53. DOI: https://doi.org/10.1016/S0031-0182(02)00592-8.

Intergovernmental Panel on Climate Change (IPPC) (2021): The Physical Science Basis. Contribution of Working Group I to the Sixth Assessment Report of the Intergovernmental Panel on Climate Change. Cambridge University Press.

Johnson, L. (1973): Stock and recruitment in some unexploited Canadian Arctic lakes. Rapports et procès-verbaux des réunions. Cons. Int. Explor. Mer., 64, 219–227.

Jonsson, B., L'Abée-Lund, J. H., Heggberget, T. G., Jensen, A. J., Johnsen, B. O., Næsje, T. F., & Sættem, L. M. (1991): Longevity, Body Size, and Growth in Anadromous Brown Trout (*Salmo trutta*). Canadian Journal of Fisheries and Aquatic Sciences, 48(19), 1838–1845. DOI: https://doi.org/10.1139/f91-217.

Jonsson, B., & Jonsson, N. (2011): Ecology of Atlantic Salmon and Brown Trout: Habitat as a template for life histories. Springer Netherlands. DOI: https://doi.org/10.1007/978-94-007-1189-1.

Julius, M. L., & Theriot, E. C. (2010): The diatoms: A primer. In: J. P. Smoll, & E. F. Stoermer (eds.). The Diatoms: Applications for the Environmental and Earth Sciences. Cambridge University press, p. 8–22.

Jütter, I., Ector, L., Reichardt, E., Van de Vijver, B., Jarlman, A., Krokowsk, J., & Cox, E. J. (2013): *Gomphonema varioreduncum* sp. nov., a new species from northern and western Europe and a re-examination of *Gomphonema exilissimum*. Diatom Research, 28(3), 303–331. DOI: https://doi.org/10.1080/0269249X.2013.797924.

Kawecka, B., & Robinson, C. T. (2008): Diatom communities of lake/stream networks in the Tatra Mountains, Poland, and the Swiss Alps. Oceanological and Hydrobiological Studies, 37(3), 21–35. DOI: https://doi.org/10.2478/v10009-008-0002-4.

Klemetsen, A., Amundsen, P.-A., Dempson, J. B., Jonsson, B., Jonsson, N., O'Connell, M. F., & Mortensen, E. (2003). Atlantic salmon *Salmo salar* L., brown trout *Salmo trutta* L. and Arctic charr *Salvelinus alpinus* (L.): A review of aspects of their life histories. Ecology of Freshwater Fish, 12(1), 1–59. DOI: https://doi.org/10.1034/j.1600-0633.2003.00010.x.

Kottelat, M., & Freyhof, J. (2007: Handbook of European freshwater fishes. Publications Kottelat.

Lange-Bertalot H., Hofmann G., & Werum M. (2013): Diatomeen im Süsswasser – Benthos von Mitteleuropa. Bestimmungsflora Kieselalgen für die ökologische Praxis. Über 700 der häufigsten Arten und ihre Ökologie (2. Auflage). Koeltz Scientific Books.

Lange-Bertalot, H., Hofmann, G., Werum, M., & Cantonati, M., (2017): Freshwater benthicdiatoms of central Europe: Over 800 common species used in ecological assessment. English edition with updated taxonomy and added species. Koeltz Botanical Books.

Lencioni, V., Franceschini, A., Paoli, F., & Debiasi, D., (2021): Structural and functional Changes in the macroinvertebrate community in Alpine stream networks fed by shrinking glaciers. Fundamental and Applied Limnology, 194(3), 237–258.

Lods-Crozet, B., Oertli, B., & Robinson, C. T. (2012): Long-term patterns of chironomid assemblages in a high elevation stream/lake network (Switzerland). Implications to global change. Fauna Norvegica, 31, 71–85. DOI: https://doi.org/10.5324/fn.v31i0.1361.

Mann, D. G., & Droop S. J. M. (1996): Biodiversity, biogeography and conservation of diatoms. Hydrobiologia, 336, 19–32. DOI: https://doi.org/10.1007/BF00010816.

Moubayed-Breil, J., & Lods-Crozet, B. (2018): On the genus *Chaetocladius* s. str. Kieffer, 1911 from Switzerland with descriptions of five new relic species occurring in glacial alpine springs and streams (Diptera, Chironomidae). Alpine Entomology, 2, 15–34. DOI: https://doi.org/10.3897/alpento.2.22759.

Moubayed-Breil J., & Lods-Crozet B. (2021): *Pseudorthocladius immezensis* sp. n., a new relict species inhabiting the Macun high-alpine stream, Swiss Alps [Diptera, Chironomidae]. Chironomus Journal of Chironomidae Research 34,13–20. DOI: https://doi.org/10.5324/cjcr.v0i34.3985.

Moubayed-Breil J., & Lods-Crozet B. (2023): *Limnophyes knispelae* sp. n. and *L. sartorii* sp. n., two new crenophilous species from the Swiss Alps (Chironomidae, Orthocladiinae). Chironomus Journal of Chironomidae Research. DOI: https://doi.org/10.5324/cjcr.v0i37.5012.

National Centre for Climate Services (NCCS) (2018): CH2018 – Climate Scenarios for Switzerland, Technical Report. NCCS.

Niederhauser, P., & Schanz, F. (1994): Comparison of diatom communities in remote high-mountain lakes using index B and cluster analysis. Hydrobiologia 274(1–3), 115–120. DOI: https://doi.org/10.1007/BF00014633.

Novais, M. H., Jüttner, I., Van de Vijver, B., Morais, M. M., Hoffmann, L., & Ector L. (2015): Morphological variability within the *Achnanthidium minutissimum* species complex (Bacillariophyta): comparison between the type material of *Achnanthes minutissima* and related taxa, and new freshwater *Achnanthidium* species from Portugal. Phytotaxa, 224(2), 101–139. DOI: https://doi.org/10.11646/phytotaxa.224.2.1.

Oertli, B., Indermuehle, N., Angélibert, S., Hinden, H., & Stoll, A. (2008): Macroinvertebrate assemblages in 25 high alpine ponds of the Swiss National Park (Cirque of Macun) and relation to environmental variables. Hydrobiologia, 597, 29–41. DOI: https://doi.org/10.1007/s10750-007-9218-7.

Ortlepp, J., & Mürle, U. (2003): Effects of experimental flooding on brown trout (*Salmo trutta fario* L.): The River Spöl, Swiss National Park. Aquatic Sciences – Research Across Boundaries, 65, 232–238. DOI: https://doi.org/10.1007/s00027-003-0666-5.

Passy S. I. (2007): Diatom ecological guilds display distinct and predictable behawior along nutrient and disturbance gradients in running waters. Aquatic Botany, 86(2), 171–178. DOI: https://doi.org/10.1016/j.aquabot.2006.09.018.

Pauly, D. (1980): On the interrelationships between natural mortality, growth parameters, and mean environmental temperature in 175 fish stocks. ICES Journal of Marine Science, 39, 175–192. DOI: https://doi.org/10.1093/icesjms/39.2.175.

Peszek Ł., Kawecka B., & Robinson C. T. (2022): Long-term response of diatoms in high-elevation streams influenced by rock glaciers. Ecological Indicator, 144, 109515.

Peszek Ł., Robinson C. T., Rybak M., & Kawecka, B. (2023): *Orthoseira helvetica* sp. nov. – a new diatom (Bacillariophyceae) from the Swiss Alps. Diatom Research, 38(2), 77–87. DOI: https://doi.org/10.1080/0269249X.2023.2230972.

Reisinger, E. (1953): Zum Saiblingsproblem. Carinthia II, 143(2), 74–102.

Rey, P., & Pitsch, P. (2004). Die Entdeckung der Bescheidenheit. Erste Einblicke in das Leben der Fische auf Macun. Cratschla, 2, S. 23.

Rey, P., & Becker A. (2012): Diät für Macunfische. Cratschla, 2, 8–9.

Rideout, R. M., & Tomkiewicz, J. (2011): Skipped Spawning in Fishes: More Common than You Might Think. Marine and Coastal Fisheries, 3(1), 176–189. DOI: https://doi.org/10.1080/19425120.2011.556943.

Robinson, C. T., & Kawecka, B. (2005): Benthic diatoms of an Alpine stream/lake network in Switzerland. Aquatic Sciences, 67, 492–506.

Robinson, C. T., Hieber, M., Wenzelides, V., & Lods-Crozet, B. (2007): Macroinvertebrate assemblages of a high elevation stream/lake network with an emphasis on the Chironomidae. Fundamental and Applied Limnology, 169(1), 25–36.

Robinson, C. T., & Matthaei, S. (2007): Hydrological heterogeneity of an alpine stream/lake network in Switzerland. Hydrological Processes, 21(23), 3146–3154. DOI: https://doi.org/10.1002/hyp.6536.

Robinson, C. T., & Oertli, B. (2009): Long-term Biomonitoring of Alpine Waters in the Swiss National Park. eco.mont: Journal on Protected Mountain Areas Research and Management, 1(1), 23–34. DOI: https://doi.org/10.1553/eco.mont1s23.

Robinson, C. T, Kawecka, B., Füreder, L., & Peter, A. (2010): Biodiversity of flora and fauna in alpine waters. In: U. Bundi (ed.). Alpine Waters. The Handbook of Environmental Chemistry, vol. 6, Springer-Verlag, p. 193–226.

Robinson, C. T., Thompson, C., Lods-Crozet, B., & Alther, R. (2016): Chironomidae diversity in high elevation streams in the Swiss Alps. Fundamental and Applied Limnology, 188(3), 201–213.

Robinson, C. T., Jolidon, C., Consoli, G., Bloem, S., & Ebi, C. (2022): Temporal Dynamics in the physicochemistry of a high-alpine stream network in the Swiss National Park. eco.mont – Journal on Protected Mountain Areas Research and Management, 14(2), 22–34. DOI: https://dx.doi.org/10.1553/eco.mont-14-2s11.

Robinson, C. T., Jolidon, C., & Lods-Crozet, B. (2024). Long-term patterns of stream macroinvertebrates in an Alpine cirque landscape. Aquatic Sciences 86: 91. DOI: https://doi.org/10.1007/s00027-024-01106-6.

Rosset, V., Lehmann, A., & Oertli, B. (2010): Warmer and richer? Predicting the impact of climate warming on species richness in small temperate waterbodies: pond species richness under climate warming. Global Change Biology, 16(8), 2376–2387. DOI: https://doi.org/10.1111/j.1365-2486.2010.02206.x.

Rosset, V., & Oertli, B. (2011): Freshwater biodiversity under climate warming pressure: Identifying the winners and losers in temperate standing waterbodies. Biological Conservation, 144(9), 2311–2319. DOI: https://doi.org/10.1016/j.biocon.2011.06.009.

Rott, E., Cantonati, M., Füreder, L., & Pfister, P. (2006): Benthic algae in high altitude streams of the Alps – a neglected component of the aquatic biota. Hydrobiologia, 562, 195–216. DOI: https://doi.org/10.1007/s10750-005-1811-z.

Round, F.E., Crawford, R.M., & Mann, D.G. (1990): The Diatoms. Biology and Morphology of the Genera. Cambridge University Press, Cambridge, 747 pp.

Schanz, F. (1978): Algal populations in a mountain pond (Swiss National Park). SIL-Proceedings, Internationale Vereinigung für theoretische und angewandte Limnologie: Verhandlungen, 20(4), 2188–2193.

Schanz, F. (1984): Chemical and algological characteristics of five high mountain lakes near the Swiss National Park. SIL-Proceedings, Internationale Vereinigung für Theoretische und Angewandte Limnologie: Verhandlungen, 22(2), 1066–1070.

Stevenson, J. (2014): Ecological assessments with algae: a review and synthesis. Journal of Phycology, 50(3), 437–461. DOI: https://doi.org/10.1111/jpy.12189.

Tiberti, R., Buchaca, T., Cruset Tonietti, E., Iacobelli, L., Maini, M., Ribelli, F., Pou Rovira, Q., & Ventura, M. (2022): Minnow introductions in mountain lakes result in lower salmonid densities. Biological Invasions, 24(8), 2285–2289. DOI: https://doi.org/10.1007/s10530-022-02783-w.

Vogler, H. (2018): Long-Term Trends in the Ecohydrology of the Macun Lakes System. Masterthesis ETH Zurich.

Wuthrich, M. (1975): Les Diatomées: contribution à la connaissance de la flore algologique du Parc national suisse. Ergebnisse der Wissenschaftlichen Untersuchungen im Schweizerischen Nationalpark 14(72), 273–369.

Yallop, M.L., & Anesio, A.M. (2010): Benthic diatom flora in supra-glacial habitats: a generic level comparison. Annals of Glaciology, 51 (56), 15 – 22. https://doi.org/10.3189/172756411795932029.

Ufervegetation am Lai d'Immez

Kapitel 9: Flora, Flechten und Fauna der terrestrischen Landschaften

Guido Ackermann, Pia Anderwald, Bruno Baur, Christophe Bornand, Stefan Eggenberg, Flurin Filli, José D. Gilgado, Hannes Jenny, Jürg Paul Müller, Mathis Müller, Jérôme Pellet, Christian Rixen, Hans-Peter Rusterholz, Christoph Scheidegger, Diego Walder, Not Armon Willy, Sonja Wipf und Stephan Zimmermann (Autor:innen alphabethisch geordnet)

Die hochalpine Region Macun im Schweizerischen Nationalpark, bekannt für ihre einzigartige Flora, Fauna und Funga, ist ein wertvolles Rückzugsgebiet für seltene Arten und Glazialrelikte. Unter anderem findet sich hier die grösste und für lange Zeit einzige in der Schweiz bekannte Population des seltenen Zwerg-Hahnenfusses (Ranunculus pygmaeus *Wahlenb.*). *Die extreme Umgebung bietet zudem Lebensräume für spezialisierte Arten wie Flechten, die als wechselfeuchte Lebewesen extreme Lebensräume wie Gipfelfelsen der nivalen Stufe überwachsen oder biologische Bodenkrusten auf rasch austrocknenden Böden bilden. Weniger bekannt sind die sogenannten Wasserflechten, die saisonal oder ganzjährig aquatisch in alpinen Fliessgewässern leben. Auch wurden die bodenlebenden Arthropoden bis vor Kurzem auf Macun kaum erforscht, obwohl sie eine wichtige Rolle im Stoffkreislauf der Natur spielen. Eine aktuelle Untersuchung zeigt nun, dass das Gebiet mit seinen speziellen Bodeneigenschaften eine aussergewöhnlich hohe Artenvielfalt dieser Tiergruppe beherbergt. Ebenso sind die Schmetterlings- und Avifauna der Seenplatte Macun nur unzureichend dokumentiert. Aufgrund der Höhenlage und der Vegetationszusammensetzung ist die Seenplatte Macun nur für einen kleinen Teil der alpinen Tagfalter und Widderchen als Lebensraum geeignet. Die meisten von diesen sind charakteristisch für kalte Lebensräume. Für Vögel ist die Seenplatte durch die späte Ausaperungszeit, die kurze Vegetationsperiode und die Muldenlage ein spezieller Standort. Auch in Bezug auf Säugetiere wird mit Ausnahme der sommerlichen Huftierzählung kein regelmässiges, systematisches Monitoring durchgeführt.*

Viele der hier präsentierten Erkenntnisse zur Fauna auf der Seenplatte Macun basieren daher auf Einzelnachweisen, die dennoch für einzelne Arten Rückschlüsse auf die Bedeutung des Gebiets erlauben.

9.1 Der Zwerg von Macun – Verbreitung, Ökologie und Geschichte der glazialen Reliktpflanzenart *Ranunculus pygmaeus* (Zwerg-Hahnenfuss) auf Macun

Sonja Wipf, Christophe Bornand, Stefan Eggenberg, Christian Rixen und Diego Walder

9.1.1 Einleitung

Schon seit Langem war bekannt, dass die Flora des Unterengadins und speziell jene der Region des Schweizerischen Nationalparks reich an sogenannten Glazialrelikten ist (Christ 1882; Schröter 1917), also an Arten, deren wichtigste Verbreitungsgebiete in der Subarktis und Arktis liegen, von denen jedoch in den Alpen ebenfalls Populationen vorkommen. Die sogenannt disjunkte, also getrennte Verbreitung dieser Arten ist entstanden, weil die Arten vor der letzten Eiszeit im Alpenbogen und in der Arktis weit oder gar durchgehend verbreitet waren, während der letzten Eiszeit aber durch die Vergletscherung getrennt und segmentiert wurden. Sie konnten in verschiedenen unvergletscherten Refugien überdauern, beispielsweise auf Bergkuppen, die aus dem Eis ragten (Nunatakern), oder ausserhalb der Alpen. Danach besiedelten sie erneut ihre jetzigen Standorte und hielten diese (Juillerat et al. 2022; Kadereit 2024). Die Inntalfurche gilt als Einwanderungsroute solcher Arten aus östlichen Refugien (Braun-Blanquet & Rübel 1932). Zu den bereits bekannten Beispielen von Glazialrelikten gesellten sich in neuerer Zeit auch verschiedene weitere sowohl aus der Insektenwelt (Szallies 2022; Peris-Felipo et al. 2024) (siehe Kapitel 9.3.3) als auch aus der Pflanzenwelt (Juillerat et al. 2022).

Eine der bekanntesten glazialen Reliktarten des Unterengadins – und gleichzeitig eine der seltensten Arten der Schweiz – ist der Zwerg-Hahnenfuss (*Ranunculus pygmaeus* Wahlenb.) (siehe Abbildung 1), von welchem Macun die grösste und für lange Zeit die einzig bekannte Schweizer Population beherbergt. In diesem Kapitel wird zuerst der Wissensstand über die Verbreitung, die Ökologie und die Genetik des Zwerg-Hahnenfusses kurz zusammengefasst. Als Zweites werden die Geschichte des Erstfundes in der Schweiz – auf der Seenplatte Macun – im Jahr 1898 sowie historische Publikationen und Materialien vorgestellt. Schliesslich werden der Zustand, die Gefährdung und die mögliche Zukunft der Populationen in der Schweiz und auf Macun diskutiert.

Abb. 9.1: Der Zwerg-Hahnenfuss *Ranunculus pygmaeus* auf der Seenplatte Macun (Foto: Sonja Wipf)

9.1.2 Artbeschreibung, Verbreitung und Habitat

Der Zwerg-Hahnenfuss (*Ranunculus pygmaeus*) ist ein bis zu 7 cm grosser, mehrjähriger Hemikryptophyt aus der Familie der Hahnenfussgewächse. Seine grundständige Rosette besteht aus drei bis acht nierenförmigen, bis über die Mitte eingeschnittenen drei- bis fünfteiligen Blättern; diese sind maximal zirka 1,3 cm breit und hellgrün. Der Stängel ist gerade oder über den wenigen, den Grundblättern ähnlichen Stängelblättern bogig aufsteigend. Die Art ist üblicherweise einblütig, es kommen aber auch mehrblütige Exemplare vor. Die Blüten haben einen Durchmesser von maximal 1 cm und verfügen über fünf glänzende, hell- bis goldgelbe kronblattförmige Nektarblätter. Das Fruchtköpfchen wölbt sich schon zur Blütezeit eiförmig aus der Blüte und besteht aus zahlreichen einsamigen Früchtchen mit einem länglichen Schnabel. Die Blüten sind selbstbestäubend (Bauert et al. 2007), und die Verbreitung erfolgt nur über Samen. Die morphologische Entwicklung passiert sehr rasch: Der Lebenszyklus kann innerhalb weniger Wochen abgeschlossen sein.

Der Zwerg-Hahnenfuss ist zirkumpolar auf der Nordhemisphäre verbreitet, zusätzlich kommt er ausserhalb der arktischen und subarktischen Klimazonen in den skandinavischen Gebirgen, in den Rocky Mountains, im Baikalgebirge, in Zentraljapan, in der Tatra und den Alpen vor. Die weltweite Verbreitung des Zwerg-Hahnenfusses *Ranunculus pygmaeus* ist auf der Webseite des internationalen Netzwerk Global Biodiversity Information Facility einsehbar (https://www.gbif.org/occurrence/3383276826). Eine Zusammenstellung aller aktuell bekannten Vorkommen in den Alpen fehlt. Moser (1999) nennt rund dreissig Standorte in Österreich (Tirol, Salzburg, West-Kärnten, Hohe Tauern, Grossglockner) und Italien (Südtirol), doch wurden auch in neuerer Zeit noch bisher unbekannte Populationen entdeckt (Stöhr et al. 2007), beispielsweise in der Val Müstair (siehe Kapitel 9.1.6).

Die Art kommt allgemein in schneereichen, vegetationsarmen Tundrahabitaten, auf feuchten organischen oder mineralischen Böden, an Bächen und in Quellfluren vor. Auf der Seenplatte Macun wächst sie auf moosigen, feuchten Schwemmböden und Schneetälchen, an humusreichen Stellen zwischen Schuttblöcken oder an vegetationsarmen, schattigen Mikrohabitaten am Fuss von Felsblöcken auf Amphibolit (einem metamorphen, basischen Gestein) (siehe Kapitel 4). Gemeinsam ist den Standorten zudem der feuchte Boden und die niedrige oder zumindest lockere Vegetation sowie die lange Schneebedeckung von früher bis zu zehn Monaten (Heinis 1958).

9.1.3 Weltweite und lokale genetische Untersuchungen

Genetisch ist *Ranunculus pygmaeus* am engsten verwandt mit *R. sabinei* und *R. nivalis*, zwei Arten mit ähnlicher Ökologie und zirkumpolarer Verbreitung (Bätscher et al. 2024). Zwei Studien beschäftigten sich mit der genetischen Zusammensetzung alpiner Populationen von *R. pygmaeus*, um Rückschlüsse über deren Herkunft und postglaziale Besiedlungsgeschichte ziehen zu können (Vergleich zwischen Skandinavien und den Alpen: Bauert et al. 2007; Vergleich von Populationen aus verschiedenen zirkumpolaren Regionen, der Tatra und den Alpen: Schönswetter et al. 2006). Gestützt auf unterschiedliche Methoden wurde festgestellt, dass sich die untersuchten Populationen in zwei Grossgruppen gruppieren lassen: a) eine Gruppe in Skandinavien (inklusive Grönland und Spitzbergen), Nordamerika und im Ural, b) eine zweite in den Alpen, der Tatra und in Taymyr-Gebirge (Sibirien). Schönswetter et al. (2006) schlossen daraus, dass die Vorfahren der alpinen Populationen von *R. pygmaeus* die letzte Eiszeit im oder in der Nähe des sibirischen Taymyr-Gebirges überdauert hatten und von dort über die Tatra in die Alpen eingewandert waren. Ein Indiz dafür ist, dass die genetische Diversität innerhalb der zweiten Gruppe von Ost nach West abnimmt, weil bei jedem geografischen Schritt während der Wiederbesiedlung jeweils nur ein Teil der Genotypen in der neuen Gründerpopulation repräsentiert worden war. Sowohl die skandinavischen als auch die alpinen Populationen von *R. pygmaeus* waren innerhalb ihrer grossen Regionen genetisch identisch (bezogen auf die untersuchten Teile des Erbgutes).

Bauert et al. (2007) verglichen sechs Individuen von *R. pygmaeus* aus der Population von der Seenplatte Macun mit Pflanzen aus fünf österreichischen Populationen. In keiner der untersuchten Regionen des Erbgutes wurden Unterschiede zwischen den alpinen Individuen gefunden. Dies ist insofern erstaunlich, als man nach Tausenden von Jahren der genetischen Isolation erwarten könnte, dass sich zwischen den Populationen aufgrund von evolutiven Zufallsprozessen genetische Unterschiede entwickelt hätten.

9.1.4 Entdeckung des Zwerg-Hahnenfusses auf Macun

Ausserhalb seines zirkumpolaren Hauptverbreitungsgebietes war der Zwerg-Hahnenfuss seit dem frühen 19. Jahrhundert nur aus wenigen Populationen in den österreichischen Alpen und in der Hohen Tatra bekannt. Die Details seines Erstfundes in der Schweiz – auf Macun – hielt Rikli (1899) fest: Am 18. August 1898 fiel Eduard Fischer, Professor für Botanik an der Universität Bern, auf Macun eine Population von zwergenhaften Hahnenfüssen auf. Er vermutete eine Varietät des Berg-Hahnenfusses *Ranunculus montanus*. Um dafür eine Bestätigung zu erhalten, schickte sein Vater Ludwig Fischer (der in Bern als Professor für Botanik der Vorgänger seines Sohnes war) einige der gesammelten Belegexemplare Martin Rikli, dem Konservator des Herbariums der ETH Zürich; dieser war weit gereist und ein versierter Botaniker. Er bestimmte die Art als *Ranunculus pygmaeus*, indem er sie mit Belegen aus Skandinavien verglich. Rikli publizierte diesen Erstfund für die Schweiz schliesslich im Mitteilungsblatt seiner Institution (Rikli 1899). In einem Brief, der als Beilage des entsprechenden Herbarbeleges (siehe Abbildung 9.2) erhalten ist, äusserte Eduard Fischer den Wunsch, dass der genaue Standort nicht publiziert werde. Zum Fundort hiess es in Riklis Publikation: «[…] im Hintergrunde des Val Zeznina, […] daselbst bei 2600 m an kurzrasig, feuchten Stellen, wo bei der nördlichen Exposition und bei der Nachbarschaft einiger kleiner Felsköpfe, der Schnee lange Zeit liegen bleibt» (Rikli 1899, S. 1–2.). Im Brief wurde der Fundort etwas genauer beschrieben: «[…] an einem der Hügel, die den vorderen Rand des ‹Macun› genannten Kessel mit zahlreichen Seen bildet. Es waren ziemlich zahlreiche Exemplare da» (Nyffeler & Guggisberg 2024). An welchem exakten Ort Eduard Fischer die Art entdeckte, kann anhand dieser Beschreibung jedoch nicht rekonstruiert werden.

9.1.5 Historische Erforschung und Herbarbelege des Zwerg-Hahnenfusses auf Macun

In den 1940er- und 1950er-Jahren führten Fritz Heinis und Arthur Menzi-Biland Forschungsarbeiten zur Mikrobenzusammensetzung und wohl auch zur Pflanzensoziologie der von *R. pygmaeus* besiedelten Schneetälchen auf Macun durch. Während die Arbeit des Erstgenannten 1958 publiziert wurde (Heinis 1958) und darin eine geplante Publikation Menzis angedeutet wird (S. 111 und 112), erschienen die Resultate des Letztgenannten leider nie. Menzi verstarb 1960. Von seinen Forschungsarbeiten zeugen noch Herbarbelege aus den Herbarien Basel (Universität Basel) mit durchnummerierten Standortbezeichnungen (z. B. «Schneetälchen VI a»), die auch Heinis benutzte.

Herbarien waren früher eine wichtige Referenz für die Bestimmung schwierig zu bestimmender Arten. Das «Jagen und Sammeln» von Pflanzenarten war aber auch einfach ein beliebtes Hobby von Botaniker:innen (Guggisberg & Wipf 2022). Es erstaunt deshalb nicht, dass eine in der Schweiz neu entdeckte und sehr seltene Art gewisse Sammler anlockte und entsprechend Herbarbelege von verschiedensten Urhebern in Schweizer Herbarien liegen. Auf den 39 Herbarbögen von *R. pygmaeus*, die es in den Herbarien von Zürich, Basel, Neuenburg, Lausanne und Chur insgesamt gibt, kleben nahezu 300 Exemplare – sämtliche von Macun. Am 25. Juli 1921 wurden besonders viele Exemplare gesammelt: Für die «Flora Raetica Exsiccata», ein Florenwerk, für das Josias Braun-Blanquet herbarisierte Exponate von 1300 Bündner Pflanzenarten an Abonnenten und Institutionen in ganz Europa versandte, müssen auf Macun hunderte von Individuen des Zwerg-Hahnenfusses geerntet worden sein (Braun-Blanquet 1922). Allein die vier Bögen mit Aufsammlungen, die in den Herbarien Zürich lagern, enthalten fünfzig Einzelpflanzen. Die genaue Anzahl von Abonnenten dieser Flora Exsiccata konnte nicht eruiert werden, jedoch ging die fünfte Lieferung mit *R. pygmaeus* an ungefähr dreissig Hochschulen und Herbarien der Schweiz, im nahen Ausland und sogar in den USA (Braun-Blanquet 1922) sowie eventuell an weitere private Abonnenten. Die genaue Ortsbeschreibung dieser Sendung lautet: «[auf] Macun im Val Zeznina bei 2640 m, […], Schneetälchen, welche die schwachgeneigten, lang schneebedeckten Schmelzwasserrinnen in N-Expos. auskleiden» (z. B. University of Oslo 2024). Diese Beschreibung wurde auch in anderen Publikationen Braun-Blanquets wortwörtlich benutzt (Braun-Blanquet 1922; Braun-Blanquet & Rübel 1932).

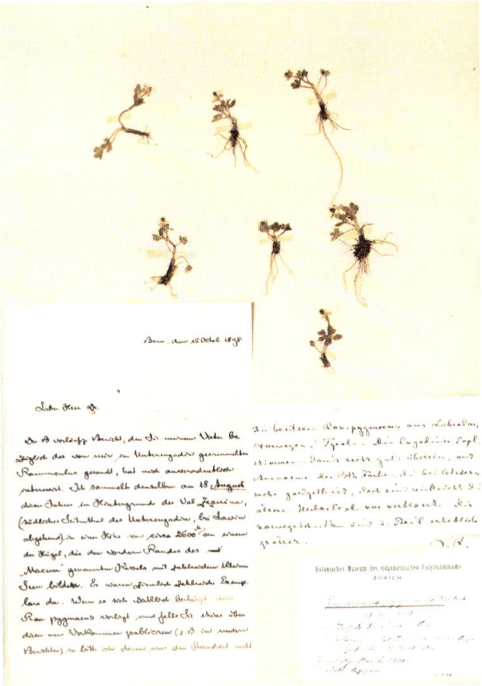

Abb. 9.2: Herbarbogen der Erstfunde des Zwerg-Hahnenfusses *Ranunculus pygmaeus*, gesammelt von Eduard Fischer auf der Seenplatte Macun am 18. August 1898, mit einem Brief an Martin Rikli (ZT-00079984 by United Herbaria Z+ZT/CC BY 4.0; Nyffeler & Guggisberg 2024)

9.1.6 Heutige Vorkommen in der Schweiz und Fundorte auf Macun

Lange war Macun das einzig bekannte Vorkommen des Zwerg-Hahnenfusses in der Schweiz und insgesamt die westlichste aller alpinen Populationen. 1950 wurde die Art von Otto Kaiser unterhalb des Lai d'Arpiglias auf der nordwestlichen Seite des Piz Mezdi gefunden, nur etwa 2 km Luftlinie von Macun entfernt (Becherer 1958). 2016 entdeckte Willy Müller-Lichtsteiner zwischen dem Val Mora und dem Val Müstair noch einen dritten Standort in der Schweiz (gemäss einem persönlichen Kommentar von Müller-Lichtsteiner). Alle Fundstellen befinden sich zwischen 2450 und 2700 m ü. M. auf Amphibolit-Gestein.

Im Jahr 2020 wurden alle bekannten Standorte und ihre Umgebung von den Autor:innen dieses Kapitels abgesucht und die Vorkommen von *R. pygmaeus* nach der PopCount-Methode in einem Raster mit einer Auflösung von 10 x 10 m kartiert (Bornand 2022). Demnach war die Population Arpiglias mit wenigen Dutzend gefundenen Individuen die kleinste, diejenige in der Val Müstair mit wenigen Hundert Individuen etwas grösser und Macun mit mehreren Teilpopulationen und insgesamt gut über 1000 Individuen die grösste der Schweizer Populationen. Auf der Seenplatte Macun kamen alle Teilpopulationen auf Amphibolit vor, im Gebiet mit Gneis wurden typische Begleitarten wie *Saxifraga seguieri* zwar gefunden, aber nicht die Art *R. pygmaeus* selbst. Allerdings konnten potenzielle Standorte in den nordexponierten Felsabbrüchen auf Amphibolit aus Sicherheitsgründen nicht abgesucht werden. Es ist möglich, dass noch weitere Kleinstandorte auf Macun existieren, die noch nicht bekannt sind. Aus Gründen des Schutzes dieser seltenen Art wird auf eine kartografische Darstellung der Standorte verzichtet.

Bereits 1994 waren die Vorkommen des Zwerg-Hahnenfusses auf Macun kartiert worden (Rauch 1994, unveröffentlicht). In der Kartierung von 1994 wurden die Teilpopulationen auf Macun mit Symbolen für «vereinzelt» und «häufig» auf einer Karte im Massstab 1:25 000 notiert. Leider lassen sich aber die 2020 mittels GPS kartierten Fundorte diesen Symbolen nicht immer eindeutig zuordnen. Es scheint allerdings, als ob im mittleren Gebiet der Gesamtpopulation – nördlich und nordöstlich des Lai dal Dragun – zwei grössere und bis zu vier kleinere Teilpopulationen verschwunden sind, während nur eine kleine Teilpopulation sicher neu gefunden wurde. Einheimische wie Robert Giacometti (siehe Kapitel 2) weisen zudem darauf hin, dass die jährliche Variation in den Beständen gross sei. Eine Aussage, wie sich der Zwerg-Hahnenfuss auf Macun über die Zeit entwickelt hat, wäre deshalb mit grosser Unsicherheit behaftet. Seit der genauen Rastererhebung im Jahr 2020 existiert aber eine gute Grundlage, um diese Frage in Zukunft zu erforschen.

9.1.7 Aktuelle und zukünftige Gefährdung

Der Zwerg-Hahnenfuss gilt als stark gefährdete Art (Bornand et al. 2016); gemäss der Liste der National Prioritären Arten entspricht der Gefährdungsgrad dieser Art der höchsten Stufe (Bundesamt für Umwelt 2019). Die häufigsten direkt auf den Menschen zurückgehenden Gefährdungsursachen – etwa die Zerstörung des Lebensraumes durch Infrastrukturprojekte oder eine ungünstige landwirtschaftliche oder touristische Nutzung (Moser 1999; InfoFlora 2024) – können an den heutigen Standorten weitgehend ausgeschlossen werden. Ein Teil der Population liegt sogar im Perimeter des Schweizerischen Nationalparks.

Allerdings tragen mindestens vier Faktoren dazu bei, dass der Zwerg-Hahnenfuss in einem sich rapide wandelnden Klima grundsätzlich gefährdet ist: 1) Seine Seltenheit mit kleinen, räumlich isolierten Populationen erhöht die Gefahr, dass Teile der Populationen durch stochastische Zufallsprozesse ausgelöscht werden könnten. 2) Die heutige Seltenheit deutet darauf hin, dass die Art sich nur schlecht ausbreiten und neue Populationen gründen kann, also keine schnelle Verlagerung der Verbreitung erwartet werden kann. 3) Die Umweltbedingungen in Schneetälchen, worauf der Zwerg-Hahnenfuss spezialisiert ist, verändern sich durch den Klimawandel rapide. 4) Durch seine kleine Statur ist der Zwerg-Hahnenfuss wenig konkurrenzstark und auf weitgehend vegetationsfreie Standorte angewiesen, die in den Alpen zunehmend unter Druck sind (Rumpf et al. 2022).

Aufgrund dieser Faktoren muss der Klimawandel als grösste Gefährdung für die alpinen Populationen betrachtet werden. Zwar werden Schneetälchen aufgrund ihrer topografischen Situation immer relativ schneereiche Mikrohabitate bleiben. Aufgrund der frühen Schneeschmelze und der längeren, wärmeren Sommer wird es jedoch zunehmend auch für weniger spezialisierte, konkurrenzstärkere Arten möglich, auf den ursprünglichen Standorten des Zwerg-Hahnenfusses zu wachsen und diesen zu verdrängen. Neue geeignete Standorte könnten gleichzeitig zwar entstehen, aber wegen der relativen Seltenheit von Amphibolit als wohl wichtiger Standortfaktor dürften es nur sehr wenige sein, die wegen der vermuteten Ausbreitungsschwäche für die Art auch schwierig zu erreichen sein werden.

Eine grosse genetische Diversität wird üblicherweise als wichtiger Vorteil für evolutive Anpassung an sich ändernde Umweltbedingungen betrachtet. Insofern ist die Tatsache, dass die alpinen Populationen des Zwerg-Hahnenfusses genetisch sozusagen identisch sind, ein weiteres mögliches Handicap in Zeiten des rapiden Klimawandels. Erschwerend kommt hinzu, dass bei dieser Art trotz kleiner genetischer Unterschiede reproduktive Isolation gefunden wurde (Gustafsson et al. 2022): Experimentell gekreuzt mit Pflanzen aus anderen Populationen derselben Region waren sie weniger fertil als gekreuzt mit Pflanzen aus der eigenen Population. Dies deutet darauf hin, dass sich aufgrund der vorwiegenden Selbstbestäubung und der geografischen Isolation auch zwischen den alpinen Populationen genetische Unterschiede hätten ausbilden können, auch wenn diese auf den genetischen Markern in den oben erwähnten Studien nicht abgebildet ist. Auf Umsiedlungen zwischen Populationen zur Unterstützung kleiner Populationen sollte deshalb verzichtet werden.

Als Massnahmen zur langfristigen Erhaltung der Art im fortschreitenden Klimawandel bliebe daher die Möglichkeit der «assistierten Migration» zu prüfen. Voraussetzungen wären das Anlegen einer Samenbank und von Ex-situ-Züchtungen sowie Experimente, um zu eruieren, ob die Art auch auf einer anderen Geologie als Amphibolit wachsen könnte. So würde langfristig die Möglichkeit gesichert, neue Populationen an zukunftsträchtigen Standorten zu gründen, die auch in Zukunft gute Mikrohabitate für den Zwerg-Hahnenfuss bieten könnten.

9.2 Flechten

Christoph Scheidegger

9.2.1 Einleitung

In alpinen Landschaften gehören Flechten zu den artenreichsten Gruppen von Primärproduzenten. Bis auf die höchsten Gipfel der Alpen überwachsen sie Fels und Geröll oder bilden biologische Bodenkrusten in alpinen Rasen- und Zwergstrauchgesellschaften. Dank ihrer wechselfeuchten Lebensweise sind Flechten in der Lage, Perioden ohne verfügbares Wasser in einer Trockenstarre, einem sogenannten anabiotischen Zustand, zu überdauern. Sobald Wasser in Form von hoher Luftfeuchtigkeit oder in flüssiger Form zur Verfügung steht, können Flechten ihren Wassergehalt wiederherstellen und die physiologische Aktivität innerhalb von Sekunden bis wenigen Minuten reaktivieren (Scheidegger et al. 2023). An verschiedenen typischen Standorten wie regengeschützten Überhangsflächen verharren Flechten deshalb während eines erheblichen Teiles des Jahres im anabiotischen Zustand. Lange Phasen physiologischer Inaktivität, auch während der kurzen Vegetationsperiode in der alpinen Stufe, mögen deshalb wenigstens teilweise das langsame Wachstum von Flechten erklären. Die in alpinen Landschaften auf rasch ausapernden Felsen dominante Landkartenflechte *Rhizocarpon geographicum* weist typischerweise auf 2000 m ü. M. jährliche randliche Wachstumsraten von ungefähr 0,3 mm auf (Beschel 1957). Somit erreichen die grössten Individuen dieser Flechtenart im Alpenraum regelmässig ein Alter von 600 bis 1300 Jahren (Beschel 1961).

Im Gegensatz zu diesen regelmässig austrocknenden Flechten auf Felsflächen, Erde und Pflanzenresten bleiben die sogenannten Wasserflechten mehrere Monate physiologisch aktiv. Sie kommen im Alpenraum in klaren Gebirgsbächen auf stabil im Bachbett liegendem Geschiebe vor. Verschiedene Wasserflechten wachsen in Bereichen, die nur bei Hochwasser überflutet sind, andere kommen in Bereichen der Fliessgewässer vor, die während des ganzen Jahres von Wasser benetzt sind (Keller & Scheidegger 1994). Obwohl sie während der mehrmonatigen Wasserbedeckung ununterbrochen physiologisch aktiv bleiben, wachsen Wasserflechten sehr langsam und benötigen mindestens drei Jahre, um Geschiebe respektive Steine makroskopisch sichtbar zu besiedeln (Keller 2005).

Im Rahmen der Untersuchungen zu Flechten im Gebiet der Seenplatte Macun konnten zwei Begehungen im Feld durchgeführt werden: Eine erste fand im Juli 2010 und eine zweite im Oktober 2023 statt. Die Arbeit im Feld war beschränkt auf einen engen Perimeter im Bereich der Wanderwege bei den Seen Lai da la Mezza Glüna und Lai d'Immez und beim Bach Aua da Zeznina (siehe Abbildungen 9.3 und 9.4). Zudem wurde die südostexponierte Vertikalfläche eines Bergsturzblockes untersucht, der bereits 2010 fotografisch dokumentiert worden war (siehe Tabelle 9.1). Makroaufnahmen im Gelände wurden mit einem Micro-Objektiv von Nikon (105 mm f/2.8 AF) aufgenommen, Laboraufnahmen mit einem Luminar von Carl Zeiss (63 mm f/4.5). Die Beobachtungen wurden mittels der FlorApp von Info Flora dokumentiert und dem Nationalen Daten- und Informationszentrum der Schweizer Flechten SwissLichens (www.swisslichens.ch) gemeldet. Belege sind im Herbarium C. Scheidegger abgelegt (im Privatbesitz des Autors).

9.2.2 Vielfalt der Flechten auf Macun

Insgesamt wurden im Gebiet 71 Flechtenarten nachgewiesen (siehe Tabelle 9.2).

Bei den an den Fundorten 1–5 gefundenen Wasserflechten wurde eine gewisse Vollständigkeit der Artenliste angestrebt. *Staurothele fissa* (siehe Abbildung 9.5e), *S. clopima* (siehe Abbildung 9.5d) sowie *Verrucaria pachyderma* (siehe Abbildung 9.5f) und *V. funckii* sind im Gebiet häufig und bilden auf stabil im Bachbett eingebettetem Geschiebe olivschwarze, als Flechtenlager bezeichnete Körper, die über 10 cm gross sein können. In feuchtem Zustand sind die Arten ohne grosse Felderfahrung nicht zu unterscheiden. Erst nachdem sie im Feld getrocknet wurden, können sie mit einer guten Lupe vorläufig angesprochen werden. Eine definitive Bestimmung ist aber erst im Labor anhand der Sporen möglich. *Verrucaria margacea* konnte nur einmal an einem grossen Felsblock in der Spritzwasserzone gefunden werden. Die rostfarbene *Porpidia ochrolemma* (siehe Abbildung 9.5a), die rosarote *Ionaspis odora* (siehe Abbildung 9.5c) und die ockerfarbene *Ionaspis lacustris* (siehe Abbildung 9.5b) bilden im Gebiet nur wenige Zentimeter grosse Lager und kommen zerstreut an geeigneten Standorten vor. Auch *Aspicilia aquatica* bildet nur kleine Lager. Einzig *Dermatocarpon rivulorum* ist im Gebiet an regelmässig überfluteten Standorten häufig. Verglichen mit dem Flüelatal – respektive ähnlichen Gesteinen dort – sind die Wasserflechten-Gesellschaften im Gebiet der Seenplatte Macun jedoch artenärmer und weniger üppig entwickelt. So konnten im Untersuchungsgebiet weder *Dermatocarpon arnoldianum* noch *D. complicatum* nachgewiesen werden (Scheidegger et al. 2023).

In den alpinen Rasengesellschaften konnten die für kalkfreie Böden typischen Flechtenarten gefunden werden. Bemerkenswert ist vor allem *Bryonora pruinosa*, die anstelle der sonst häufigeren *Bryonora castanea* in einem Krummseggenrasen vorkommt. Schliesslich verdient die bisher nur selten genannte *Miriquidica invadens* Erwähnung, die als parasitische Flechte mehrmals auf *Sporastatia polyspora* gesehen wurde.

Die Arten der Gattung *Stereocaulon*, *S. alpinum* und *S. glareosum* sind in der Schweiz geschützt und werden auf der Roten Liste der gefährdeten Flechten der Schweiz aufgeführt (Scheidegger et al. 2002). Währenddem *S. alpinum* nicht gefährdet ist (*least concern*, LC) und im Untersuchungsgebiet zwar häufig vorkommt, aber selten üppig entwickelt ist, gilt die im Gebiet nur an einer Stelle gefundene *S. glareosum* als vom Aussterben bedroht (*critically endagered*, CR). Andere, auch seltenere erdbewohnende Arten verfügen über eine ungenügende Datengrundlage (*data deficient*, DD); gesteinsbewohnende Flechten wurden bisher hinsichtlich der Gefährdungskategorie nicht beurteilt (*not evaluated*, NE).

Abb. 9.3: Lai da la Mezza Glüna (a) und langsam fliessender Bach unterhalb des Sees (b) sowie submers wachsende Flechten der Gattungen *Staurothele* und *Verrucaria* (c) (Fotos: Christoph Scheidegger)

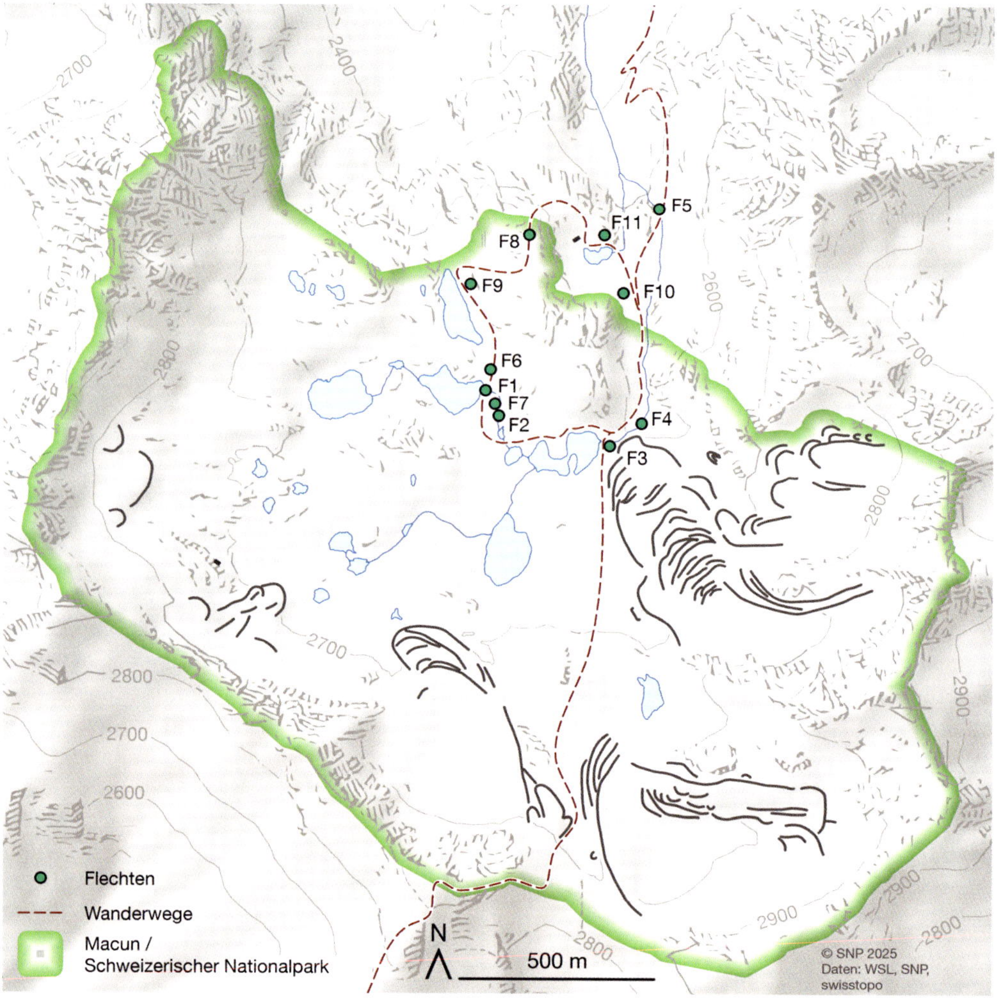

Abb. 9.4: Fundorte von Flechten gemäss Tabelle 9.1

Tab. 9.1: Fundorte von Flechten mit Angabe der X- und Y-Koordinaten [CH1903+/LV95] und der Höhe ü. M.

Nr.	Aufnahme	X	Y	Höhe
F1	Mezza Glüna, See	2805730	1178871	2620
F2	Bach aus Mezza Glüna	2805766	1178801	2620
F3	Bach aus dem Lai d'Immez	2806072	1178718	2620
F4	Ebene unterhalb Immez	2806158	1178780	2600
F5	Dermatocarpion auf Weg	2806205	1179372	2530
F6	Fels in Schneetälchen	2805743	1178928	2620
F7	Bulten in Schneetälchen	2805756	1178834	2620
F8	Krummseggenrasen	2805848	1179300	2560
F9	Felskopf Grüngestein	2805688	1179164	2600
F10	auf Silikatgrus in Flachmoor	2806108	1179140	2550
F11	Bergsturzblock Dauerfläche	2806055	1179300	2560

Tab. 9.2: Im Untersuchungsgebiet nachgewiesene Flechtenarten und Angaben zu ihren Fundorten; Details zu den Fundorten können in Tabelle 9.1 gefunden werden.

Gattung Art	Fundort-Nr.
Alectoria nigricans (Ach.) Nyl.	8
Alectoria ochroleuca (Hoffm.) A. Massal.	8
Anzina carneonivea (Anzi) Scheid.	7
Arthrorhaphis vulgaris (Schaer.) Frisch, Y.Ohmura, Holien & Bendiksby	8
Aspicilia aquatica (Fr.) Körb.	2, 5
Bellemerea alpina (Sommerf.) Clauzade & Cl. Roux	6
Brodoa atrofusca (Schaer.) Goward	9
Brodoa intestiniformis (Vill.) Goward	7
Bryobilimbia hypnorum (Lib.) Fryday, Printzen & S. Ekman	7
Bryonora pruinosa (Th. Fr.) Holt.-Hartw.	7
Calvitimela aglaea (Sommerf.) Hafellner	8
Calvitimela armeniaca (DC.) Hafellner	8
Cetraria aculeata (Schreb.) Fr.	7
Cetraria ericetorum Opiz	7, 8
Cetraria islandica (L.) Ach.	7, 8
Cladonia arbuscula (Wallr.) Flot. *subsp.squarrosa* (Wallr.) Ruoss	8
Cladonia coccifera (L.) Willd.	7, 8
Cladonia ecmocyna Leight.	7, 8
Cladonia furcata (Huds.) Schrad.	8
Cladonia macroceras (Delise) Hav.	8

Gattung Art	**Fundort-Nr.**
Cladonia mitis Sandst.	7
Cladonia rangiferina (L.) F.H. Wigg.	8
Cornicularia normoerica (Gunnerus) Du Rietz	9
Dermatocarpon luridum (With.) J.R. Laundon	1
Dermatocarpon rivulorum (Arnold) Dalla Torre & Sarnth.	2, 3, 4, 5
Dibaeis baeomyces (L. f.) Rambold & Hertel	7, 8
Flavocetraria cucullata (Bellardi) Kärnefelt & A. Thell	8
Flavocetraria nivalis (L.) Kärnefelt & A. Thell	8
Ionaspis lacustris (With.) Lutzoni	2
Ionaspis odora (Schaer.) Stein	2
Lecanora polytropa (Hoffm.) Rabenh.	11
Koerberiella wimmeriana (Körb.) Stein	2
Lecidea atrobrunnea (DC.) Schaer.	6
Lecidea lapicida (Ach.) Ach.	6
Lecidoma demissum (Rutstr.) Gotth. Schneid. & Hertel	8
Melanelia stygia (L.) Essl.	9
Miriquidica garovaglii (Schaer.) Hertel & Rambold	9
Miriquidica invadens Hafellner, Obermayer & Tretiach	9
Ophioparma ventosa (L.) Norman	9
Parmelia omphalodes (L.) Ach. s. lat.	8
Pertusaria geminipara (Th. Fr.) C. Knight ex Brodo	7, 8
Porpidia ochrolemma (Vain.) Brodo & R. Sant.	2
Protoparmelia badia (Hoffm.) Hertel	9
Pseudephebe minuscula (Nyl. ex Arnold) Brodo & D. Hawksw.	8, 9
Psorinia conglomerata (Ach.) Gotth. Schneid.	9
Pycnothelia papillaria Dufour	8
Rhizocarpon geographicum (L.) DC.	6
Rhizocarpon lavatum (Fr.) Hazsl.	1, 2, 5
Rhizocarpon pusillum Runemark	11
Solorina crocea (L.) Ach.	10
Sphaerophorus fragilis (L.) Pers.	8
Sporastatia polyspora (Nyl.) Grummann	9
Sporastatia testudinea (Ach.) A. Massal.	9, 11
Staurothele clopima (Wahlenb.) Th. Fr.	2
Staurothele fissa (Taylor) Zwackh	2
Stereocaulon glareosum (Savicz) H. Magn.	10
Stereocaulon alpinum Laurer	6
Stereocaulon botryosum Ach.	9

Gattung Art	**Fundort-Nr.**
Tetramelas insignis (Hepp) Kalb	8
Thamnolia vermicularis (Sw.) Schaer.	8, 9
Trapeliopsis granulosa (Hoffm.) Lumbsch	7, 8
Umbilicaria crustulosa (Ach.) Frey	9, 11
Umbilicaria cylindrica (L.) Duby	6
Umbilicaria decussata (Vill.) Zahlbr.	9, 11
Umbilicaria deusta (L.) Baumg.	6
Umbilicaria microphylla (Laurer) A. Massal.	9, 11
Varicellaria lactea (L.) I. Schmitt & Lumbsch	9, 11
Verrucaria funckii (Spreng.) Zahlbr.	2
Verrucaria margacea (Wahlenb.) Wahlenb.	3
Verrucaria pachyderma Arnold	2
Xanthoria elegans (Link) Th. Fr.	9

Abb. 9.5: Charakteristische Wasserflechten beim Lai da la Mezza Glüna: (a) *Porpidia ochrolemma*, (b) *Ioanspis lacustris*, (c) *Ionaspis odora*, (d) *Staurothele clopima*, (e) *Staurothele fissa*, (f) *Verrucaria pachyderma* (Fotos: Christoph Scheidegger)

9.2.3 Wachstum und Alter von Flechten auf Macun

Beim Fundort 11 konnten bereits 2010 mehrere Lager der parasitischen Flechte *Rhizocarpon pusillum* dokumentiert werden, wachsend auf einem Lager von *Sporastatia testudinea*. Dreizehn Jahre später wurde der Bergsturzblock wieder besucht und dieselben Individuen mit dem gleichen Objektiv, allerdings mit einer anderen Kamera, dokumentiert. Weil die fotografische Perspektive der beiden Aufnahmen nicht identisch ist, lassen sich wegen leichten Bildverzerrungen nur lokale Vergleiche der Individuen vornehmen. So kann aber das randliche Wachstum von einzelnen Individuen gemessen und das jährliche randliche Wachstum von einzelnen Flechten bestimmt werden (siehe Tabelle 9.3). Die Grösse und Form einzelner Areolen und die Fruchtkörper in zentralen Teilen des Lagers von *S. testudinea* blieben weitgehend unverändert. Dies ist der Fall, weil sich der randliche, schwarze Saum des Lagers, der sogenannte Prothallus, jeweils über die Gesteinsoberfläche schiebt und sich auf dem Prothallus inselförmig hellbraune Areolen bilden. Areolen, die 2010 hellbraun waren, haben sich inzwischen meist dunkelbraun verfärbt, was teilweise auf die Besiedlung der

Epinekralschicht der Areolen durch den parasymbiontischen Pilz *Sphaerellothecium contextum* zurückzuführen sein dürfte.

Das randliche Wachstum der vier auf den Vergleichsaufnahmen sichtbaren Arten *Umbilicaria decussata*, *Calvitimela armeniaca*, *S. testudinea* und der darauf parasitisch wachsenden *R. pusillum* wurde aufgrund von Fotos von 2010 und 2023, die unterschiedlich eingefärbt und im Massstab 10:1 übereinander projiziert wurden, gemessen (siehe Abbildung 9.6). Von mehreren Messungen wurde der Minimum-, Median- und Maximalwert der jährlichen randlichen Wachstumsraten in Tabelle 9.3 angegeben.

Tab. 9.3: Jährliches randliches Wachstum von Flechten an einem Bergsturzblock zwischen 2010 und 2023. Angegeben wird jeweils der Medianwert und in Klammern der Minimum- und Maximalwert.

Art	jährliches randliches Wachstum [mm]
Umbilicaria decussata	0,06 (0,03–0,08)
Calvitimela armeniaca	0,03 (0,02–0,04)
Sporastatia testudinea	0,02 (0,01–0,04)
Rhizocarpon pusillum	0,04

Die gemessenen jährlichen Wachstumsraten von *S. testudinea* sind mehr als fünfmal kleiner als die bekannten Werte von *R. geographicum* auf vergleichbarer Höhe (Beschel 1957). Für *R. geographicum* wurden im Alpenraum an über siebzig Orten Wachstumsraten für die Lichenometrie, das heisst für die Datierung von Gesteinsflächen und Moränen bestimmt (Beschel 1957). *Rhizocarpon geographicum* gilt deshalb als Referenz für Wachstumsraten von Krustenflechten auf Gesteinsflächen. Verschiedene von Beschel (1957) zusätzlich untersuchte Arten von Krustenflechten weisen eine gleich grosse oder bis vierfach höhere Wachstumsrate auf. Bei den beiden ebenfalls untersuchten Blütenpflanzen *Silene acaulis* und *Salix serpyllifolia* wurden demgegenüber 20- bis 30-fache respektive 80- bis 120-fache Wachstumsraten von *R. geographicum* festgestellt (Beschel 1957). Einzig *S. testudinea* kann mit Faktor 0,8–2,0 auch etwas niedrigere Wachstumsraten als *R. geographicum* aufweisen. Da am untersuchten Bergsturzblock nun deutlich niedrigere Wachstumsraten gemessen wurden, kann das vermutlich mit der starken Neigung der untersuchten Felsflächen erklärt werden. Für die Lichenometrie werden wenig geneigte, oft bodennahe Felsflächen herangezogen, welche nach Niederschlägen länger feucht bleiben, damit die Flechten länger physiologisch aktiv bleiben. Demgegenüber trocknen die süd–ost-exponierten Vertikalflächen des Bergsturzblockes auf der Seenplatte Macun nach Niederschlägen rasch aus. Weil die Flechtenlager etwa 170 cm über Boden am Fels wachsen, ist auch die Luftfeuchtigkeit niedriger als an typischen, für die Lichenometrie verwendeten Felsflächen in Bodennähe.

Die auf weniger als 20 Prozent reduzierte Wachstumsrate ist deshalb vermutlich damit zu erklären, dass der Standort eine süd–ost-exponierte, stark geneigte Felsfläche ist, was eine rasche Austrocknung und deshalb eine verkürzte Aktivitätsphase der Flechten zur Folge hat. Aufgrund der gefundenen Wachstumsraten schätzt der Autor das Alter des Lagers von *S. testudinea* am Bergsturzblock auf 560 bis maximal 1400 Jahre, wobei die Wahrscheinlichkeit eines Alters von 930 Jahren am grössten ist. Bereits Beschel (1957) hat nachgewiesen, dass Flechtenlager ein Alter zwischen 600 und 1000 Jahren haben können. Vermutlich könnten aber an rasch austrocknenden Felsflächen in der alpinen Stufe auch deutlich grössere Flechtenlager von langsam wachsenden Arten wie *S. testudinea* gefunden werden, so dass die altesten Flechtenlager in den Alpen vermutlich auf mehrere tausend Jahre geschätzt werden können.

Die ersten Fotos aus dem Jahr 2010 wurden aufgenommen, weil davon ausgegangen

Abb. 9.6: Oberste zwei Bildreihen: (a) süd–ost-exponierte Vertikalfläche eines Bergsturzblockes auf der Seenplatte Macun. Mittlere Bildreihe (b und c): Ausschnitt aus der Vertikalfläche mit *Umbilicaria decussata* (unten links), *Calvitimela armeniaca* (unten rechts), *Sporastatia testudinea* (grosse, braune Krustenflechte) und der gelben, parasitischen Flechte *Rhizocarpon pusillum*. Bild b vom 31. Juli 2010, Bild c vom 3. Oktober 2023. Der Strich entspricht 1 cm.
Unterste Bildreihe: überlagerte Bildausschnitte der grün eingefärbten Abbildung b von 2010 mit der rot eingefärbten Abbildung von 2023. Das Lager von *S. testudinea* ist randlich gewachsen (roter Saum), wobei sich die einzelnen Areolen im Inneren des Lagers nicht verändert haben (d). Das helle Lager von *R. pusillum* hat in der Beobachtungsperiode peripher je eine Areole der Wirtsflechte durchwachsen (e) (Fotos: Christoph Scheidegger)

wurde, dass die parasitischen *R. pusillum* vermutlich vorübergehende, relativ kurzfristige Infektionen der langlebige Wirtsflechte *S. testudinea* darstellen. Die dreizehnjährige Beobachtungsperiode zeigt jedoch, dass auch die Lager der parasitischen *R. pusillum* maximal über 80-jährig werden dürften. Damit sind die parasitischen Flechtenlager zwar deutlich jünger als ihre Wirtsflechte, die Infektion von *S. testudinea* mit *R. pusillum* muss aber als chronisch ausdauernd gelten.

9.3 Bodenlebende Gliedertiere

Bruno Baur, José D. Gilgado, Stephan Zimmermann und Hans-Peter Rusterholz

9.3.1 Die Seenplatte Macun als Lebensraum für bodenlebende Gliedertiere

Bodenlebende Gliedertiere (Arthropoden) spielen bei verschiedenen Ökosystemfunktionen wie dem Nährstoff-Recycling und der Bodenbildung eine wichtige Rolle. So tragen beispielsweise Ameisen wesentlich zur Durchlüftung des Bodens und zur Verbreitung von Pflanzensamen bei. Auf der Seenplatte Macun wurden die bodenlebenden Arthropoden bis vor wenigen Jahren kaum erforscht. Eine Ausnahme sind die Springschwänze (Collembolen), deren Verbreitung und Vielfalt in den Jahren 1919/1920 von Eduard Handschin untersucht wurden (Handschin 1924). Auf Macun fand Handschin 15 verschiedene Collembolen-Arten, was eine beträchtliche Vielfalt in dieser Tiergruppe bedeutet (siehe Tabelle 9.4). Später leitete der als Professor für Zoologie an die Universität Basel berufene Handschin Exkursionen im Schweizerischen Nationalpark und im Unterengadin (Baur et al. 2017). Auf einer Exkursion zur Seenplatte Macun konnte er vier Käferarten nachweisen (Handschin 1963) (siehe Tabelle 9.4). Im Weiteren fand Walter Bigler (1929) im Rahmen seiner Arbeit über die Tausendfüsser im Nationalpark eine Tausendfüsser-Art auf Macun (siehe Tabelle 9.4). Das früher eher geringe Interesse der Entomologen an der Seenplatte Macun dürfte auf deren Abgelegenheit sowie auf die Tatsache zurückzuführen sein, dass das Gebiet erst seit dem Jahr 2000 Teil des Schweizerischen Nationalparks ist.

Für bodenlebende Tiere bietet die Seenplatte Macun im Vergleich zum Kerngebiet des Nationalparks andere Lebensraumbedingungen. Auf Macun dominieren kristalline Gesteine (vor allem Gneise und Amphibolite) (siehe Kapitel 4), während das Kerngebiet des Nationalparks überwiegend aus karbonathaltigem Dolomit besteht (Pfiffner 2019). Dies prägt die chemischen und physikalischen Eigenschaften der sich entwickelnden Böden. Auf Dolomit und Kalk sind die Böden basisch (hoher pH-Wert), während sie auf kristallinem Gestein sauer sind (siehe Tabelle 9.5). Karbonathaltige Gesteine verwittern ton- und schluffreicher als kristalline. Die grösseren Tongehalte, der höhere pH-Wert und die reichlich vorhandenen Ca-Ionen in dolomitischen Böden führen zur Bildung stabiler Ca-Humate, weshalb der Kohlenstoffgehalt im Boden höher ist (siehe Tabelle 9.5). Die Stickstoffgehalte hingegen sind vor allem von der Vegetation und den atmosphärischen Depositionen und weniger vom Ausgangsgestein beeinflusst.

Tab. 9.4: Früher auf der Seenplatte Macun nachgewiesene Arten von bodenlebenden Arthropoden. Die Artnamen wurden dem aktuellen Stand der Taxonomie angepasst.

Klasse	**Ordnung**	**Familie**	**Art**	**Referenz**
Diplopoda	Chordeumatida	Neoatractosomatidae	*Trimerophorella rhaetica* (Rothenbühler, 1901)	Bigler (1929)
Collembola	Poduromorpha	Onychiuridae	*Argonychiurus perforatus* (Handschin, 1920)	Handschin (1924)
			Protaphorura armata (Tullberg, 1869)	
			Thalassaphorura zschokkei (Handschin, 1919)	
	Entomobryomorpha	Entomobryidae	*Lepidocyrtus* (*Lanocyrtus*) *lanuginosus* (Linnaeus, 1788)	
		Isotomidae	*Desoria nivalis* (Carl, 1910)	
			Desoria olivacea (Tullberg, 1871)	
			Agrenia bidenticulata (Tullberg, 1877)	
			Isotomurus palustris (Müll.) C. B. (1776) 1903*	
			Proisotoma crassicauda (Tullberg, 1871)	
			Pseudisotoma sensibilis (Tullberg, 1876)	
			Tetracanthella afurcata (Handschin, 1919)	
		Orchesellidae	*Orchesella alticola* Uzel, 1891	
	Poduromorpha	Hypogastruridae	*Hypogastrura* (*Hypogastrura*) *sahlbergi* (Reuter, 1895)	
	Symphypleona	Bourletiellidae	*Bourletiella arvalis* (Fitch, 1863)	
			Bourletiella hortensis (Fitch, 1863)	
Insecta	Coleoptera	Carabidae	*Amara quenseli* (Schönherr, 1806)	Handschin (1963)
			Tachinus humeralis Gravenhorst, 1802	
		Chrysomelidae	*Oreina speciosissima* (Scopoli, 1763)	
			Gonioctena nivosa (Suffrian, 1851)	

* Ungelöste Nomenklatur: Es gibt mehrere ungültige Taxa mit dem gleichen Artepitheton.

Tab. 9.5: Bodeneigenschaften der Seenplatte Macun im Vergleich zu Böden der gleichen Höhenlage in der Val Müschauns und Val dal Botsch im Schweizerischen Nationalpark sowie in der angrenzenden Val Tavrü (Daten aus Gilgado et al. 2022a).

Gebiet	Höhenlage (m ü. M.)	Anzahl Bodenproben	Boden-pH	Anteil Sand (%)	Anteil Schluff (%)	Anteil Ton (%)	Stickstoffgehalt (%)	Kohlenstoffgehalt (%)
Macun	2550–2750	5	3,86	69,8	23,5	6,6	0,40	6,45
Val Müschauns	2550–2750	5	7,37	58,1	26,2	15,7	0,74	15,73
Val dal Botsch	2550–2700	4	7,63	67,1	26,9	6,0	0,27	13,38
Val Tavrü	2550–2650	3	7,53	38,0	53,3	8,7	0,21	10,97

9.3.2 Spezielle Artengemeinschaften auf Macun

Die besonderen Bodeneigenschaften auf der Seenplatte Macun zeigen sich in der Artenzusammensetzung der bodenlebenden Arthropoden (siehe Abbildung 9.7). In einer neueren Studie wurde die Höhenverbreitung der Arten von vier Gruppen bodenlebender Gliederfüsser (Tausendfüsser [Diplopoda], Hundertfüsser [Chilopoda], Spinnen [Arachnida] und Käfer [Coleoptera]) auf Macun und in verschiedenen Tälern im Schweizerischen Nationalpark in den Jahren 2018 und 2019 erfasst (Gilgado et al. 2022a). Dabei wurden in jedem Gebiet entlang einer Transektlinie Arthropoden mit standardisierten Methoden – visuelle Suche, Karton- und Becherfallen – an Sammelstellen mit einem Höhenabstand von 50 m im Bereich von 2550 bis 2750 m ü. M. gesammelt (auf Macun bis 2850 m ü. M.) (Gilgado et al. 2022a). Zusätzlich wurden einige Handfänge auf noch grösseren Höhen durchgeführt. Die Sammelstellen und angewendeten Methoden sind in Gilgado et al. (2022a) beschrieben. Im Folgenden werden die auf Macun vorgefundenen Artengemeinschaften der Tausendfüsser,

Abb. 9.7: Zahlreiche Arthropoden-Arten leben in den Schutt- und Blockhalden beim Lai Sura (Macun) (Foto: J. D. Gilgado).

Hundertfüsser, Spinnen und Käfer mit den auf gleicher Höhe vorkommenden Artengemeinschaften im Kerngebiet des Nationalparks verglichen (siehe auch Abbildung 9.8). Belegtiere aller Arten sind im Bündner Naturmuseum in Chur hinterlegt.

Über alle Untersuchungsgebiete hinweg wurden insgesamt 2787 Individuen gesammelt, die 96 verschiedenen Arten zugehören (siehe Tabelle 9.6). Die Käfer bildeten mit 52 Arten die artenreichste Gruppe, gefolgt von Spinnen (28 Arten), Tausendfüssern (10 Arten) und Hundertfüssern (6 Arten) (siehe Tabelle 9.6). Werden die Sammelergebnisse auf Macun betrachtet, dann sind auch hier die Käfer mit 35 Arten die artenreichste Gruppe, gefolgt von Spinnen (18 Arten), Tausendfüssern und den Hundertfüssern (je 2 Arten) (siehe Tabelle 9.6). Mit insgesamt 57 nachgewiesenen Arten beherbergt die Seenplatte Macun im Vergleich zu den anderen vier Gebieten die grösste Artenvielfalt an bodenlebenden Arthropoden (siehe Tabelle 9.6).

Da die gemessene Artenvielfalt von der Stichprobengrösse (Anzahl gesammelter Individuen) beeinflusst sein kann (Baur 2021), wurden zusätzlich die bei gleicher Stichprobengrösse zu erwartenden Artenzahlen mit einem mathematischen Verfahren (individuen-basierte Rarefaction-Methode) berechnet. Auch bei der für die Stichprobengrösse korrigierten Anzahl der Arten weist die Seenplatte Macun mit Abstand die grösste Vielfalt an bodenlebenden Arthropoden auf (siehe Tabelle 9.6).

Abb. 9.8: Der Tausendfüsser *(Pterygophorosoma alticolum)* kommt auf der Seenplatte Macun sowie in grossen Höhen in anderen Gebieten des Nationalparks häufig vor (Foto: J. D. Gilgado).

Tab. 9.6: Anzahl der bodenlebenden Arthropoden-Arten (Tausendfüsser, Hundertfüsser, Spinnen und Käfer), die in den Jahren 2018 und 2019 auf der Seenplatte Macun und in entsprechenden Höhenbereichen in der Val dal Botsch, Val Sassa, Val Müschauns und Val Tavrü nachgewiesen wurden. Die Zahlen in Klammern geben die Anzahl gesammelter Individuen pro Gebiet und Gruppe an.

Artengruppe	**Macun**	**Val dal Botsch**	**Val Sassa**	**Val Müschauns**	**Val Tavrü**	**Totale Anzahl Arten pro Gruppe**	**Anzahl Arten (%), die ausschliesslich auf Macun gefunden wurden**
Tausendfüsser	2 (158)	6 (247)	2 (629)	4 (451)	6 (56)	10 (1541)	1 (10,0 %)
Hundertfüsser	2 (27)	5 (93)	1 (61)	5 (116)	4 (176)	6 (473)	0 (0,0 %)
Spinnen	18 (107)	4 (5)	3 (10)	8 (12)	6 (9)	28 (143)	13 (46,4 %)
Käfer	35 (411)	19 (84)	2 (14)	18 (68)	16 (53)	52 (630)	19 (36,5 %)
Totale Anzahl Arten pro Gebiet	57 (703)	34 (429)	8 (714)	35 (647)	32 (294)	96 (2787)	33 (34,4 %)
Nach Stichprobengrösse korrigierte Anzahl der Arten pro Gebiet*	41,5	29,5	6,7	25,7	32,0		

* Stichprobengrösse für alle Gebiete: 294 Individuen

Bemerkenswert ist auch, dass 34 Prozent aller nachgewiesenen Arten ausschliesslich auf Macun gefunden wurden (siehe Tabelle 9.6). Dementsprechend sind die Ähnlichkeiten der Artengemeinschaften nur zwischen Macun und dem Val Sassa relativ hoch (Sørensenindex = 0,94; bei einem Index von 1,00 sind zwei Artengemeinschaften identisch); mittelmässig sind sie zwischen Macun und dem Val dal Botsch (Sørensenindex = 0,76). Zwischen Macun und dem Val Müschauns respektiv zwischen Macun und dem Val Tavrü sind die Ähnlichkeiten der Artengemeinschaften deutlich geringer (Sørensenindex = 0,65 respektive 0,62). Die eher geringen Ähnlichkeiten der Artengemeinschaften mit den anderen untersuchten Gebieten sowie der hohe Anteil an Arten, die ausschliesslich auf Macun gefunden wurden, weisen auf die Einzigartigkeit der Seenplatte als Lebensraum für bodenlebende Arthropoden hin.

Diese Einzigartigkeit wird auch durch ein statistisches Verfahren (non-metric multidimensional scaling analysis, NMDS) belegt: In der räumlichen Darstellung der Ähnlichkeiten der Artengemeinschaften ist Macun deutlich von den anderen untersuchten Gebieten getrennt (siehe Abbildung 9.9). Die Artengemeinschaften des Val Müschauns und des Val Sassa liegen nahe beieinander, ebenso diejenigen des Val dal Botsch und des Val Tavrü (siehe Abbildung 9.9).

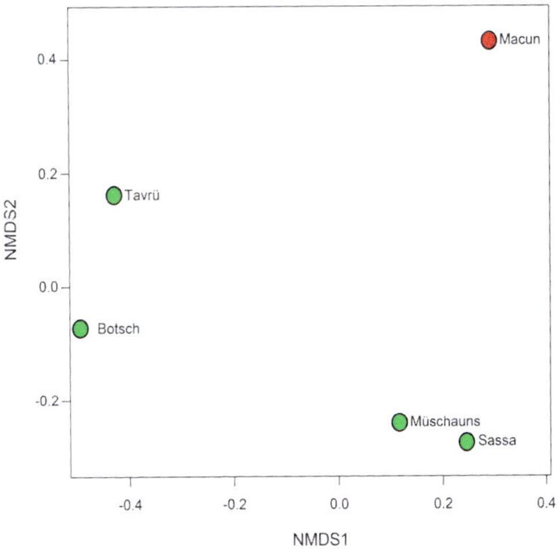

Abb. 9.9: Grafische Darstellung der Ähnlichkeiten der Artengemeinschaften von bodenlebenden Arthropoden (*non-metric multidimensional scaling*, NMDS) auf der Seenplatte Macun, in der Val dal Botsch, Val Sassa, Val Müschauns und Val Tavrü

9.3.3 Besondere Arten auf Macun

Einige wenige der auf Macun vorkommenden bodenlebenden Arthropoden-Arten haben grosse Verbreitungsgebiete. Die meisten Arten sind aber Spezialisten für Hochgebirgsbedingungen (siehe Tabelle 9.7). Dazu gehören Arten, die ausschliesslich in den Alpen vorkommen, aber auch solche, die in weiteren europäischen Gebirgen zu finden sind oder sogar eine boreo-alpine Verbreitung haben. Zu den besonderen Arten, die ausschliesslich auf Macun gefunden wurden, gehören der Tausendfüsser *Trimerophorella rhaetica*, der nur in den Schweizer Ostalpen und in angrenzenden Gebieten Österreichs und Italiens vorkommt (Kime & Enghoff 2021), sowie die Spinne *Mugiphantes armatus*, eine endemische Art der Zentralalpen, die nur oberhalb von 2500 m ü. M. zu finden ist (Nentwig et al. 2023). Erwähnenswert sind auch der Blattkäfer *Oreina frigida* und der selten nachgewiesene Kurzflügelkäfer *Coryphium gredleri*, beides Arten, die nur in den Alpen heimisch sind (GBIF Secretariat, 2023a und 2023b), sowie der Kurzflügelkäfer *Mannerheimia arctica*, der eine boreal-alpine Verbreitung hat und in den Alpen, in Skandinavien und Sibirien vorkommt (Shavrin 2021).

Tab. 9.7: Bodenlebende Arthropoden-Arten, die auf Macun und in entsprechenden Höhenbereichen in der Val dal Botsch, Val Sassa, Val Müschauns und Val Tavrü in den Jahren 2018 und 2019 gefangen wurden. Die Zahlen geben die Anzahl Individuen pro Art an.

Klasse	**Ordnung**	**Familie**	**Art**	**Macun 2550–2750 m**	**Val dal Botsch 2550–2700 m**	**Val Sassa 2550–2700 m**	**Val Müschauns 2550–2750 m**	**Val Tavrü 2550–2650 m**
Diplopoda	Chordeumatida	Chordeumatidae	*Orthochordeumella pallida* (Rothenbühler, 1899)	0	0	0	0	1
		Craspedosomatidae	*Bergamosoma canestrinii* (Fedrizzi, 1877)	0	72	0	0	5
			Pterygophorosoma alticolum (Verhoeff, 1894)	140	0	627	333	16
		Neoatractosomatidae	*Pseudocraspedosoma grypischium* (Rothenbühler, 1900)	0	48	0	0	1
			Trimerophorella rhaetica (Rothenbühler, 1901)	18	0	0	0	0
	Glomerida	Glomeridae	*Glomeris helvetica* Verhoeff, 1894	0	1	0	0	0
	Julida	Julidae	*Hypsoiulus alpivagus* (Verhoeff, 1897)	0	0	0	0	17
			Leptoiulus alemannicus (Verhoeff, 1894)	0	7	0	3	16
			Leptoiulus helveticus (Verhoeff, 1894)	0	56	2	105	0
			Ophyiulus nigrofuscus (Verhoeff, 1894)	0	63	0	10	0
Chilopoda	Lithobiomorpha	Lithobiidae	*Lithobius (Lithobius) glacialis* Verhoeff, 1937	6	2	0	20	58
			Lithobius (Lithobius) latro Meinert, 1872	21	1	0	2	16
			Lithobius (Lithobius) lucifugus L. Koch, 1862	0	62	61	56	69
			Lithobius (Lithobius) pelidnus Haase, 1880	0	0	0	33	0
			Lithobius (Lithobius) schuleri Verhoeff, 1925	0	25	0	5	33
			Lithobius (Lithobius) tricuspis Meinert, 1872	0	3	0	0	0
Arachnida	Araneae	Gnaphosidae	*Drassodex heeri* (Pavesi, 1873)	2	0	0	2	1
			Gnaphosa muscorum (L. Koch, 1866)	7	0	0	0	0
			Gnaphosa petrobia L. Koch, 1872	1	0	0	0	0
			Haplodrassus signifer (C. L. Koch, 1839)	1	0	0	0	0
		Linyphiidae	*Agyneta rurestris* (C. L. Koch, 1836)	1	0	0	0	1
			Centromerus pabulator (O. Pickard-Cambridge, 1875)	4	0	0	0	0

Klasse	Ordnung	Familie	Art	Macun 2550– 2750 m	Val dal Botsch 2550– 2700 m	Val Sassa 2550– 2700 m	Val Müschauns 2550– 2750 m	Val Tavrü 2550– 2650 m
			Ceratinella brevis (Wider, 1834)	0	1	0	0	0
			Diplocephalus helleri (L. Koch, 1869)	4	0	0	1	0
			Gonatium rubens (Blackwall, 1833)	13	0	0	0	0
			Mecynargus brocchus (L. Koch, 1872)	13	0	0	0	1
			Mughiphantes armatus (Kulczyński, 1905)	3	0	0	0	0
			Mughiphantes variabilis (Kulczyński, 1887)	0	0	2	0	0
			Oreoneta montigena (L. Koch, 1872)	4	0	0	0	0
			Oreonetides vaginatus (Thorell, 1872)	4	0	0	0	0
			Porrhomma egeria Simon, 1884	0	0	0	0	1
			Porrhomma myops Simon, 1884	0	0	0	1	0
			Tiso aestivus (L. Koch, 1872)	1	0	0	0	0
			Walckenaeria capito (Westring, 1861)	0	0	5	1	0
			Walckenaeria clavicornis (Emerton, 1882)	1	0	0	0	0
			Walckenaeria mitrata (Menge, 1868)	0	1	0	0	0
			Walckenaeria vigilax (Blackwall, 1853)	7	0	0	0	0
		Lycosidae	*Acantholycosa pedestris* (Simon, 1876)	0	1	3	0	0
			Arctosa alpigena (Doleschall, 1852)	1	0	0	0	0
			Pardosa blanda (C. L. Koch, 1833)	0	2	0	1	0
			Pardosa giebeli (Pavesi, 1873)	39	0	0	4	4
		Philodromidae	*Thanatus formicinus* (Clerck, 1757)	1	0	0	0	0
		Salticidae	*Attulus longipes* (Canestrini, 1873)	0	0	0	1	0
		Thomisidae	*Xysticus lanio* C. L. Koch, 1835	0	0	0	1	1
Insecta	Coleoptera	Chrysomelidae	*Chrysolina marginata* (Linnaeus, 1758)	1	0	0	0	0
			Chrysomela collaris Linnaeus, 1758	1	17	0	0	7
			Gonioctena decemnotata (Marsham, 1802)	2	0	0	0	0

Klasse	Ordnung	Familie	Art	Macun 2550–2750 m	Val dal Botsch 2550–2700 m	Val Sassa 2550–2700 m	Val Müschauns 2550–2750 m	Val Tavrü 2550–2650 m
			Gonioctena linnaeana (Schrank, 1781)	1	0	0	0	0
			Oreina frigida (Weise, 1883)	21	0	0	0	0
			Oreina speciosissima troglodytes (Kiesenwetter, 1861)	117	0	0	0	0
		Scarabaeidae	*Agolius abdominalis* (Bonelli, 1812)	4	0	0	0	0
			Amidorus obscurus (Fabricius, 1792)	0	0	0	1	0
			Amphimallon burmeisteri (Brenske, 1886)	0	0	0	1	0
			Neagolius bilimeckii (Seidlitz, 1891)	0	1	0	0	0
		Carabidae	*Amara erratica* (Duftschmid, 1812)	1	0	0	0	0
			Amara quenseli (Schönherr, 1806)	84	3	0	4	8
			Bembidion bipunctatum (Linnaeus, 1760)	3	0	0	0	2
			Bembidion magellense alpicola (Jeannel, 1941)	13	4	0	8	0
			Calathus erratus (C. R. Sahlberg, 1827)	0	1	0	0	0
			Carabus sylvestris Panzer, 1793	27	2	0	7	0
			Cymindis vaporariorum (Linnaeus, 1758)	4	2	0	0	1
			Harpalus solitaris Dejean, 1829	0	2	0	4	1
			Leistus montanus rhaeticus Heer, 1837	1	0	0	1	0
			Nebria germarii Heer, 1837	17	0	0	0	1
			Notiophilus biguttatus (Fabricius 1779)	0	5	0	0	7
			Oreonebria bremii (Germar, 1831)	0	0	12	0	0
			Oreonebria castanea (Bonelli, 1810)	36	0	0	0	9
			Pterostichus multipunctatus (Dejean, 1828)	0	3	0	0	2
		Coccinellidae	*Ceratomegila alpina* (A. Villa & G. B. Villa, 1835)	1	0	0	0	0
			Hippodamia variegata (Goeze, 1777)	1	0	0	0	0
		Elateridae	*Selatosomus confluens rugosus* (Germar, 1835)	3	1	0	4	0

Klasse	Ordnung	Familie	Art	Macun 2550–2750 m	Val dal Botsch 2550–2700 m	Val Sassa 2550–2700 m	Val Müschauns 2550–2750 m	Val Tavrü 2550–2650 m
			Ctenicera cuprea (Fabricius, 1775)	1	0	0	1	0
		Helophoridae	*Helophorus schmidti* (A. Villa & G. B. Villa, 1838)	2	0	0	0	0
		Hydrophilidae	*Sphaeridium scarabaeoides* (Linnaeus, 1758)	1	0	0	0	0
		Curculionidae	*Otiorhynchus nodosus* (O. F. Müller, 1764)	4	2	0	11	1
			Otiorhynchus pupillatus Gyllenhal, 1834	10	1	0	1	4
			Otiorhynchus alpicola Boheman, 1842	0	21	0	0	2
			Otiorhynchus gredleri Daniel & Daniel, 1898	0	5	0	3	0
		Staphylinidae	*Aleochara bilineata* Gyllenhal, 1810	0	1	0	0	0
			Aleochara bipustulata (Linnaeus, 1761)	0	0	0	2	0
			Anthophagus alpinus (Paykull, 1790)	0	1	0	0	0
			Atheta tibialis (Heer, 1839)	2	0	0	1	0
			Coryphium gredleri Kraatz, 1870	2	0	0	0	0
			Eusphalerum alpinum (Heer, 1839)	2	0	0	0	0
			Liogluta roettgeni (Bernhauer, 1903)	5	0	0	0	2
			Liogluta wuesthoffi (Benick, 1938)	1	0	0	0	0
			Mannerheimia arctica (Erichson, 1840)	33	0	0	0	0
			Mycetoporus monticola Fowler, 1888	0	0	0	1	0
			Mycetoporus nigrans Mäklin, 1853	3	0	0	0	0
			Ocypus ophthalmicus (Scopoli, 1763)	0	11	0	5	3
			Omalium caesum Gravenhorst, 1806	0	0	0	12	0
			Oxypoda densa (Fauvel, 1900)	1	0	0	0	0
			Oxypoda falcozi Sainte-Claire Deville, 1913	1	0	0	0	0
			Quedius punctatellus (Heer, 1839)	4	0	0	0	0
			Stenus glacialis Heer, 1839	1	1	2	1	2
			Tachyporus nitidulus (Fabricius, 1781)	0	0	0	0	1

9.3.4 Fazit

Bodenlebende Arthropoden spielen eine wichtige Rolle im Stoffkreislauf der Natur, werden aber von den Besucher:innen des Schweizerischen Nationalparks kaum wahrgenommen. Zudem wurden bodenlebende Arthropoden auf der Seenplatte Macun bis vor wenigen Jahren kaum untersucht. Der Boden auf Macun weist aber deutlich andere Eigenschaften auf als die Böden im Kerngebiet des Nationalparks. So wurde schon früher vermutet, dass die Seenplatte Macun einen speziellen Lebensraum für terrestrische Invertebraten darstellt (Baur & Scheurer 2014). Eine umfangreiche Untersuchung, die in den Jahren 2018 und 2019 durchgeführt wurde, zeigt nun, dass Macun im Vergleich zu anderen, auf gleicher Höhe liegenden Gebieten des Nationalparks eine ausserordentlich hohe Artenvielfalt der bodenlebenden Arthropoden beherbergt. Dabei wurde ein hoher Anteil dieser Arten ausschliesslich auf Macun gefunden. Mit ihrer Einzigartigkeit erhöht die Seenplatte Macun die gesamte Biodiversität des Schweizerischen Nationalparks. Die hier vorgestellte Studie liefert die Basisdaten, um mögliche durch die Klimaerwärmung bewirkte Veränderungen in der Verbreitung der Arten in Zukunft untersuchen zu können (Gilgado et al. 2022b).

9.4 Manche mögen's kalt: die Tagfalter und Widderchen auf Macun

Jérôme Pellet

Trotz der majestätischen Landschaft, die die Hochebene Macun bietet, haben Forscher:innen und Liebhaber:innen von Schmetterlingen von der Vergangenheit bis in die Gegenwart nur sehr wenige Daten über die dort lebenden Tagfalter und Widderchen-Arten dokumentiert. Bis heute gibt es keine systematische Übersicht über diese Insekten auf der Seenplatte Macun. Der Autor dieses Kapitels hat für den Kessel von Macun und für ein Puffergebiet im Radius von 1 km und oberhalb von 2500 m ü. M. eine Synthese aller gemachten Beobachtungen erstellt, welche bei Info fauna – dem Nationalen Daten- und Informationszentrum der Schweizer Fauna (www.infofauna.ch) – erfasst sind. Diese enthält nur 47 Datenpunkte von zwölf Arten. Davon wurden nur sieben Arten innerhalb der Grenzen des Parks beobachtet. Eine einzige Erhebung, die während der Forschungstage des Nationalparks am 31. Juli 2012 durchgeführt wurde, enthält die Hälfte aller aktuellen Beobachtungen. Der Autor untersuchte die meisten bewachsenen Flächen, mit Ausnahme von Geröllfeldern und felsigen Gebieten (siehe Abbildung 9.10).

Aus den verfügbaren Daten ist ersichtlich, dass die dokumentierte Gemeinschaft das Ergebnis mehrerer eintägiger Erhebungen in den Jahren 2012, 2015, 2021 und 2023 ist. Abgesehen von den Beobachtungen, die während der Forschungstage im Nationalpark gemacht wurden, wurden erwartungsgemäss alle Beobachtungen auf dem offiziellen Weg gemacht, der das Plateau durchquert. Die meisten Arten sind als Einzeltiere dokumentiert und geben keinen Aufschluss über die Häufigkeit oder die lokale Verbreitung.

Drei der gesichteten Arten (*Colias crocea*, *Aglais urticae* und *Vanessa atalanta*) sind vagabundierend und können in fast jeder alpinen Region vorkommen. Die anderen, stärker ortsgebundenen Arten sind alle kryophil (kälteliebend) veranlagt (wie aus ihrem Temperaturindex in Tabelle 9.8 hervorgeht). Charakteristisch dafür sind *Erebia pandrose*, *Agriades optilete* und *Erebia tyndarus*.

Abb. 9.10: Ein charakteristischer Abschnitt der im Jahr 2012 untersuchten Lebensräume (Foto: Jérôme Pellet)

Tab. 9.8: Die Schmetterlingsarten von Macun und Umgebung. Die mit einem Sternchen (*) gekennzeichneten Arten wurden in den letzten zwanzig Jahren auf der Seenplatte Macun beobachtet. Alle anderen wurden im Umkreis von 1 km auf einer Höhe von mehr als 2500 m ü. M. gesichtet.
Vagilität gemäss Fauna Indicativa: sehr standorttreu = 1, standorttreu = 2, vagabundierend = 3, Wanderfalter = 4 (Klaiber et al. 2017)
Species Temperature Index (STI; Temperaturindex) gemäss Fauna Indicativa: Tiefere Werte zeigen stärker kryophile Arten an.

Familie	**Art**	**Rote Liste**	**Letze Beobachtung**	**Vagilität**	**STI**
Hesperiidae	*Pyrgus serratulae*	LC	2022	2	9,19
Pieridae	**Colias crocea*	LC	2015	4	10,69
	Pontia callidice	NT	2022	2	6,09
Lycaenidae	**Agriades optilete*	LC	2012	1	4,19
Nymphalidae	**Aglais urticae*	LC	2022	3	8,2
	**Boloria pales*	LC	2022	1-2	7,04
	Erebia pandrose	LC	2022	2	2,92
	**Erebia tyndarus*	LC	2012	2	4,99
	Euphydryas aurinia glaciegenita	LC	2022	2	9,53
	Euphydryas cynthia	NT	2022	2	5,81
	**Vanessa atalanta*	LC	2021	4	9,07
Zygaenidae	**Zygaena exulans*	LC	2012	–	–

Abb. 9.11: Verschiedene Schmetterlinge, die 2012 während der Forschungstage des Schweizerischen Nationalparks auf Macun beobachtet wurden: (a) Hochmoor-Bläuling *(Plebejus optilete)*, (b) Schillernder Mohrenfalter *(Erebia tyndarus)* und (c) Hochalpenwidderchen *(Zygaena exulans)* (Fotos: Jérôme Pellet)

Pictet (1942) ist der erste Naturforscher, der Schmetterlingsbeobachtungen von der Umgebung der Seenplatte Macun vorlegte. Da die meisten seiner Beobachtungen nur mit einem Toponym verortet sind, kann keine seiner Angaben mit Sicherheit Macun selbst zugeordnet werden. Das nächstgelegene Toponym, das er verwendete, war «Munt Baselgia»; dieser Berg liegt an der südlichen Grenze, wo Pictet Melitaea varia und Vanessa atalanta beobachtete. Weitere von ihm verwendete Toponyme in der Nähe sind «Alp Laschadura» (mit *Pyrgus serratulae*, *Pieris bryoniae*, *Pontia callidice*, *Phengaris arion*, *Euphydryas aurinia glaciegenita*, *Melitaea varia*, *Erebia euryale* und *Erebia epiphron*) und «Stragliavita» (mit *Pieris brassicae*, *Boloria napaea*, *Boloria pales*, *Erebia gorge* und *Erebia pluto*), wobei sich beide Gebiete in niedrigeren Höhenlagen liegenbefinden. Die dort gefundenen Artengemeinschaften weisen ebenfalls auf Lebensräume in niedrigeren Lagen hin. Keine von Pictets Erhebungen kann dem Ort Macun zugeordnet werden. Allerdings ist der Name Macun in den topografischen Karten, die der Schmetterlingsforscher bei seinen Untersuchungen verwendete, eindeutig verzeichnet. Deshalb ist zweifelhaft, dass er jemals Schmetterlinge im Kessel selbst beobachtet hat. Somit stehen nur wenige historische Daten von Macun zu Verfügung.

Es ist davon auszugehen, dass auf der Seenplatte Macun viele weitere Arten vorkommen und bei künftigen Erhebungen entdeckt werden könnten. Unter ihnen sind vagabundierende und wandernde Arten wie *Pieris brassicae*, *Pieris rapae*, *Colias phicomone*, *Argynnis niobe* und *Vanessa cardui* die wahrscheinlichsten Kandidaten. Auch andere Arten, die typischerweise in grossen Höhen vorkommen, sind wahrscheinlich zu finden: *Pyrgus cacaliae*, *Pyrgus warrenensis*, *Pyrgus andromedae*, *Oeneis glacialis*, *Melitaea varia*, *Coenonympha gardetta*, *Erebia mnestra*, *Erebia epiphron*, *Erebia pluto*, *Erebia gorge* und das Widderchen *Adscita geryon*. Weitere wahrscheinlich vorkommende Lycaenidae-Arten sind *Lycaena tityrus*, *Plebeius orbitulus*, *Aricia nicias*, *Plebeius idas*, *Cupido minimus*, *Polyommatus eros* oder *Plebeius glandon*.

Mit zwölf dokumentierten Arten in und um den Kessel und weiteren 24 potenziell vorkommenden Arten wurde die Schmetterlingsfauna im Vergleich zu anderen Bereichen des Parks sowohl in der Vergangenheit als auch in jüngster Zeit weit weniger gut dokumentiert (Pictet 1942; Pasche et al. 2007). Eine Bestandsaufnahme der Tagfalter und Widderchen ist dringend erforderlich, um die Arbeit von Pasche et al. (2007) zu ergänzen. Eine solche sollte sich auf mindestens drei Besuche in den Monaten Juni, Juli und August stützen (Pellet 2023). Sie sollte idealerweise alle fünf bis zehn Jahre wiederholt werden, um die Veränderungen in der Artenzusammensetzung aufgrund des Klimawandels zu dokumentieren, also den Rückgang der kälteempfindlichsten Arten und die Besiedlung durch Arten aus niedrigeren Höhenlagen.

9.5 Die Vogelwelt der Seenplatte Macun und ihrer Umgebung

Mathis Müller, Guido Ackermann und Hannes Jenny

9.5.1 Avifaunistische Bedeutung der Seenplatte Macun

Die Seenplatte Macun ist bezüglich avifaunistischer Untersuchungen des Schweizerischen Nationalparks ein weisser Fleck (Müller et al. 2014). Bei der letzten Gesamtschau der Singvögel im Nationalpark (Filli et al. 2000) war Macun noch nicht Teil von diesem (siehe Kapitel 2). Bisher wurde die Avifauna dort nicht systematisch erhoben. Einzelbeobachtungen wurden von Wildhütern und Parkwächtern notiert. Seit 2008 meldeten Wanderer und Wanderinnen einzelne Vogelbeobachtungen auf der ornithologischen Plattform ornitho.ch.

Macun ist mit seiner einzigartigen alpinen Seenlandschaft (siehe Abbildung 9.12) innerhalb des Nationalparks auch ein spezieller Standort für Vögel: Das Hochplateau liegt zwischen 2559 und 3049 m ü. M. (Bachsohle der Aua da Zeznina / unbenannter Gipfel südwestlich des Piz Nuna im Piz-Macun-Massiv) im westlichsten Teil der Sesvennagruppe. Es hat die Form einer leicht nach Norden geneigten konkaven Schale und ist von einem Gipfelkranz der Piz-Macun-Gruppe umgeben. Deshalb weist das Plateau eine späte Ausaperungszeit und eine kurze Vegetationszeit auf. Die windgeschützte Muldenlage ist prädestiniert für Materialablagerungen aus den windverfrachteten Luftmassen (Schnee, Regen, Staub, aber auch Insekten oder Blütenstaub), insbesondere bei Föhn- oder Westwindlagen. Diese Faktoren können das Nahrungsangebot für Vögel während des ganzen Jahres, aber insbesondere im Frühling und Frühsommer positiv oder negativ beeinflussen. Der Schneereichtum und die besonderen Standortbedingungen sind wohl auch die Ursache für das permanente und vielfältige Angebot an Gewässerlebensräumen. Auf der Seenplatte liegen 5 grössere Bergseen – unter anderem der Lai dal Dragun –, 21 Weiher und rund 10 temporäre Tümpel (Robinson et al. 2014), während das Fliessgewässernetz nur rudimentär ausgebildet ist (siehe Abbildung 9.12). Neben Macun existiert im Nationalpark nur noch der Lei da Müschauns zuoberst in der Val Müschauns.

Bis in die frühen 1980er-Jahre gab es noch Kleingletscher am südlichen, nordexponierten Rand, die dann bis Mitte der 1990er-Jahre als Restschneefelder weiterexistierten. Ab 1997 aperte das Gebiet im Sommer in der Regel ganz aus, was auch aus den Karten des Bundesamtes für Landestopografie Swisstopo hervorgeht. Dies ist ein Hinweis auf die Änderung der klimatischen Bedingungen.

Aus den dargelegten Gründen hat die Seenplatte Macun für die Vogelwelt des Schweizerischen Nationalparks eine besondere Bedeutung, die im vorliegenden Kapitel weiter ergründet werden soll. Dazu werden die bisherigen Erkenntnisse über die Brut- und Gastvögel von Macun zusammengefasst, potenzielle Brutvogelarten auf Macun eruiert und mit einer Schätzung der dortigen Brutvogelbestände ergänzt. Eigene ornithologische Untersuchungen führten die Autoren auf Macun nicht durch.

Abb. 9.12.: Blick vom Piz d'Arpiglias auf die Seenplatte Macun, mit den Blockgletschern und dem höchsten Punkt des Gebiets, der knapp über den Horizont ragt. (Foto: Mathis Müller)

9.5.2 Methodisches

Da bisher keine systematischen avifaunistischen Beobachtungen auf Macun erhoben wurden, musste für diese Analyse auf die 230 Meldungen zurückgegriffen werden, die bei der Infozentrale ornitho.ch für dieses Gebiet gemeldet wurden. Zudem wurden 633 ornithologische Beobachtungen aus zwölf 1 km^2 grossen Rasterquadraten beigezogen, die ganz oder teilweise im Untersuchungsgebiet liegen oder daran angrenzen. Die Fläche dieses erweiterten Untersuchungsperimeters liegt vollkommen im alpinen und nivalen Bereich der Piz-Macun-Gruppe. Für die Erläuterungen der Arten, insbesondere für die Einschätzung der Bestände und der Siedlungsdichten der Arten in den Hauptlebensräumen, stützten sich die Autoren auf ihre Erfahrungen mit alpinen Vogelbestandsaufnahmen im Engadin ab.

9.5.3 Brut- und Gastvogelarten auf der Seenplatte Macun

Brutvogelarten

Die früheste Beobachtung wurde am 29. Juni 2011 gemeldet, die späteste am 15. August 2023 (siehe Tabelle 9.9). Damit stammen die Beobachtungen mehrheitlich aus der Zeit, die von einem abnehmenden Revierverhalten geprägt ist, also aus einer Zeit mit suboptimalen Beobachtungsbedingungen. Im Mittel aller Jahre wurden von den möglichen Brutvogelarten 11,3 Beobachtungen gemeldet; pro Kilometer Wanderweg entspricht dies knapp vier Beobachtungen pro Jahr.

Das Spektrum der potenziellen Brutvögel auf Macun umfasst elf Arten (siehe Tabelle 9.9). Davon wurden von sieben Arten gemäss internationalem Atlascode 11–19 (Schweizerische Vogelwarte 2024) sichere Brutnachweise gemeldet: Alpenschneehuhn (*Lagopus muta*), Kuckuck (*Cuculus canorus*), Steinschmätzer (*Oenanthe oenanthe*), Alpenbraunelle (*Prunella colla-*

Abb. 9.13: Lai dal Dragun mit Scheuchzers Wollgras *(Eriophorum scheuchzeri)*, im Hintergrund die Fuorcletta da Barcli. Noch Ende September halten sich an den Seen Gebirgsstelzen und Wasseramseln auf (Foto: Mathis Müller).

ris), Bergpieper (*Anthus spinoletta*), Gebirgsstelze (*Motacilla cinerea*) und Schneesperling (*Montifringilla nivalis*). Von diesen Arten konnten Familienverbände mit Jungvögeln oder fütternde Elternvögel festgestellt werden. Weitere wahrscheinliche Brutvogelarten (Atlascode 4–10) im Gebiet von Macun sind die Alpendohle (*Pyrrhocorax graculus*) und der Hausrotschwanz (*Phoenicurus ochruros*), von denen Vorkommen von Paaren zur Brutzeit oder Warnrufe (Hausrotschwanz) in einem möglichen Brutbiotop festgestellt wurden. Von Mauerläufer (*Tichodroma muraria*) und Wasseramsel (*Cinclus cinclus*) wurden zur Brutzeit Beobachtungen auf der Seenplatte Macun registriert, sie gelten als mögliche Brutvogelarten. Die Beobachtungen aus den Jahren 2019 und 2020 des Alpenschneehuhns (*Lagopus muta*) lassen auf gute Revierdichten respektive erfolgreiche Bruten schliessen. Obwohl Schneehühner sehr spezialisierte Pflanzenfresser sind, sind sie bei der Aufzucht der Jungvögel auf ein gutes Insektenangebot angewiesen. Es könnte sehr gut sein, dass dieses in Macun ab Mitte Juli in ausreichender Menge vorhanden ist, sei es für autochthone Bruten oder aber für Familien, die in der zweiten Sommerhälfte in dieses Gebiet zuwandern. Im Gebiet sind geeignete Bruthabitate für das Schneehuhn vorhanden.

Tabelle 9.9: Brutvögel und potenzielle Brutvögel auf der Seenplatte Macun von 2008 bis 2023, gemeldet auf ornitho.ch, mit Brutvorkommen in dieser Höhenlage
Zahlen: Anzahl Vögel, respektive Familien; Fett: Arten mit sicheren Brutnachweisen;
Datum: erste Meldungen im Jahr.

Jahr	**08**	**09**	**10**	**11**	**12**	**13**	**14**	**15**	**16**	**17**	**18**	**19**	**20**	**21**	**22**	**23**
Datum:	27.8.	23.9.	9.10.	**29.6.**	30.7.	1.8.	4.8.	10.7.	19.7.		10.8.	6.7.	5.7.	31.7.	27.7.	**15.8.**
Alpenschneehuhn (*Lagopus muta*)		1		1	2							8	**10**			1
Kuckuck (*Cuculus canorus*)					**1**											
Alpendohle (*Pyrrhocorax graculus*)					3								8			
Mauerläufer (*Tichodroma muraria*)								1								
Wasseramsel (*Cinclus cinclus*)								1					1		3	1
Hausrotschwanz (*Phoenicurus ochruros*)					5		1						6	1	2	1
Steinschmätzer (*Oenanthe oenanthe*)		1		**3**	**4**		**4**	2				4	6	1	4	3
Alpenbraunelle (*Prunella collaris*)				**5**	**4**		**4**						4	1		1
Bergpieper (*Anthus spinoletta*)				**1**								1	11	20	8	10
Gebirgsstelze (*Motacilla cinerea*)							**1**									2
Schneesperling (*Montifringilla nivalis*)					**1**		**1**		2				15			
Total		**2**		**10**	**20**		**11**	**4**	**2**			**13**	**61**	**23**	**17**	**19**

Höchste Brutvorkommen von Arten in alpinen Höhenlagen

Die bisher aus Graubünden bekannten höchsten Brutvorkommen alpiner Arten liegen fast alle im Höhenbereich des Untersuchungsgebietes (siehe Tabelle 9.10). Besonders erwähnenswert ist die Beobachtung vom 30. Juli 2012 eines frisch flüggen, bettelnden Kuckucks (*Cuculus canorus*) auf 2650 m ü. M., der von Bergpiepern (*Anthus spinoletta*) gefüttert wurde (Meldung von Stefan Werner, Mitarbeiter der Schweizerischen Vogelwarte). Dies ist der höchstgelegene «Brutnachweis» eines Kuckucks in der Schweiz. Eine Rückrechnung ergibt, dass das Bergpieperpaar um den 20. Juni mit seinem Brutgeschäft begonnen hatte und das Ei des Kuckucks-Weibchens Anfang Juli gelegt wurde. Die Beobachtungen von Wasseramseln (*Cinclus cinclus*) sowie eines Mauerläufers (*Tichodroma muraria*) auf Macun Ende Juli sind keine sicheren Brutnachweise. Es ist bekannt, dass die Wasseramsel im Alpenraum für eine Zweitbrut entlang von Fliessgewässern aufsteigen, ebenso ziehen sie mit ihren flüggen Jungvögeln aufwärts. Dies gilt auch für den Mauerläufer. Sie folgen so den Kompensationsflügen von schlüpfenden Benthosorganismen. Die Larven wirbelloser Wassertiere leben in der kiesigen Sohle von Fliessgewässern und fliegen nach dem Schlüpfen zu den höher gelegenen Quellgebieten. Die Vögel erschliessen sich Nahrungsquellen, die gegenüber der Umgebung des Brutortes in höheren Lagen verzögert heranreifen. Deshalb gehören diese beiden Arten (noch) nicht zu den Brutvögeln auf Macun. Alpenschneehuhn (*Lagopus muta*) und Alpendohle (*Pyrrhocorax graculus*) erreichen auf Macun ihre obere Verbreitungsgrenze. Ein sicherer Brutnachweis steht beim Hausrotschwanz (*Phoenicurus ochruros*) aus: Am 29. September 2023 wurde jedoch auf 3000 m ü. M. unterhalb des Piz Arpiglias im Schweizerischen Nationalpark ein warnendes Männchen vernommen. Für weitere Vogelarten wie Stockente (*Anas platyrhynchos*), Turmfalken (*Falco tinnunculus*), Kolkraben (*Corvus corax*), Feldlerche (*Alauda arvensis*) und Felsenschwalbe (*Ptyonoprogne rupestris*) dürfte Macun zum Brüten zu hoch gelegen sein (Tabelle 9.8). Für das Steinhuhn (*Alectoris graeca*) und den Steinrötel (*Monticola saxatilis*) fehlen hier hingegen die südexponierten, besonnten Hanglagen zum Brüten, wie sie aber unmittelbar in den südlich und westlich angrenzenden Abhängen gegeben sind (siehe Abbildung 9.14). Zumindest Ersatzbruten wären auf Macun aber möglich. Weil die Klimaveränderungen gerade hier besonders markant wirken, bietet sich ein genaueres Studium der hiesigen Avifauna an, vor allem weil sich das Gebiet im Schweizerischen Nationalpark befindet.

Tabelle 9.10: Höchstgelegene Brutstandorte einiger Vogelarten in der Schweiz und im Kanton Graubünden gemäss Knaus et al. (2018), Maumary et al. (2007) und Meier-Zwicky & Schmid (2007).

Jahr	**Schweiz**	**Graubünden**
	m ü. M.	m ü. M.
Steinhuhn (*Alectoris graeca*)	2860 Val Ferret (VS)	2790 Bever
Alpenschneehuhn (*Lagopus muta*)	2980 Rothoren Unteraargletscher(VS)	2900 Cinuos-chel
Stockente (*Anas platyrhynchos*)	2385 Casti-Wergenstein	2385 Casti-Wergenstein
Kuckuck (*Cuculus canorus*)	2650 Macun (GR)	2650 Macun
Mornellregenpfeifer (*Charadrius morinellus*)	2810 Unterengadin (GR)	2810 Unterengadin
Turmfalke (*Falco tinnunculus*)	2850 Grimentz (VS)	2650 Dischmatal
Alpendohle (*Pyrrhocorax graculus*)	3820 Kleines Matterhorn (VS)	2910 Pontresina
Kolkrabe (*Corvus corax*)	2520 Ofenpass (GR)	2520 Ofenpass
Feldlerche (*Alauda arvensis*)	2460 Evolène (VS)	2380 Munt la Schera
Felsenschwalbe (*Ptyonoprogne rupestris*)	2620 Zermatt (VS)	2520 Val Trupchun
Mauerläufer (*Tichodroma muraria*)	3290 Oberaarhorn (BE)	2960 Bergell
Wasseramsel (*Cinclus cinclus*)	2600 Cinuos-chel	2600 Cinuos-chel
Hausrotschwanz (*Phoenicurus ochruros*)	3200 Gornergrat (VS)	2980 Pontresina
Steinrötel (*Monticola saxatilis*)	2730 Zermatt (VS)	2760 Parpan
Steinschmätzer (*Oenanthe oenanthe*)	2880 Zermatt (VS)	2870 Pontresina
Alpenbraunelle (*Prunella collaris*)	3450 Trient (VS)	3000 La Punt-Chamues-ch
Bergpieper (*Anthus spinoletta*)	2740 Zermatt (VS)	2770 Sils-Maria
Gebirgsstelze (*Motacilla cinerea*)	2360 Zermatt (VS) 2600 Grimselpass (BE) (futtertragend)	2620 Macun (futtertragend)
Schneesperling (*Montifringilla nivalis*)	3490 Furgggrat (VS/I)	2970 Diavolezza-Bergstation

Bestandsschätzung der potenziellen und sicheren Brutvogelarten auf Macun

Am Munt la Schera – einem 88,5 ha grossen Gebiet auf 2340–2585 m ü. M., südexponiert, mit alpinem Rasen und Felsen – brüteten in den letzten dreissig Jahren jährlich sieben bis neun Arten mit fünfzig bis siebzig Brutpaaren (Müller 2002) und auf einer nordexponierten Geröllhalde ohne Vegetation (45 ha) auf 2380–2780 m ü. M. im Nordhang des Piz dal Botsch konnten 2020 nur fünf Arten mit insgesamt neun Revieren festgestellt werden (Beobachtung Mathis Müller, Biodiversitätsmonitoring, Schweizerische Vogelwarte). Diese und noch weitere Untersuchungen vergleichbarer Flächen führten zu einer Bestandschätzung der Brutvögel der verschiedenen Lebensräume auf Macun (siehe Tabelle 9.11): Die häufigsten Arten dürften auch hier wie in anderen alpinen Lebensräumen der Bergpieper (*Anthus spinoletta*) und der Steinschmätzer (*Oenanthe oenanthe*) sein, die auf der Seenplatte aber eine relativ geringe Siedlungsdichte von rund 0,8–1,8 Reviere pro 10 ha respektive von 0,8–1,5 Reviere pro 10 ha erreichen dürften. Die anderen Lebensräume – die Geröll- und Schutthalden mit und ohne Vegetation sowie die Felsbänder – werden noch viel spärlicher von Brutvögeln besiedelt. In Macun könnten aber auch bessere Nahrungsverhältnisse herrschen: 1) weil sich in den Vergleichsgebieten keine Seen mit Wasserlebewesen befinden, 2) weil keine Insekten von Benthosorganismen einem Bach entlang Kompensationsflüge in Richtung Quellgebiet unternehmen und 3) weil die Geländekammer von Macun optimale Voraussetzungen für einen *fallout* für windverdriftete Insekten bietet. Dies zeigt die erfolgreiche Aufzucht eines Jungvogels des Kuckucks (*Cuculus canorus*).

Gastvogelarten auf Macun

Insgesamt 20 Gastvogelarten wurden seit 2008 auf der Seenplatte Macun nachgewiesen, pro Jahr zwischen null und fünf Arten (siehe Tabelle 9.12). Am regelmässigsten wurde der Bartgeier (*Gypaetus barbatus*) ab 2014 (in 8 von 10 Jahren) mit insgesamt zwanzig Beobachtungen gemeldet. Der Steinadler (*Aquila chrysaetos*) konnte in 5 von 16 Jahren mit zehn Individuen festgestellt werden. Alle anderen Arten betreffen Einzelbeobachtungen (1–3 von 16 Jahren). Besonders bemerkenswert sind das Vorkommen von acht Stockenten (*Anas platyrhynchos* an den Seen auf Macun am 18. September 2020, die Beobachtung eines Grünschenkels (*Tringa nebularia*) am 27. August 2008 sowie die Sichtung eines Waldwasserläufers (*Tringa ochropus*) am 15. August 2014 (2 Individuen) und am 28. Juli 2015 (1 Individuum). Der Rückflug des Waldwasserläufers (*Tringa ochropus*) von seinen Brutgebieten im Nordosten Europas oder von umherstreifenden Nichtbrütern beginnt bereits im Juni. Viele kleinere und grössere alpine Bergseen im Unterengadin werden als Rastplätze besucht, ebenso fast alle Flussläufe. Neben dem Bartgeier und dem Steinadler konnten sechs weitere vorüberziehende Greifvogelarten gesichtet werden, nämlich die Rohrweihe (*Circus seruginosus*), der Fischadler (*Pandion haliaetus*), der Mäusebussard (*Buteo buteo*), der Sperber (*Accipiter nisus*), der Wanderfalke (*Falco peregrinus*) und der Turmfalke (*Falco tinnunculus*). Nachbrutzeitliches Umherstreifen führt Drosseln und Finken oft bis in die alpinen Zonen. So konnten auf Macun schon Ringdrosseln (*Turdus torquatus alpestris*) und Misteldrosseln (*Turdus viscivorus*) gesichtet werden, das Vorhandensein dieser Drosseln deutet auf ein Angebot an bodenlebenden Wirbellosen hin. Ebenso wurden hier schon der Alpenbirkenzeisig (*Acanthis flammea cabaret*) und der Buchfink (*Fringilla coelebs*) beobachtet. Würde hier oben intensiver nach Vögeln Ausschau gehalten, würde die Liste der Gastvogelarten auf Macun noch länger, wie die Vorkommen im erweiterten Perimeter zeigen.

Tab. 9.11: Grosslebensräume auf Macun (Robinson et al. 2014) und geschätzte Anzahl Brutpaare der potenziellen Brutvogelarten

	Krummseggenrasen *(Caricion curvulae)* *und Schneetälchenvegetation auf Silikat (Salicion herbacae)* Seenplatte mit Blockfelsen und Steilhang im Osten (80 ha + 7 ha Seen)	**Geröllhalden mit Vegetation inkl. Blockgletscher, alpine Silikatschuttflur *(Androsacion alpinae)* (90 ha)**	**Geröllhalden ohne Vegetation inkl. Blockgletscher (109 ha)**	**Fels (70 ha)**
Alpenschneehuhn *Lagopus muta*	2–4	0–2		
Kuckuck (*Cuculus canorus*)	0–1			
Alpendohle (*Pyrrhocorax graculus*)				2–4
Mauerläufer (*Tichodroma muraria*)	0–1			
Wasseramsel (*Cinclus cinclus*)	0–1			
Hausrotschwanz (*Phoenicurus ochruros*)	2–4	4	0–2	2–4
Steinschmätzer (*Oenanthe oenanthe*)	6–12	2–4	0–2	
Alpenbraunelle (*Prunella collaris*)	4–6	0–2		
Gebirgsstelze (*Motacilla cinerea*)	0–1			
Bergpieper (*Anthus spinoletta*)	8–16	3–6	0-2	
Schneesperling (*Montifringilla nivalis*)	2–4	2	2	2
Total	**24–44**	**11–20**	**2–6**	**6–8**

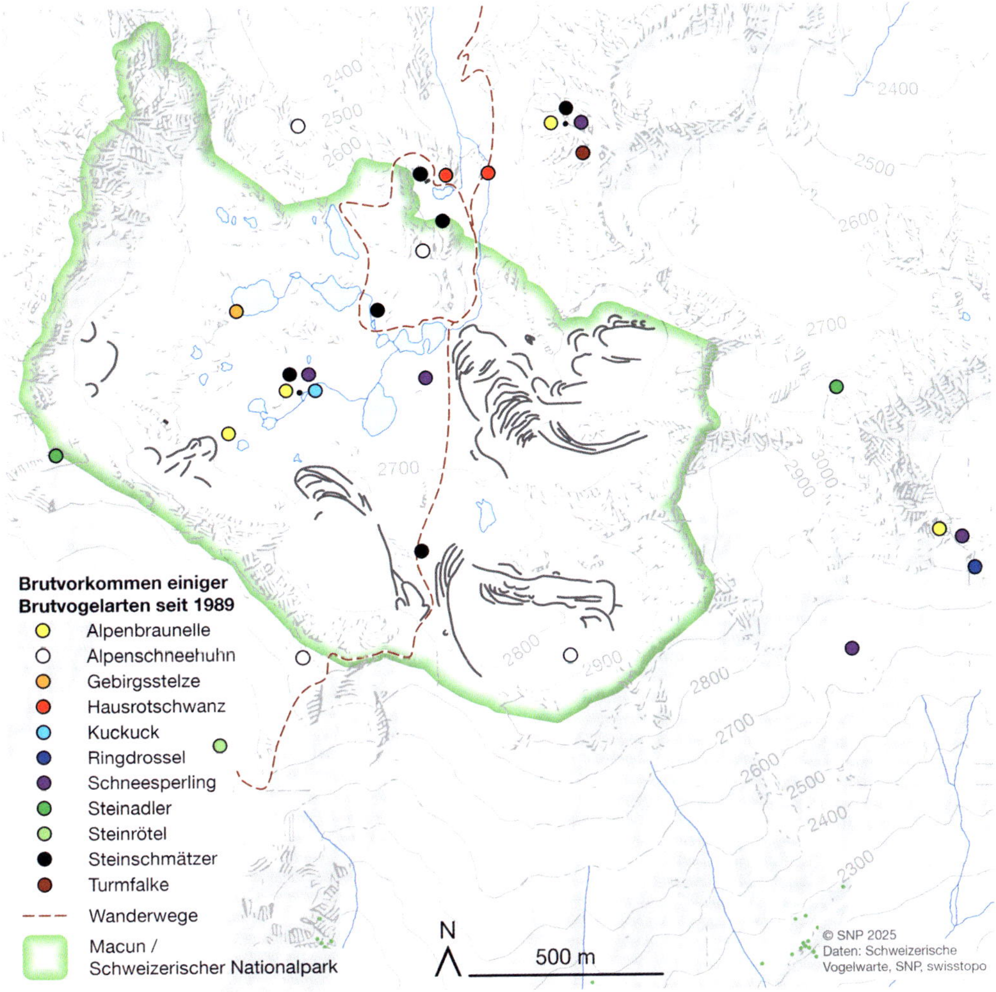

Abb. 9.14: Sichere und wahrscheinliche Brutvorkommen einiger Brutvogelarten im erweiterten Perimeter seit 1989

Tab. 9.12: Anzahl der gemeldeten Individuen von Gastvogelarten auf Macun 2008–2023, gemeldet auf ornitho.ch.

Jahr:	**08**	**09**	**10**	**11**	**12**	**13**	**14**	**15**	**16**	**17**	**18**	**19**	**20**	**21**	**22**	**23**
Anzahl Melder:innen	**1**	**1**	**2**	**2**	**4**	**1**	**4**	**4**	**5**		**1**	**4**	**9**	**4**	**6**	**4**
Stockente (*Anas platyrhynchos*)													8			
Kormoran (*Phalacrocorax carbo*)			1													
Mornellregenpfeifer (*Charadrius morinellus*)							1									
Flussuferläufer (*Actitis hypoleucos*)							1	1								
Waldwasserläufer (*Tringa ochropus*)							2	1								
Grünschenkel (*Tringa nebularia*)	1															
Fischadler (*Pandion haliaetus*)					1											
Bartgeier (*Gypaetus barbatus*)							1	1	2		1	4	5	3		3
Steinadler (*Aquila chrysaetos*)			3	3		1							2		1	
Rohrweihe (*Circus aeruginosus*)					1											
Mäusebussard (*Buteo buteo*)														1		
Sperber (*Accipiter nisus*)						1										
Turmfalke (*Falco tinnunculus*)					1									1		
Wanderfalke (*Falco peregrinus*)								1								1
Kolkrabe (*Corvus corax*)									1					2	2	
Misteldrossel (*Turdus viscivorus*)									2							
Ringdrossel (*Turdus torquatus alpestris*)									1							
Buchfink (*Fringilla coelebs*)					1											
Bluthänfling (*Linaria cannabina*)																
Alpenbirkenzeisig (*Acanthis flammea cabaret*)				1					1							
Total	**1**	**0**	**4**	**4**	**4**	**2**	**5**	**4**	**7**	**0**	**1**	**4**	**15**	**7**	**3**	**3**
Total Arten	**1**	**0**	**2**	**2**	**4**	**2**	**4**	**4**	**5**	**0**	**1**	**1**	**3**	**4**	**2**	**1**

Die registrierten 633 Beobachtungen auf den 12 km^2 alpiner und nivaler Flächen des erweiterten Untersuchungsperimeters tragen dazu bei, das Artenspektrum auszuweiten und eine bessere Häufigkeitsverteilung der beobachteten Vögel zu liefern. Neben den bereits erwähnten Arten auf Macun kommen folgende dazu: Steinhuhn (*Alectoris graeca*), Auerhuhn (*Tetrao urogallus*), Birkhuhn (*Lyrurus tetrix*), Blässhuhn (*Fulica atra*), Graureiher (*Ardea cinerea*), Gänsegeier (*Gyps fulvus*), Habicht (*Accipiter gentilis*), Bienenfresser (*Merops apiaster*), Tannenhäher (*Nucifraga caryocatactes*), Feldlerche (*Alauda arvensis*), Mehlschwalbe (*Delichon urbicum*), Zaunkönig (*Troglodytes troglodytes*), Gartenrotschwanz (*Phoenicurus phoenicurus*), Steinrötel (*Monticola saxatilis*), Wiesenpieper (*Anthus pratensis*), Zitronenzeisig (*Carduelis citrinella*), Erlenzeisig (*Spinus spinus*) und Zippammer (*Emberiza cia*). Neben potenziellen Brutvögeln sind die meisten zusätzlichen Arten wohl auf dem Durchzug in dieser Gegend angekommen. Birkhuhn (*Lyrurus tetrix*) und Auerhuhn (*Tetrao urogallus*) als typische Arten der subalpinen Höhenstufe erscheinen in dieser Zusammenstellung aufgrund des Umstandes, dass einzelne angrenzende Kilometerquadrate des erweiterten Perimeters auch Waldgrenzbereiche tangieren. Sie sind für Macun als Gastvögel nicht relevant. Diese kurze Auswertung zeigt, dass das Hochplateau während des Vogelzuges im Herbst (möglicherweise auch im Frühling?) ein Potenzial als alpin-nivaler Trittstein hat. Diese Beobachtungen lassen aber auch eine Einschätzung der Häufigkeiten alpiner Arten zu. Tabelle 9.13 zeigt eine Rangierung der gemeldeten Arten. Ein Fünftel der Beobachtungen stammt vom Alpenschneehuhn (*Lagopus muta*), was die Bedeutung des Gebietes für diese Charakterart zeigt. Abbildung 9.15 visualisiert die Verteilung der gemeldeten Vorkommen dieser Art. Weitere 15 Prozent der Meldungen stammen vom Bartgeier (*Gypaetus barbatus*), 11 Prozent vom Steinadler (*Aquila chrysaetos*) – beide sind ebenfalls wichtige alpine Charakterarten. Diese Arten zeigen zusammen mit der Art auf dem vierten Rang, dem Kolkraben (*Corvus corax* – 8 Prozent), dass auf Macun wohl auch wichtige Nahrungsquellen für Arten vorhanden sind, die im angrenzenden Unterengadin und Spöltal brüten. Seit der Unterschutzstellung der Seenplatte Macun wächst die Steinwildkolonie deutlich an und liefert die für diese Arten wichtigen Frühlingsnahrungsquellen, nämlich Kadaver eingegangener Säugetiere – etwa von Alpensteinböcken und Gämsen –, die beispielsweise in Lawinen oder durch Steinschlag verendet sind.

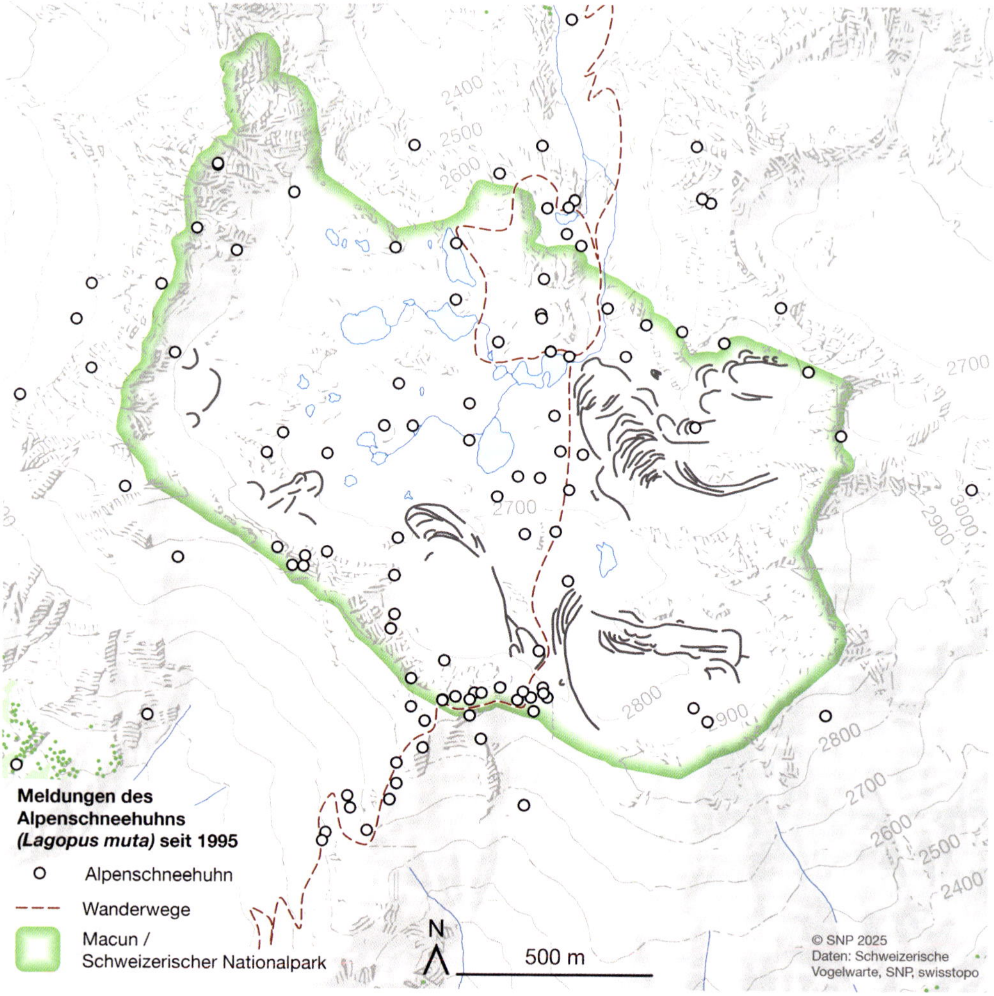

Abb. 9.15: Verteilung der seit 1995 gemeldeten 117 Vorkommen des Alpenschneehuhn *Lagopus muta* im Perimeter Macun und Umgebung. Die meisten gemeldeten Standorte befinden sich entlang des Wanderwegs, der vom Munt Baselgia durch den Parkteil Macun in Richtung Lavin hinunter führt.

Tab. 9.13: Rangierung der im erweiterten Untersuchungsgebiet am häufigsten beobachteten 15 Arten

Rang	Art	Anzahl Meldungen	Anteil
1	Alpenschneehuhn (*Lagopus muta*)	117	18 %
2	Bartgeier (*Gypaetus barbatus*)	96	15 %
3	Steinadler (*Aquila chrysaetos*)	68	11 %
4	Kolkrabe (*Corvus corax*)	52	8 %
5	Alpenbraunelle (*Prunella collaris*)	44	7 %
6	Hausrotschwanz (*Phoenicurus ochruros*)	36	6 %
7	Bergpieper (*Anthus spinoletta*)	36	6 %
8	Steinschmätzer (*Oenanthe oenanthe*)	34	5 %
9	Schneesperling (*Montifringilla nivalis*)	24	4 %
10	Turmfalke (*Falco tinnunculus*)	21	3 %
11	Alpendohle (*Pyrrhocorax graculus*)	14	2 %
12	Wasseramsel (*Cinclus cinclus*)	10	2 %
13	Mauerläufer (*Tichodroma muraria*)	9	1 %
14	Sperber (*Accipiter nisus*)	6	1 %
15	Gebirgsstelze (*Motacilla cinerea*)	6	1 %

9.5.4 Fazit

Sieben typische Brutvogelarten der alpinen Höhenstufe Alpenschneehuhn (*Lagopus muta*), Kuckuck (*Cuculus canorus*), Steinschmätzer (*Oenanthe oenanthe*), Alpenbraunelle (*Prunella collaris*), Bergpieper (*Anthus spinoletta*), Gebirgsstelze (*Motacilla cinerea*) und Schneesperling (*Montifringilla nivalis*) wurden bisher auf Macun als Brutvögel nachgewiesen. Von der Alpendohle (*Pyrrhocorax graculus*) und dem Hausrotschwanz (*Phoenicurus ochruros*) gelangen bisher keine sicheren Brutnachweise, sie dürften jedoch hier brüten. Damit umfasst die Brutvogelfauna auf Macun neun Arten, gleich viele wie zum Beispiel auf dem im Durchschnitt 200 m tiefer gelegenen Munt la Schera (Müller 2002).

Wegen der späten Schneeschmelze wird Macun von Wanderern und Wanderinnen erst ab Ende Juni, in vielen Jahren wohl erst ab Mitte bis Ende Juli aufgesucht (siehe Tabelle 9.9). Die Brutvögel besiedeln das Gebiet jedoch viel früher, wohl spätestens ab Ende Mai, dann nämlich, wenn es noch tief verschneit ist, während erste sonnenexponierte Felsen und Kuppen aper sind. So sind ab Mitte bis Ende Juli hier oben die meisten Jungvögel flügge. Das bedeutet, dass zu diesem Zeitpunkt viele Familienverbände umherziehen. Zum Beispiel wurden die frühesten Steinschmätzerfamilien (*Oenanthe oenanthe*) am 26. Juli 2011 registriert, was auf einen Brutbeginn spätestens um den 20. Juni 2011 herum schliessen lässt; die Eilegephase begann Mitte Juni.

Die späte Ausaperungszeit in den Nordlagen und auf der Seenplatte, die niedrigen Temperaturen und die geringe Sonneneinstrahlung haben eine sehr kurze Vegetationszeit zur Folge. Dies bedingt auch die niedrigen Bestände der ansässigen Vogelarten. Ihre Bestände dürften hier je nach Ausaperungszeit von Jahr zu Jahr stärker schwanken als anderswo. Die Siedlungsdichten in den alpinen Rasen dürften deutlich kleiner sein als in vergleichbaren Südlagen. Benthosorganismen, die aus Seen, aus vorhandenen Hohlräumen in Geröllhalden und aus dem Permafrost schlüpfen und/oder über Winddrift eingetragene Insekten könnten das Nahrungsangebot erhöhen und zu höheren Singvogeldichten als in anderen bezüglich Höhe und Exposition vergleichbaren Lagen führen.

Für den Turmfalken (*Falco tinnunculus*) sind wohl das kleine Mäuseangebot und dessen schlechte Erreichbarkeit, bedingt durch die ausgedehnte Schneedecke zu Beginn der Brutzeit im Frühling, der Grund, weshalb er sich hier nicht ansiedeln kann. In den 16 Jahren seit 2008 wurde er nur zweimal gemeldet, währenddem aus dem erweiterten Gebiet 21 Meldungen registriert sind. Bei den Beobachtungen von Wasseramsel (*Cinclus cinclus*), Gebirgsstelze (*Motacilla cinerea*) und Mauerläufer (*Tichodroma muraria*) dürfte es sich um nachbrutzeitliches Umherstreifen handeln.

Ein weiterer in der Schweiz vorkommender Brutvogel im Gebirge ist der seltene Mornellregenpfeifer (*Charadrius morinellus*). Bisher sind wenige Brutvorkommen in Höhenlagen von 2500 bis 2800 m ü. M. in den Gemeinden Zuoz, Zernez und Valsot bekannt. Diese Art bevorzugt grossflächige alpine Schuttfluren auf Kuppenlagen, wie sie auch auf Macun vorzufinden sind. Eine Ansiedlung dieses Watvogels auf Macun kann nicht ausgeschlossen werden. Ein am 22. September 2014 rastender Mornellregenpfeifer (*Charadrius morinellus*) zeigt, dass Macun den Habitatpräferenzen dieser wählerischen Art entspricht, zumindest auf dem Zug.

Die seit 2008 erfolgten Meldungen von Wanderern und Wanderinnen auf ornitho.ch sind äusserst spärlich. Die jährlich null bis neun Ornitholog:innen (im Mittel 3,9) meldeten total nur 230 Vögel (im Jahresmittel 14,4) von der Seenplatte Macun. Dies deutet darauf hin, dass nur ein Bruchteil dieser sich auf Macun bewegenden Personen dort Vögel beobachtet und Beobachtungen auch meldet: Von den knapp 22 000 Wanderern und Wanderinnen, die auf Macun von 2016–2023 gezählt wurden (Mitteilung von Samuel Wiesmann, Schweizerischer Nationalpark), meldeten 42 ihre Vogelbeobachtung, also nur knapp 0,2 % aller Besucher:innen von Macun. Die Hinweise auf Brutvorkommen sind noch viel rarer: Elf der zwölf Meldungen stammten vom gleichen Beobachter. Gemäss der Schweizerischen Vogelwarte verwenden 0,3 Prozent aller Einwohner:innen der Schweiz die App NaturaList, mit der Vogelbeobachtungen gemeldet werden können. Das Potential für zahlreichere Meldungen von Vogelbeobachtungen von Macun ist deshalb gross, mit gezielten Fragen könnten die Besucher:innen in das ornithologische Monitoring eingebunden werden.

9.5.5 Ausblick

Von der Lage her ist die Seenlandschaft von Macun ein optimales, aber schwer zu bearbeitendes ornithologisches Testgebiet, um Veränderungen der Avifauna in alpinen Landschaften Graubündens und des Schweizerischen Nationalparks festzustellen. Eigentlich ist die ornithologische Forschung hier ein «Muss», weil anzunehmen ist, dass auch bei starken Klimaveränderungen auf Macun noch lange alpin-nivale Verhältnisse herrschen werden. Neben den traditionellen Revierkartierungen (Monitoring häufige Brutvögel) bieten sich alternative Monitoringkonzepte wie Punkt- oder Streifenkartierungen und insbesondere passive Akkustiksampler an. Für die Anwendung dieser Techniken herrschen auf Macun optimale Bedingungen, weil während der meisten Jahres- und Tageszeiten nur wenige anthropogene und natürliche Nebengeräusche vorhanden sein dürften. So sind sowohl reviermarkierende Brutvögel als auch rufende, durchziehende Gastvögel sehr gut zu detektieren. Dank KI können Rufe und Gesänge bereits heute recht zuverlässig den einzelnen Vogelarten zugewiesen werden. Damit könnten wichtige Lücken geschlossen werden, weil es möglich würde, den Frühlingszug und die erste Hälfte der Brutzeit zu untersuchen. Nach einer Pilotphase könnte definitiv entschieden werden, ob sich diese Methoden eignen, um die Avifauna sowie deren Veränderungen zu beschreiben. Ein willkommenes Nebenprodukt wären Referenzwerte für die vom Menschen und von Gewässern unbeeinflusste Stille des Schweizerischen Nationalparks, die es nur in wenigen anderen Teilen des Parkes überhaupt gibt.

Genauere Untersuchungen sollten auch das Insektenangebot betreffen. Neben den autochthonen Vorkommen von Insekten, die in Gewässern, Pflanzengesellschaften, Böden und Hohlräumen von Geröllfeldern und Permafrostböden vorkommen, betrifft dies insbesondere auch die Winddrift, also von «Luftplankton» aus den angrenzenden Gunstlagen an den sonnenexponierten Abhängen der Piz-Macun-Gruppe. Dazu kommen auch herangewehte Insekten aus weiter entfernten Vorkommen.

9.6 Säugetiere

Pia Anderwald, Jürg Paul Müller, Not Armon Willy und Flurin Filli

9.6.1 Einleitung

Auf der Seenplatte Macun wird mit Ausnahme der sommerlichen Huftierzählung kein regelmässiges, systematisches Säugetiermonitoring durchgeführt. Die meisten Daten stammen daher aus Einzelnachweisen, die aber dennoch Rückschlüsse auf die Bedeutung des Gebiets für einzelne Arten erlauben.

9.6.2 Huftiere

Systematische Aufnahmen der räumlichen Verteilung von Huftieren erfolgten auf Macun jeweils im August in den Jahren 2000–2005 sowie 2014 durch die Parkwächter des Schweizerischen Nationalparks. Das Vorgehen folgte dabei derselben Methodik wie in den beiden Huftierstudiengebieten Il Fuorn und Trupchun: Es wurde immer von denselben Positionen aus beobachtet, die einen guten Überblick auf den gegenüberliegenden Hang boten. Dabei wurden die Position, das Geschlecht und die Altersklasse jedes Tieres respektive jeder Gruppe erfasst (Haller 2006).

Rothirsche (*Cervus elaphus*) oder Rehe (*Capreolus capreolus*) wurden auf Macun nicht beobachtet. Alpengämsen (*Rupicapra rupicapra*) und Steinböcke (*Capra ibex*) kommen dagegen im Sommer regelmässig vor. Die Mehrzahl der Steinbockbeobachtungen, die während der Aufnahmen der räumlichen Verteilung gemacht wurden, fiel auf die Steilhänge im westlichen Teil des Gebiets (siehe Abbildung 9.16). Steingeissen halten sich mit ihren Kitzen vor allem am Piz d'Arpiglias und beim Piz Mezdi auf, während Steinböcke eher die Seite zur Val Nuna und den Piz Macun bevorzugen. Dagegen verteilen sich die Gämsen über eine insgesamt grössere Fläche; sie kommen auch zu den Grün- respektive Geröllflächen zwischen den Seen herunter (siehe Abbildung 9.16).

Im Gegensatz zu den Aufnahmen der räumlichen Verteilung wurden die Huftierzählungen auf Macun seit 2001 jährlich jeweils im Juli oder August durchgeführt. Die Zähldaten schwanken dabei insbesondere bei den Gämsen stark (0 bis 128 Individuen). Bei den Steinböcken ist die Schwankung etwas weniger gross (3 bis 69 Individuen) (siehe Abbildung 9.17). Diese Fluktuationen lassen sich damit erklären, dass die Fläche des Zählgebiets verglichen mit den Streifgebietsgrössen der Tiere gering ist. Gämsen sind weniger standorttreu als Steinböcke und verlassen

Macun bei ungünstigen Witterungsverhältnissen, während Steinböcke eher dazu neigen zu bleiben. Je nachdem, ob sich gerade grössere Steinbock- oder Gämsrudel im Zählgebiet befinden oder nicht, können die Zählergebnisse ebenfalls stark variieren.

Die Seenplatte Macun ist gerade für die Gämsen auch während der Hochjagd im September ein Rückzugsgebiet. Die geringe Grösse des Gebiets hat zur Folge, dass dieses einen ähnlichen Effekt hat wie ein Wildschutzgebiet. Werden die Gämsen gestört, halten sich Geissen mit Kitzen in grossen Rudeln bis zu hundert Individuen im geschützten Gebiet auf. Nach einigen Tagen verlassen sie es wieder. Über die Jahre haben vor allem Gämsgeissen entdeckt, dass sie dank des Wegegebots auch im Sommer hier Ruhe finden. Immer öfter halten sich deshalb grössere Rudel auf Macun auf, was sich auch in den Zählergebnissen ab dem Jahr 2012 widerspiegelt (siehe Abbildung 9.17).

9.6.3 Schneehase

Schneehasen (*Lepus timidus*) kommen auf Macun ganzjährig vor. Ihre eindeutigen Spuren sind im Herbst regelmässig im Schnee zu finden. Sie halten sich gerne auf Geröllhalden sowie bei den Blockgletschern auf, wo sich ihnen viele Versteckmöglichkeiten bieten. Auf Macun findet kein systematisches Schneehasenmonitoring statt.

9.6.4 Nagetiere und Insektenfresser

Die Kleinsäuger-Fangaktion, die vom 27. bis 29. Juli 2011 auf Macun stattfand, hatte zum Ziel, die regionale Artenvielfalt zu erfassen und festzustellen, ob sich Nagetiere (Rodentia) und Insektenfresser (Eulipotyphla) in dieser Höhenlage von über 2550 m ü. M. fortpflanzen. Mit neunzig Lebendfallen wurden während zwei Tagen neun Standorte in unterschiedlichen Lebensräumen befangen. Gefangen wurden 17 Kleinsäuger: davon waren zehn Waldspitzmäuse (*Sorex araneus*) und sieben Schneemäuse (*Chionomys nivalis*). 13 Fänge erfolgten in Blockfeldern mit Vegetation. Bei beiden Arten betrug der Anteil von diesjährigen Jungtieren mehr als 50 Prozent. Kleinsäuger pflanzen sich damit in einer Höhenlage von über 2550 m ü. M. fort und leben vermutlich das ganze Jahr dort. In den spaltenreichen Blockfeldern finden die beiden genannten Arten offenbar trotz der hohen und langen Schneelage viele Unterschlüpfe und auch ausreichend Nahrung. Beide Arten machen keinen Winterschlaf. Die Waldspitzmaus kann jedoch viele Organe verkleinern und dadurch ihren Energiebedarf reduzieren (Müller 2021). Die Schneedecke schützt Kleinsäuger auch vor Fressfeinden wie dem Hermelin und dem Turmfalken (siehe Kapitel 9.5), die während des Sommers im Gebiet beobachtet wurden. Eliane Demierre von der Haute école du paysage, d'ingénierie et d'architecture de Genève fand in der Zeit der Fangaktion beim Lai d'Immez eine tote Alpenspitzmaus (*Sorex alpinus*). Die Ergebnisse zeigen, dass auch Höhenlagen deutlich oberhalb der Waldgrenze dauerhaft von mehreren Kleinsäugerarten besiedelt werden, wie dies auf der Alp Flix (GR) ebenfalls festgestellt wurde (Marchesi et al. 2014).

Murmeltierbeobachtungen konzentrieren sich vor allem auf das Gebiet um den Lai d'Immez bis zum Lai dal Dragun, wo es am wenigsten Geröll gibt. Allerdings können Murmeltiere (*Marmota marmota*) auch bis ins Geröll und in Richtung Piz Sursass vordringen. Auch von den Tümpeln gibt es Sichtnachweise. Ein Murmeltier schaffte es, durch ein Fenster in die Hütte zu gelangen. Nachdem es Parkwächter Not Armon Willy einen kleinen Schrecken eingejagt hatte, konnte es unversehrt wieder freigelassen werden.

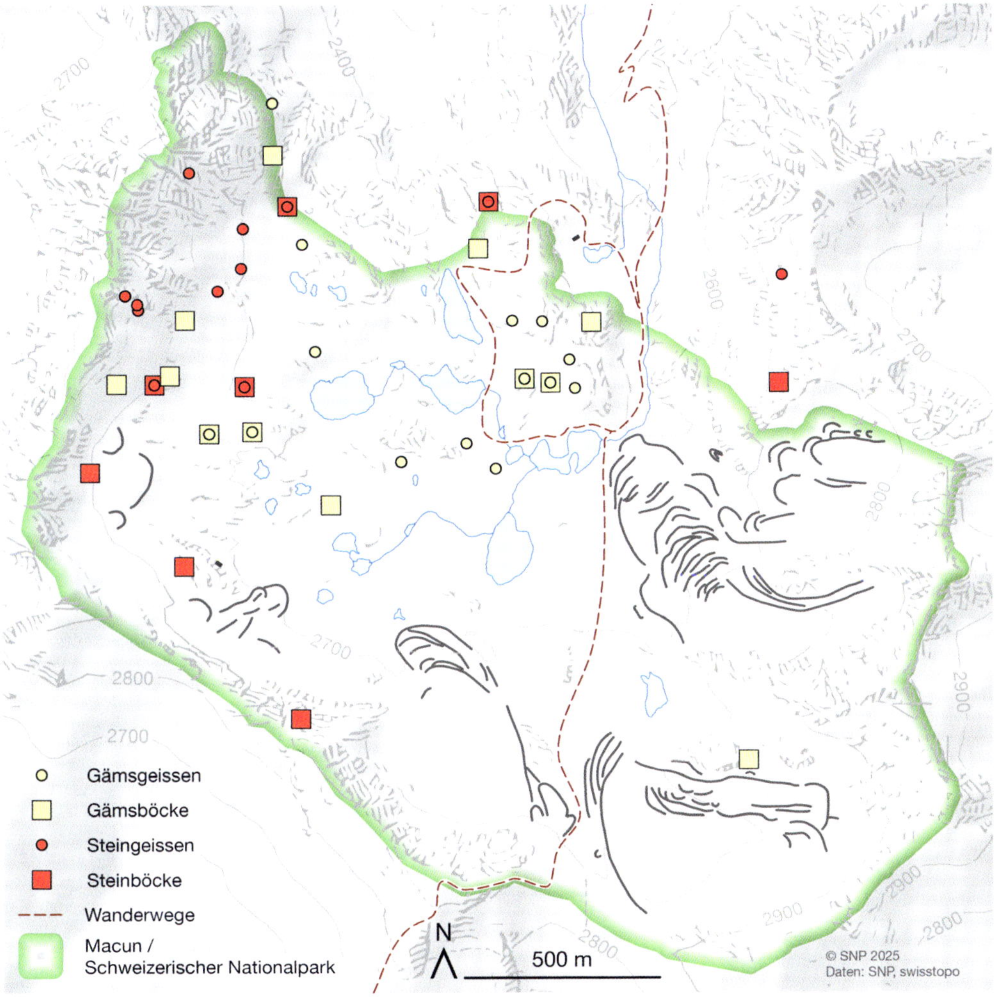

Abb. 9.16: Positionen der Sichtungen von Gämsen und Steinböcken auf der Seenplatte Macun während der Aufnahmen zur räumlichen Verteilung (RAV) im August der Jahre 2000–2005 sowie 2014

9.6.5 Rotfuchs

Von den fünfzig seit 2016 zwischen Zernez und Buffalora besenderten Rotfüchsen streiften zwei Rüden das Gebiet von Macun. Einer davon, ein weitgehend nomadisch lebender Fuchs, stattete der nördlichen Hälfte der Seenplatte zwischen Ende März und Ende April 2017 mindestens sieben Mal einen Besuch ab, wobei er allerdings nie länger als einen Tag blieb. Den grössten Teil seiner Zeit verbrachte er während dieses Monats in der Val Ftur und um Il Fuorn. Der zweite Rüde, der nur einen Monat am Sender war, besuchte im Dezember 2020 mindestens zweimal den Lai da la Mezza Glüna, allerdings auch nur für kurze Zeit. Sein Streifgebiet reichte in diesen vier Wochen vom God da las Chasettas über Zernez und Lavin bis zur Seenplatte Macun. Beide Tiere waren Individuen mit grossen Streifgebieten, die jeweils nur auf «Stippvisite» nach Macun zu kom-

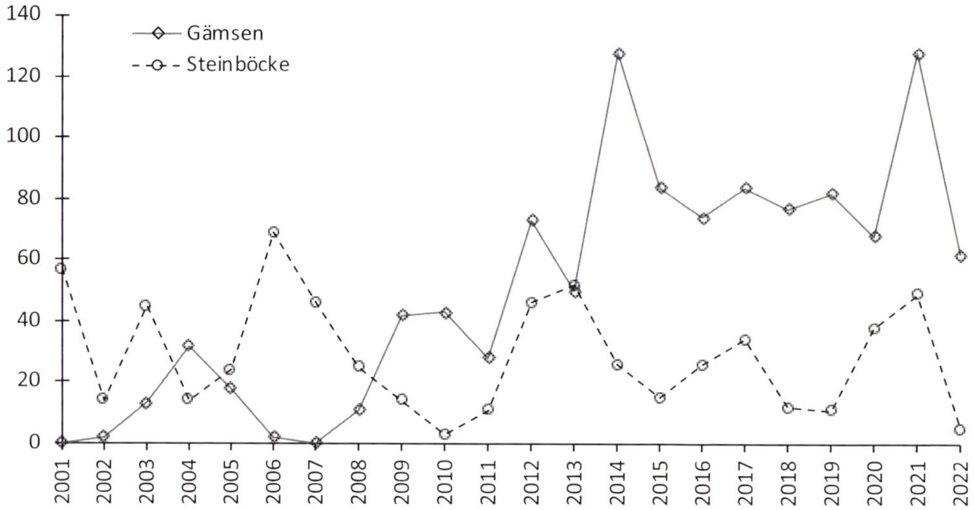

Abb. 9.17: Anzahl Gämsen und Steinböcke auf der Seenplatte Macun gemäss den jährlich im August stattfindenden systematischen Huftierzählungen

men schienen, dann aber relativ schnell wieder weiterzogen. Überraschend dabei ist, dass beide Tiere das Gebiet im Winter nutzten, obwohl das Nahrungsangebot während dieser Zeit für einen Fuchs sehr rar sein dürfte.

9.6.6 Marder

Nachweise von Mardern (Musteliden) sind ohne systematisches Monitoring naturgemäss relativ selten. Auf Macun gab es bisher drei Direktbeobachtungen von Hermelinen (*Mustela erminea*) durch die Parkwächter: am 1. August 2005 bei der Hütte, am 16. September 2013 zwischen den oberen Seen Richtung Fuorcla Pitschna und am 26. September 2017 beim Lai d'Immez. Vom Mauswiesel (*Mustela nivalis*) gab es bisher nur einen Direktnachweis: Am 31. Juli 2008 konnte ein Individuum in der Nähe des Lai dal Dragun beobachtet werden.

Danksagungen

Christoph Scheidegger dankt Christine Keller herzlich für die Revision und Bestätigung von Wasserflechten.

Bruno Baur, José D. Gilgado, Stephan Zimmermann und Hans-Peter Rusterholz danken den Personen, die bei der Feldarbeit und beim Sortieren der Arthropoden mitgeholfen haben und dem Nationalpark-Team für logistische Unterstützung. Die Feldarbeit wurde durch die Forschungskommission des Schweizerischen Nationalparks unterstützt. Für die Bestimmung der Arten danken wir D. Cabanillas (Hundertfüsser), S. Buchholz (Spinnen), Y. Chittaro (Laufkäfer, Pillenkäfer), A. Szallies (Kurzflügelkäfer), M. Borer (Blattkäfer, Pillenkäfer, Wasserkäfer), V. Cosandey (Scarabaeoidea) und C. German (Rüsselkäfer). Die Bestimmungsarbeit wurde durch die Stiftung Sammlung Naturmuseum Chur finanziell unterstützt.

Mathis Müller, Guido Ackermann und Hannes Jenny danken vor allem den fleissigen Ornithologen, Parkwächtern und Wildhütern, die auch Beobachtungen aus ornithologisch weniger attraktiven Gebieten melden, sowie der Schweizerischen Vogelwarte und dem Schweizerischen Nationalpark, die mit ihren Langfristprogrammen einen wichtigen Beitrag zum Verständnis der alpinen Ökosysteme leisten.

Claudio Irniger, Domenic Godly und Steivan Luzi unterstützten 2020 die Kartierung vom Zwerg-Hahnenfuss auf Macun und Arpiglias. Romain Juillerat half bei der Kartierung der Population in der Val Müstair und suchte und sichtete viele Herbarbelege. Julia Timcke visualisierte die alten und neuen Funddaten auf Macun. Sonja Wipf, Christophe Bornand, Stefan Eggenberg, Christian Rixen und Diego Walder danken Ihnen allen für die Arbeit.

Literatur

BAFU (2019): Liste der National Prioritären Arten und Lebensräume. In der Schweiz zu fördernde prioritäre Arten und Lebensräume. Umwelt-Vollzug Nr. 1709. Bundesamt für Umwelt, Bern. Abgerufen unter www.bafu.admin.ch/uv-1709-d.

Bätscher, L., Potente, G., Conti, E., Nevado, B., Hughes, C. E., & de Vos, J. M. (2024): Phylogenetic evidence for pulsed niche evolution in three alpine plant clades (Primula, Lupinus, Ranunculus). Kapitel II in: L. Bätscher, Pulsed plant evolution in mountain ecosystems: Identifying rate changes of range shift and morphology. Dissertation Universität Basel, S. 51-104.

Bauert, M. R., Kälin, M., Edwards, P. J., & Baltisberger, M. (2007): Genetic structure and phylogeography of alpine relict populations of *Ranunculus pygmaeus* and *Saxifraga cernua*. Botanica Helvetica 117(2), 181–196. DOI: https://doi.org/10.3929/ethz-b-000006503.

Baur, B. & Scheurer, T. (Red.) (2014). Wissen schaffen. 100 Jahre Forschung im Schweizerischen Nationalpark. Haupt Verlag.

Baur, B., Rohner, J., & Scheurer, T. (Red.) (2017): Erinnerungen an Pioniere des Schweizerischen Nationalparks. Haupt Verlag.

Baur, B. (2021): Naturschutzbiologie. Haupt Verlag.

Becherer, A. (1958): Fortschritte in der Systematik und Floristik der Schweizerflora (Gefässpflanzen) in den Jahren 1956 und 1957. Berichte der Schweizerischen Botanischen Gesellschaft 68, 197–239. DOI: https://doi.org/10.5169/seals-47916.

Beschel, R. (1957): Lichenometrie im Gletschervorfeld. Sonderdruck aus Jahrbuch des Vereins zum Schutze der Alpenpflanzen und -Tiere. [Verlag unbekannt].

Beschel, R. E. (1961): Geology of the Arctic – Dating Rock Surfaces by Lichen Growth and its Application to Glaciology and Physiography (Lichenometry). In: G. O. Raasch (Ed.), Proceedings of the First International Symposium on Arctic Geology (vol. 2) (pp. 1044–1062). University of Toronto Press. DOI: https://doi.org/doi:10.3138/9781487584962-024.

Bigler, W. (1929): Die Diplopodenfauna des schweizerischen Nationalparks, Ergebnisse der wissenschaftlichen Untersuchung im schweizerischen Nationalpark 5, 1–87. Sauerländer & Co.

Bornand, C., Gygax, A., Juillerat, P., Jutzi, M., Möhl, A., Rometsch, S., Sager, L., Santiago, H., & Eggenberg, S. (2016): Rote Liste Gefässpflanzen. Gefährdete Arten der Schweiz. Bundesamt für Umwelt & Info Flora. Abgerufen unter www.bafu.admin.ch/uv-1621-d.

Bornand, C. (2022): Monitoring mit FlorApp – Pop-Count-Methode und Standards von InfoFlora. Kartieranleitung. InfoFlora. Abgerufen unter https://www.infoflora.ch/en/species-conservation/monitoring.html.

Braun-Blanquet, J. (Hrsg.) (1922): Schedae ad Floram raeticam exsiccatam. 5. Lieferung: 432. *Ranunculus pygmaeus*. Jahresbericht der Naturforschenden Gesellschaft Graubünden 61, 24–25. DOI: https://doi.org/10.5169/seals-594772.

Braun-Blanquet J., & Rübel, E. (1932): Flora von Graubünden. Vorkommen, Verbreitung und ökologisch-soziologisches Verhalten der wildwachsenden Gefäßpflanzen Graubündens und seiner Grenzgebiete. Huber.

Christ, H. (1882): Das Pflanzenleben der Schweiz. F. Schulthess Verlag.

Filli, F., Haller, R., Moritzi, M., Negri, M., Obrecht, J.-M., Robin, K., & Schuster, A. (2000): Die Singvögel im Schweizerischen Nationalpark: Verbreitung anhand GIS-gestützter Habitatmodelle. Casanova.

GBIF Secretariat (2023a): *Oreina frigida* (Weise, 1883) in GBIF Secretariat. GBIF Backbone Taxonomy. Checklist dataset. The Global Biodiversity Information Facility (GBIF). DOI: https://doi.org/10.15468/39omei.

GBIF Secretariat (2023b): *Coryphium gredleri* Kraatz, 1871 in GBIF Secretariat. GBIF Backbone Taxonomy. Checklist dataset. The Global Biodiversity Information Facility (GBIF). DOI: https://doi.org/10.15468/39omei.

Gilgado, J. D., Rusterholz, H.-P., Braschler, B., Zimmermann, S., Chittaro, Y., & Baur, B. (2022a): Six groups of ground-dwelling arthropods show different diversity responses along elevational gradients in the Swiss Alps. PLoS ONE 17(7), e0271831. DOI: https://doi.org/10.1371/journal.pone.0271831.

Gilgado, J. D., Rusterholz, H.-P., & Baur, B. (2022b): Millipedes step up: species extend their upper elevational limit in the Alps in response to climate warming. Insect Conservation and Diversity 15, 61–72. DOI: https://doi.org/10.1111/icad.12535.

Guggisberg, A., & Wipf, S. (2022): Frische Forschung mit trockenen Pflanzen. FloraCH, 15, 14–17. DOI: https://doi.org/10.3929/ethz-b-000581476.

Gustafsson, A. L. S, Gussarova, G., Borgen, L., Ikeda, H., Antonelli, A., Marie-Orleach, L., Rieseberg, L. H., & Brochmann, C. (2022): Rapid evolution of post-zygotic reproductive isolation is widespread in Arctic plant lineages. Annals of Botany 129(2), 171–184. DOI: https://doi.org/10.1093/aob/mcab128.

Haller, R. (2006): Die räumliche Verteilung der Huftiere im Schweizerischen Nationalpark – Evaluation der Aufnahme- und Analysemethoden und Vergleich mit den Bestandserhebungen. In: F. Filli, & W. Suter (Hrsg.): Huftierforschung im Schweizerischen Nationalpark (S. 45–78). Schweizerischer Nationalpark.

Handschin, E. (1924): Die Collembolenfana des Schweizerischen Nationalparks. Denkschriften der Schweizerischen Naturforschenden Gesellschaft, Band 3.

Handschin, E. (1963). Die Coleopteren. Ergebnisse der wissenschaftlichen Untersuchungen im Schweizerischen Nationalpark, Band 8. Nationalpark-Museum.

Heinis, F. (1958): Beitrag zur Mikrobiocoenose der Schneetälchen auf Macun (Unterengadin). Bericht über das Geobotanische Forschungsinstitut Rübel in Zürich, 110–123. DOI: http://doi.org/10.5169/seals-377577.

InfoFlora (2024): *Ranunculus pygmaeus* Wahlenb. Art Info. Abgerufen unter https://www.infoflora.ch/de/flora/ranunculus-pygmaeus.html#measure.

Juillerat, P., Guenat, J., & Bäumler, B. (2022): *Carex glacialis* Mack., Neufunde einer arktischen Segge in der Schweiz und Italien. Bauhinia, 28, 1–18.

Kadereit, J. W. (2024): The uneven distribution of refugial endemics across the European Alps suggests a threefold role of climate in speciation of refugial

populations. Alpine Botany 134(1), 29–50. DOI: https://doi.org/10.1007/s00035-024-00306-y.
Keller, C. (2005): Artificial substrata colonized by freshwater lichens. Lichenologist, 37(4), 357–362. DOI: https://doi.org/10.1017/S002428 2905014672.
Keller, C., & Scheidegger, C. (1994): Zur Verbreitung von Wasserflechten in Abhängigkeit zur jährlichen Überflutungsdauer im Flüelatal (Schweiz, Kanton Graubünden). Herzogia, 10, 99–114.
Kime, R. D., & Enghoff, H. (2021): Atlas of European millipedes 3: Order Chordeumatida (Class Diplopoda). In: European Journal of Taxonomy, 769, 1–244.
Klaiber, J. J., Altermatt, F., Birrer, S., Chittaro, Y., Dziock, F., Gonseth, Y., Hoess, R., Keller, D., Küchler, H., Luka, H., Manzke, U., Müller, A., Pfeifer, M. A., Roesti, C., Schlegel, J., Schneider, K., Sonderegger, P., Walter, T., Holderegger ,R., & Bergamini, A. (2017): Fauna Indicativa. Eidgenössische Forschungsanstalt für Wald, Schnee und Landschaft WSL.
Knaus, P., Antoniazza, D., Wechsler, S., Guélat, J., Kéry, M., Strebel, N., & Sattler, T. (2018): Schweizer Brutvogelatlas 2013–2016. Verbreitung und Bestandsentwicklung der Vögel in der Schweiz und im Fürstentum Liechtenstein. Schweizerische Vogelwarte.
Marchesi, C., Müller, J. P., & Briner, T. (2014): Die Kleinsäugerfauna eines alpinen Lebensraumes in den Schweizer Alpen (Alp Flix, Sur, Graubünden). Jahresbericht der Naturforschenden Gesellschaft Graubünden, Band 118, 143–157.
Maumary L, Valloton, L., & Knaus, P. (2007): Die Vögel der Schweiz. Schweizerische Vogelwarte.
Meier-Zwicky Ch., & Schmid, H. (2007): Die Vögel Graubündens (3. vollständig überarbeitete Auflage). Desertina.
Moser, D. M. (1999): VU – *Ranunculus pygmaeus* Wahlenb. – Zwerg-Hahnenfuss – Ranunculaceae. In: C. Käsermann, & D. Moser. Merkblätter Artenschutz – Blütenpflanzen und Farne (S. 240–241). Bundesamt für Umwelt, Wald und Landschaft. Abgerufen unter https://www.infoflora.ch/assets/content/documents/merkblaetter_artenschutz_de/ranu_pygm_d.pdf).
Müller, M. (2002): Gefiederte Sommergäste auf dem Munt la Schera. Cratschla, 2, 6–7.
Müller, M., von Hirschheidt, J., & Zbinden, N. (2013): Brutvögel im Schweizer Nationalpark. Gesamtsituation und Entwicklung in drei Teilflächen. In: H. Haller, A. Eisenhut, & R. Haller (Hrsg): Atlas des Schweizerischen Nationalparks. Die ersten 100 Jahre (S. 122–125). Haupt Verlag.
Müller, M., Filli, F., & Zbinden, N. (2014): Dynamische Prozesse in der Tierwelt: Langzeitforschung bringt Verständnis. Vögel – Einheimische und Gäste. In: B. Baur, & T. Scheurer (Hrsg.): Wissen schaffen. 100 Jahre Forschung im Schweizerischen Nationalpark (S. 193–197). Haupt Verlag.
Müller, J. P. (2021): Die Mäuse und ihre Verwandten. Das verborgene Leben der Insektenfresser und Nagetiere. Haupt Verlag.
Müller, J. P. (2022): Die Insektenfresser (Eulipotyphla) und Nagetiere (Rodentia) des Schweizerischen Nationalparks und seiner Umgebung. Arbeitsbericht zuhanden der Forschungskommission des Schweizerischen Nationalparks. Akademie der Naturwissenschaften.
Nentwig, W., Blick, T., Bosmans, R., Gloor, D., Hänggi, A., & Kropf, C. (2023): Spiders of Europe. Version 10.2023. Abgerufen unter https://www.araneae.nmbe.ch
Nyffeler, R., & Guggisberg, A. (2024): United Herbaria of the University and ETH Zurich. Version 1.1164. United Herbaria of the University and ETH Zurich (Z+ZT). Occurrence dataset. DOI: https://doi.org/10.15468/tjvqci accessed via GBIF.org on 2024-07-23.
Pasche, A., Gonseth, Y., & Cherix, D. (2007): Recherches sur les Lépidoptères diurnes au Parc National Suisse: résultats principaux – Research on diurnal Lepidoptera in the Swiss National Park: most relevant results = Tagfalter-Forschung im Schweizerischen Nationalpark: die wichtigsten Ergebnisse. Nationalpark-Forschung in der Schweiz, 94, 89–121.
Pellet, J. (2023): Planning insect surveys in alpine ecosystems. Alpine Entomology, 7, 201–204.
Peris Felipo, F. J., Gilgado, J. D., Belokobylskij S. A., & Baur, B. (2024): From a volcanic area on the Kamchatka peninsula (Northeast Asia) to a rock glacier

in the Swiss Alps: a new record of *Aspilota umbrosa* Belokobylskij, 2007 (Hymenoptera, Braconidae). Revue suisse de Zoologie 131(1),121–130. DOI: https://doi.org/10.359 29/RSZ.0114.

Pfiffner, O. A. (2019): Landschaften und Geologie der Schweiz. Haupt Verlag.

Pictet, A. (1942): Les Macrolépidoptères du Parc National Suisse et des régions limitrophes. H. R. Sauerländer & Co.

Rikli, M. (1899): *Ranunculus pygmaeus* Wahlenb., eine neue Schweizerpflanze. Sonderdruck aus den Berichten der Schweizerischen Botanischen Gesellschaft, Heft 9, 1–12.

Robinson C., Oertli B., & Rey, P. (2014): Hochalpine Seen und Weiher auf Macun reagieren auf Umweltveränderungen. In: B. Baur & T. Scheurer (Red.): Wissen schaffen. 100 Jahre Forschung im Schweizerischen Nationalpark (S. 193–197). Haupt Verlag.

Rumpf, S. B., Gravey, M., Brönnimann, O., Luoto, M., Cianfrani, C., Mariethoz, M., & Guisan, A. (2022): From white to green: Snow cover loss and increased vegetation productivity in the European Alps. Science 376(6597), 1119–1122. DOI: https://doi.org/10.1126/science.abn6697.

Scheidegger, C., Clerc, P., Dietrich, M., Frei, M., Groner, U., Keller, C., Roth, I., Stofer, S., & Vust, M. (2002): Rote Liste der gefährdeten baum- und erdbewohnenden Flechten der Schweiz. Bundesamt für Wald, Schnee und Landschaft.

Scheidegger, C., Keller, C., & Stofer, S. (2023): Flechten der Schweiz. Vielfalt, Biologie, Naturschutz. Mit 52 Exkursionen. Haupt Verlag.

Schönswetter, P., Popp, M., & Brochmann, C. (2006): Rare arctic-alpine plants of the European Alps have different immigration histories: the snow bed species *Minuartia biflora* and *Ranunculus pygmaeus*. Molecular Ecology, 15(3), 709–720. DOI: https://doi.org/10.1111/j.1365-294 X.2006.02821.x.

Schröter, C. (1917): Über die Flora des Nationalparkgebietes im Unterengadin. In: Jahrbuch des Schweizer Alpenclubs, 52, 168–211.

Shavrin, A. V. (2021): On the genus *Mannerheimia* Mäklin, 1880 (Coleoptera: Staphylinidae: Omaliinae: Anthophagini), with taxonomic and faunistic notes on some species. Zootaxa, 5040(3), 301–333.

Stöhr, O., Pilsl, P., Essl, F., Hohla, M., & Schröck, C. (2007): Beiträge zur Flora von Österreich, II. In: Botanische Arbeitsgemeinschaft am Oberösterreichischen Landesmuseum (Hrsg.), Linzer biologische Beiträge (S. 155–292). Biologiezentrum des Oberösterreichischen Landesmuseums. DOI: https://doi.org/10.5281/zenodo.5407540.

Szallies, A. (2022): Der Schweizer Nationalpark, ein Paradies nacheiszeitlicher Käferarten. ZHAW IUNR Magazin (Magazin des Instituts für Umwelt und natürliche Ressourcen der ZHAW Zürcher Hochschule für Angewandte Wissenschaften), 2, 34–35.

University of Oslo (2024): Vascular Plant Herbarium, Oslo (O) UiO. Version 1.2211. Occurrence dataset. DOI: https://doi.org/10.15468/wtlymk accessed via GBIF.org on 2024-07-23.

Kapitel 10: Synthese

Stefanie Gubler und Christopher T. Robinson

Das Gebiet der Seenplatte Macun wurde im Jahr 2000 in den Schweizerischen Nationalpark eingegliedert und blickt auf eine lange Geschichte zurück, die eng mit dem Dorf Lavin und seiner Umgebung verbunden ist. Beinahe wäre auch die Hochebene von Macun ein Opfer der Wasserkraftentwicklung geworden. Mit ihrer Eingliederung in den Schweizerischen Nationalpark gehört diese Option glücklicherweise der Vergangenheit an. Die Region wurde zu einem Naturschutzgebiet und damit von weiteren menschlichen Eingriffen befreit – abgesehen von den Besucher:innen. Als Teil des Schweizerischen Nationalparks, der mit einem gesetzlich verankerten Forschungsauftrag betraut ist, wird auch auf der Seenplatte Macun Forschung aktiv gefördert.

Die Seenplatte Macun umfasst eine heterogene Hochgebirgsregion mit einer Vielzahl an permanenten und temporären Fliess- und Stillgewässern, einem der grössten Blockgletscher der Alpen sowie weiteren äusserst interessanten geologischen Formationen. Sie beherbergt bedeutende Vorkommen der typischen alpinen Flora und Fauna und ist sogar ein Ort, an dem neue alpine Arten entdeckt wurden.

Bei der Seenplatte Macun handelt sich um ein hochalpines Kar der Silvretta-Decke, dessen Landschaft durch die Vergletscherung während der letzten Eiszeit vor über 20 000 Jahren geformt und durch verschiedene Gefrier- und Tauprozesse und unzählige Blockgletscher, Bäche und Seen charakterisiert ist. Trotz der vergleichsweise geringen Grösse des Gebiets lassen sich interessante räumliche Unterschiede beobachten. So ist das Wasser der Bäche und Seen im nördlichen Einzugsgebiet, das hauptsächlich von Niederschlägen gespeist wird, wärmer als im südlichen Einzugsgebiet, in das sich das Schmelzwasser der Blockgletscher ergiesst. Auch in Bezug auf die Gewässerchemie unterscheiden sich der nördliche und südliche Teil von Macun deutlich, was ebenfalls mit den Einträgen des Wassers aus den Blockgletschern erklärt werden kann. Die räumlichen Unterschiede der physikalisch-chemischen Eigenschaften der Oberflächengewässer und die damit verbundenen organischen Ressourcen wirken sich auf die Verteilung und Häufigkeit von Makroinvertebraten und der vorkommenden Kieselalgen aus, die sich zwischen dem nördlichen und dem südlichen Einzugsgebiet deutlich unterscheiden. Generell sind die vorkommenden Kieselalgen, die oft als Indikatoren für die Wasserqualität genutzt werden, typisch für nährstoffarme Gewässer wie sie auf Macun aufgrund des nährstoffarmen Untergrunds typisch sind. Hingegen sind die Zuckmücken in alpinen Gebieten unzureichend erforscht und gibt es noch viel Raum für weitere Entdeckungen. Im Zuge der Untersuchungen auf Macun wurden bereits neue Insektenarten gefunden und beschrieben. Bestimmt werden noch weitere folgen.

Das Gebiet der Seen auf Macun ist besonders für die Forschung und das Langzeitmonitoring von alpinen Oberflächengewässern bekannt. Diese langfristig angelegten wissenschaftlichen Arbeiten ermöglichen es heute und in Zukunft, Veränderungen in hochalpinen Gewässerlandschaften aufgrund globaler Änderungen wie dem Klimawandel zu erforschen und daraus wichtige Erkenntnisse über alpine Ökosysteme zu gewinnen.

Klimatische Veränderungen – wie der Anstieg der Lufttemperaturen um knapp 1 °C in der Nationalparkregion seit 2001 und die verkürzte Dauer der Schneebedeckung in diesen Höhenlagen – haben bedeutende Auswirkungen auf die sensiblen Ökosysteme auf Macun. Im Gegensatz zu anderen Blockgletschern im Park um den Piz Quattervals und in der Val da l'Acqua befinden sich die Blockgletscher auf Macun in höheren Lagen und sind daher noch weniger stark von den steigenden Temperaturen betroffen. Sie sind weiterhin aktiv, doch die Auswirkungen der Erwärmung auf ihren Eisgehalt sind deutlich sichtbar. So zeigt sich beispielsweise ein markanter Wandel in der Zusammensetzung der Kieselalgengemeinschaften im südlichen Einzugsgebiet von Macun. Ab 2010 wurden hier rasche Veränderungen der Artenzusammensetzung beobachtet, die mit physikalisch-chemischen Veränderungen der Wasserqualität einhergehen und auf eine geringere Zufuhr von Schmelzwasser aus den Blockgletschern zurückzuführen sind. Dies könnte darauf hinweisen, dass ein Kipppunkt in den Oberflächengewässern von Macun erreicht wurde, der die Kieselalgenpopulationen erheblich beeinflusst. Die Lebensgemeinschaften in den Gewässern beider Einzugsgebiete werden dadurch zunehmend ähnlicher.

Mit dem Anstieg der Lufttemperaturen haben sich auch die Wassertemperaturen in den Seen und Weihern erhöht, was die Lebensbedingungen der darin vorkommenden Organismen beeinflusst. Dennoch blieb die Artenvielfalt der Makroinvertebraten in diesem Zeitraum weitgehend stabil. Es konnten keine negativen Auswirkungen auf die erfassten boreo-alpinen Arten – also Arten, die an kalte Klimazonen angepasst sind – beobachtet werden. Da sich die Seen und Weiher in grosser Höhe befinden, verbleiben die kältespezialisierten Arten trotz des beobachteten Anstiegs der Wassertemperaturen weiterhin in ihren bevorzugten klimatischen Nischen. Mit dem prognostizierten Temperaturanstieg wird jedoch langfristig auch ein Kipppunkt erwartet, der zum Zusammenbruch der boreo-alpinen Biodiversität führen könnte, während gleichzeitig der Artenreichtum durch die Ansiedlung von Taxa aus tieferen Lagen zunehmen könnte. Dies lässt sich nur durch weiterführende Forschung klären.

Vor der Aufnahme der Seenplatte Macun in den Schweizerischen Nationalpark wurde die Region von der lokalen Bevölkerung rege genutzt für Weidewirtschaft, Jagd und Fischerei. Für Letztere wurden in einigen Seen auf Macun Bachforellen und Amerikanische Seesaiblinge ausgesetzt. Diese sind noch heute in manchen Seen auf Macun anzutreffen. Die ebenfalls vorhandenen Elritzen wurden vermutlich als Köderfische genutzt. Es scheint, dass diese Fische sich an die extremen Bedingungen in den Seen auf 2600 m ü. M. angepasst haben und mit den begrenzten Nahrungsressourcen überleben und sich sogar reproduzieren können. Durch den Klimawandel könnten sich ihre Bestände sogar vergrössern, da bisher limitierende Faktoren wie niedrige Wassertemperaturen und die lange Eisbedeckung deutlichen Veränderungen unterworfen sind. Trotzdem bleibt die Zukunft der Fischpopulationen auf Macun ungewiss und dynamisch.

Die Seenplatte Macun ist einer der wenigen Standorte in der Schweiz, an denen der Zwerg-Hahnenfuss eine stark gefährdete und national prioritäre Art, vorkommt. Der Zwerg-Hahnenfuss lebt in schneereichen, vegetationsarmen Tundrahabitaten auf feuchten organischen oder mineralischen Böden, meist an Bächen und Quellfluren. Auf Macun wächst er auf moosigen Schwemmböden, in Schneetälchen, zwischen Schuttblöcken oder in schattigen Mikrohabitaten auf Amphibolit. Zudem wurden im Gebiet insgesamt 71 Flechtenarten nachgewiesen, darunter häufig vorkommende Wasserflechten wie *Staurothele* und *Verrucaria pachyderma* und *Verrucaria funckii*. Einige Arten wie *Verrucaria margacea* und *Aspicilia aquatica* sind auf Macun selten anzutreffen. Die Seenplatte Macun weist zudem eine aussergewöhnlich hohe Vielfalt an bodenlebenden Arthropoden auf. Viele der gefunden Arten wurden nur auf Macun verzeichnet. Diese Einzigartigkeit trägt wesentlich zur Gesamtbiodiversität des Schweizerischen Nationalparks bei.

In diesem Buch werden einerseits viele sehr interessante Entdeckungen aufgezeigt, andrerseits macht es auch auf zahlreiche Forschungslücken aufmerksam. So sind beispielsweise die Vogel- sowie die Schmetterlingswelt nur sehr oberflächlich untersucht. Es ist heute bekannt, dass die Seenplatte Macun aufgrund der Höhenlage und der Vegetationszusammensetzung nur einem kleinen Teil der alpinen Tagfalter und Widderchen geeignete Lebensräume bietet. Die meisten vorkommenden Arten sind typisch für kalte Habitate. Zudem wurden auf Macun bisher sieben charakteristische Brutvogelarten der alpinen Höhenstufe nachgewiesen, darunter das Alpenschneehuhn, der Kuckuck und der Steinschmätzer. Diese Vögel besiedeln das Gebiet bereits ab Ende Mai, sobald die ersten Schneeflächen schmelzen. Aufgrund der kurzen Vegetationsperiode und der variablen Schneeschmelze schwanken die Vogelbestände von Jahr zu Jahr stark. Auch zu Säugetieren gibt es vereinzelte Beobachtungen und Nachweise, jedoch fehlt deren systematische Erfassung auf der Seenplatte Macun. Somit ist damit zu rechnen, dass auch zukünftig viele spannende Forschungsfragen im Kontext der Seenplatte Macun beantwortet werden können.

Dieses Buch zeigt eindrücklich, dass auf der Seenplatte Macun umfangreiche alpine Forschung betrieben wird. Die Kapitel präsentieren thematisch verschiedene Forschungen, die sowohl in Macun als auch in anderen alpinen Bereichen des Parks durchgeführt werden. Mit der Veröffentlichung dieses Buches verabschiedet sich einer der Herausgeber in den Ruhestand, im Wissen darum, dass die Erforschung der Gewässer von jüngeren Wissenschafter:innen mit etablierten und neu entwickelten Methoden und Instrumenten fortgeführt wird. Die aktuelle Forschung erfolgt zu einem günstigen Zeitpunkt, da sie bereits eingetretene Veränderungen als Reaktion auf den fortschreitenden Klimawandel sichtbar macht. Sie liefert damit wertvolle Erkenntnisse über die nachhaltige Bewirtschaftung alpiner Landschaften – auch über die Grenzen des Parks hinaus.

Das vorliegende Buch fasst einige der derzeit laufenden Arbeiten zusammen und soll hoffentlich dazu anregen, die alpine Umwelt mit einem vertieften Verständnis oder zumindest einem erhöhten Bewusstsein zu erkunden. Es weist auch auf bestehende Forschungslücken hin und zeigt auf, welche Themen dringend in das Monitoringprogramm aufgenommen werden sollten. Wir hoffen, dass die vorgestellten Forschungsarbeiten den Enthusiasmus und das Engagement der Forscher:innen vermitteln, sodass auch andere inspiriert werden, die noch vorhandenen Wissenslücken zu füllen und zum Verständnis der alpinen Landschaften beizutragen, um deren Erhalt zu sichern.

Lai d'Immez mit Brücke und Wanderwegen

Nationalpark-Forschung in der Schweiz

Bisher erschienene Arbeiten

Nrn. 1–4 sind in den Denkschriften der Schweizerischen Naturforschenden Gesellschaft, Bde. LV (1920)–LXIII (1926) erschienen.

Ab Nr. 5 wurden die Arbeiten als eigene Reihe herausgegeben unter dem Serientitel «Ergebnisse der wissenschaftlichen Untersuchungen im Schweizerischen Nationalpark»; Nrn. 7–84 sind in Bände zusammengefasst und bilden die «Neue Folge» (N.F.).

Ab Nr. 85 erscheinen die Beiträge unter dem neuen Serientitel «Nationalpark-Forschung in der Schweiz» und werden nicht mehr zu Bänden zusammengefasst.

In der folgenden Liste sind die *Titel der meisten Arbeiten* gekürzt aufgeführt.

Denkschriften der Schweizerischen Naturforschenden Gesellschaft

1 Schröter, C., *Der Werdegang des Schweizerischen Nationalparks als Total-Reservation und die Organisation seiner wissenschaftlichen Untersuchung*; Bütikofer, E., *Die Molluskenfauna.* Denkschr. Schweiz. Naturforsch. Ges. Bd. LV, Abh. 1. 1920.
2 Hofmänner, B., *Die Hemipterenfauna (Heteropteren und Cicadinen).* Denkschr. Schweiz. Naturforsch. Ges. Bd. LX, Abh. 1. 1924.
3 Handschin, E., *Die Collembolenfauna.* Denkschr. Schweiz. Naturforsch. Ges. Bd. LX, Abh. 2. 1924.
4 Braun-Blanquet, J., unter Mitwirkung von Jenny, H., *Vegetations-Entwicklung und Bodenbildung in der alpinen Stufe der Zentralalpen.* Denkschr. Schweiz. Naturforsch. Ges. Bd. LXIII, Abh. 2. 1926.

Ergebnisse der wissenschaftlichen Untersuchungen im Schweizerischen Nationalpark

5 Bigler, W., *Die Diplopodenfauna.* 1928.
6 Barbey, A., *Les Insectes forestiers.* 1932.

Bd. 1 (N.F.) (enthält Nrn. 7–13)
7 Meylan, C., *Les Muscinées.* 1940.
8 Pictet, A., *Les Macrolépidoptères.* 1942.
9 Nadig, A., *Hydrobiologische Untersuchungen in Quellen.* 1942.
10 Pallmann, H., Frei, E., *Lokalklimate einiger Waldgesellschaften.* 1943.
11–13 Favre, J., *Etudes mycologiques*; Vischer, W., *Heterokonten aus alpinen Böden*; Heinis, F., *Mikrobiocoenose der Sphagnumpolster.* 1945.

Bd. 2 (N.F.) (enthält Nrn. 14–21)
14 Blumer, S., *Parasitische Pilze.* 1946.
15–17 Ferrière, C., *Hyménoptères térébrants*; Carl, J., de Beaumont, J., *Liste préliminaire des Hyménoptères aculéates*; Gisin, H., *Insectes aptérygotes.* 1947.
18 Keiser, F., *Die Fliegen 1. Teil: Brachycera, Orthorhapha.* 1947.
19/20 Müller-Schneider, P., *Endozoochore Samenverbreitung durch Weidetiere*; Schweizer, J., *Landmilben.* 1948.
21 Schweizer, J., *Die Landmilben 1. Teil: Parasitiformes.* 1949.

Bd. 3 (N.F.) (enthält Nrn. 22–27)
22 Altherr, E., *Les Nématodes (Nématodes libres du sol, 1ère partie).* 1950.
23 Schweizer, J., *Die Landmilben 2. Teil: Trombidiformes.* 1951.
24 Domaradzki, J., *Blockströme im Kanton Graubünden.* 1951.

25 Hofmänner, B., *Die Geradflügler (Dermaptera und Orthoptera).* 1951.
26 Altherr, E., *Les Nématodes (Nématodes libres du sol, 2e partie).* 1952.
27 Frey, E., *Die Flechtenflora und -vegetation 1. Teil: Die diskokarpen Blatt- und Strauchflechten.* 1952.

Bd. 4 (N.F.) (enthält Nrn. 28–32)
28 Braun-Blanquet, J., Pallmann, H., Bach, R., *Pflanzensoziologische und bodenkundliche Untersuchungen: Vegetation und Böden der Wald- und Zwergstrauchgesellschaften (Vaccinio-Piceetalia).* 1954.
29 Furrer, G., *Solifluktionsformen.* 1954.
30 Lüdi, W., *Die Neubildung des Waldes im Lavinar der Alp la Schera.* 1954.
31 Nold, H., Schmassmann, H., *Chemische Untersuchungen in der Ova da Val Ftur.* 1955.
32 Altherr, E., *Les Nématodes (Nématodes libres du sol, 3e partie).* 1955.

Bd. 5 (N.F.) (enthält Nrn. 33–36)
33 Favre, J., *Les Champignons supérieurs.* 1955.
34 Schweizer, J., *Die Landmilben 3. Teil: Sarcoptiformes.* 1956.
35 Thomann, H., *Die Psychiden und Mikrolepidopteren.* 1956.
36 Tjeder, B., *A new European Hemerobius (Neuroptera).* 1957.

Bd. 6 (N.F.) (enthält Nrn. 37–42)
37 Schweizer, J., *Die Landmilben 4. Teil: Lebensraum, Vergesellschaftung, Lebensweise.* 1957.
38 Gisin, H., *Collembolen einiger Waldböden des Fuorngebietes.* 1957.
39 Braun-Blanquet, J., *Über die obersten Grenzen pflanzlichen Lebens.* 1958.
40 de Beaumont, J., *Les Hyménoptères aculéates.* 1958.
41 Frey, E., *Die Flechtenflora und -vegetation 2. Teil: Flechtenvegetation auf Dauerflächen.* 1959.
42 Favre, J., *Catalogue descriptif des Champignons supérieurs.* 1960.

Bd. 7 (N.F.) (enthält Nrn. 43–48)
43 Schläpfer, D., *Der Bergbau am Ofenpass.* 1960.
44 Benson, R.B., *The Sawflies (Hymenoptera, Symphyta).* 1961.
45 Schloeth, R., *Markierung von Rotwild.* 1961.
46 Dottrens, E., *Microtus nivalis et Microtus arvalis.* 1962.
47 Somm, A., Schneider, B., *Paläontologische und stratigraphische Beobachtungen in der Obertrias.* 1962.
48 Karagounis, K., *Zur Geologie der Berge zwischen Ofenpass, Spöltal und Val del Gallo.* 1962.

Bd. 8 (N.F.) (enthält Nrn. 49–50)
49 Handschin, E., *Die Coleopteren.* 1963.
50 Boder, R., *Die Thysanopteren.* 1963.
Beiheft Kurth, A., Weidmann, A., Thommen, F., *Beitrag zur Kenntnis der Waldverhältnisse.* 1961.

Bd. 9 (N.F.) (enthält Nr. 51)
51 Zoller, H., Braun-Blanquet, J., Müller-Schneider, P., *Flora des Schweizerischen Nationalparks und seiner Umgebung.* 1964.

Bd. 10 (N.F.) (enthält Nrn. 52–56)
52 Somm, A., *Zur Geologie der westlichen Quattervals-Gruppe.* 1965.
53/54 Ohm, P., *Beiträge zur Kenntnis der Gattung Helicoconis (Neuroptera, Coniopterygidae);* Aspöck, H., Aspöck, U., *Boriomyia helvetica nov. spec. (Neuroptera, Hemerobiidae).* 1965.
55 Aubert, J., *Les Plécoptères.* 1965.
56 Lüdi, W., *Lokalklimatische Untersuchungen am Fuornbach und am Spöl.* 1966.

Bd. 11 (N.F.) (enthält Nrn. 57–60 und 62–70)
57 Klingler, K., *Sektionsbefunde von Rotwild.* 1966.
58 Campell, E., Trepp, W., *Vegetationskarte des Schweizerischen Nationalparks mit einer Beschreibung der Pflanzengesellschaften.* 1968.
59 Schloeth, R., *Analyse des Fegens und des Schlagens von Rothirschen.* 1968.
60 Zuber, E., *Untersuchungen an Strukturrasen.* 1968.

62–64 Sonderegger, P., *Das Genus Erebia (Lep.)*; Gottwald, J., *Arten aus der Verwandtschaft von Ernobius explanatus (Coleoptera, Anobiidae)*; Kiauta, B., *The chromosome conditions in the spermatogenesis of the caddis-fly Goera pilosa*. 1971.

65 Furrer, G., Bachmann, F., Fitze, P., *Erdströme als Formelemente von Solifluktionsdecken im Raum Munt Chavagl/Munt Buffalora*. 1971.

66 Lattmann, P., *Oekologie und Verhalten des Alpenmurmeltiers*. 1973.

67/68 Dottrens, E., *Observations sur les Batraciens et Reptiles*; Eugster, H., *Bericht über die Untersuchungen des Blockstroms in der Val Sassa 1917–1971*. 1973.

69/70 Schloeth, R., *Variabilität und Abhängigkeit des Röhrens beim Rothirsch*; Hartmann-Brenner, D.-C., *Ein Beitrag zum Problem der Schutthaldenentwicklung*. 1974.

Bd. 12 (N.F.) Oekologische Untersuchungen im Unterengadin.

Lfg. 1 Baer, J.G., *Avant-propos*; Nadig, A., *Einleitung*; Brunner, H., *Landschaftsbild*; Uttinger, H., *Klima*; Walser, E., *Hydrographie*. 1968.

Lfg. 2 Trümpy, R., *Geologie*; Trümpy, R., Schlusche, P., *Erläuterungen zur geologischen Karte der Plattamala*; Jaag, O., Märki, E., Bosli-Pavoni, M., *Leben im Wasser*. 1972.

Lfg. 3 Heller, H., *Lebensbedingungen auf den Untersuchungsflächen*. 1978.

Lfg. 4 Zoller, H., *Flora und Vegetation der Innalluvionen*. 1974.

Lfg. 5 Ochsner, F., *Die Moosflora*; Frey, E., *Flechtenflora und -vegetation*. 1975.

Lfg. 6 Horak, E., *Die Pilzflora (Macromyceten)*. 1985.

Lfg. 7 Campell, E., *Pflanzengesellschaften Ramosch*; Trepp, W., *Pflanzengesellschaften San Niclà–Strada*. 1979.

Lfg. 8 Forcart, L., *Weichtiere (Mollusca)*; Lienhard, C., *Psocopteren (Insecta: Psocoptera)*; Kutter, H., *Ameisen (Hymenoptera, Formicidae)*. 1980.

Lfg. 9 Bader, C., *Wassermilben (Hydracarina)*; Voellmy, H., Sauter, W., *Wanzen (Heteroptera)*. 1983.

Lfg. 10 Nadig, A., *Heuschrecken (Orthoptera)*. 1986.

Lfg. 11 Eglin-Dederding, W., *Netzflügler und Schnabelfliegen (Neuropteroidea, Mecoptera)*. 1986.

Lfg. 12 Günthart, H., *Zikaden (Auchenorrhyncha)*. 1987.

Lfg. 13 Lampel, G., *Blattläuse (Sternorrhyncha, Aphidina)*. 1988.

Lfg. 14 Sauter, W., *Schmetterlinge (Lepidoptera)*. 1993.

Lfg. 15 Thaler, K., *Spinnen (Araneida) und Weberknechte (Opiliones)*. 1995.

Lfg. 16 Nadig, A., Sauter, W., Zoller, H., *Versuch einer Synthese*. 1999.

Bd. 13 (N.F.) (enthält Nr. 61)

61 Stüssi, B., *Naturbedingte Entwicklung subalpiner Weiderasen auf Alp la Schera 1939–1965*. 1970.

Bd. 14 (N.F.) (enthält Nrn. 71–75)

71 Bader, C., *Die Wassermilben. 1. Systematisch-faunistischer Teil*. 1975.

72 Wuthrich, M., *Les Diatomées*. 1975.

73/74 Bader, C., *Die Wassermilben. 2. Nachtrag*; Kutter, H., *Die Ameisen (Hymenoptera, Formicidae)*. 1975.

75 Lienhard, C., *Die Psocopteren (Insecta: Psocoptera)*. 1977.

Bd. 15 (N.F.) (enthält Nrn. 76–79)

76 Bader, C., *Die Wassermilben. 3. Populationsdynamische Untersuchung zweier Quellen*. 1977.

77 Beeler, F., *Geomorphologische Untersuchungen am Spät- und Postglazial im Schweizerischen Nationalpark und im Berninapassgebiet*. 1977.

78 Eglin-Dederding, W., *Die Netzflügler (Insecta: Neuropteroidea)*. 1980.

79 Gamper, M., *Heutige Solifluktionsbeträge von Erdströmen*. 1981.

Bd. 16 (N.F.) (enthält Nrn. 80–84)

80 Welten, M., *Pollenanalytische Untersuchungen zur Vegetationsgeschichte*. 1982.

81 Schanz, F., *Zur Ökologie der Algen in Quellbächen*. 1983.

82 Voser, P., *Einflüsse hoher Rothirschbestände auf die Vegetation im Unterengadin und im Münstertal*. 1987.

83 Bader, C., *Die Wassermilben. 4. Zweiter Nachtrag*. 1994.

84 Bovey, P., *Les Scolytides (Coleoptera: Scolytidae)*. 1994.

Nationalpark-Forschung in der Schweiz

85 Zoller, H., *Vegetationskarte: Erläuterungen.* 1995.
86 Zoller, H., Erny-Rodmann, C., Punchakunnel, P., *The history of vegetation and land use: pollen record.* 1996.
87 Trümpy, R., Schmid, S.M., Conti, P., Froitzheim, N., *Erläuterungen zur Geologischen Karte 1:50 000.* 1997.
88 Günthart, H., *Die Zikaden (Insecta: Auchenorrhyncha).* 1997.
89 Schütz, M., Krüsi, B.O., Edwards, P.J. (Eds. / Hrsg.), *Succession research/Sukzessionsforschung.* 2000.
90 Küpfer, I., *Die regionalwirtschaftliche Bedeutung des Nationalparktourismus.* 2000.
91 Haller, H., *Der Rothirsch im Schweizerischen Nationalpark und dessen Umgebung.* 2002.
92 Abderhalden, W., *Raumnutzung und sexuelle Segregation beim Alpensteinbock.* 2005.
93 Filli, F., Suter, W. (Hrsg./Eds.), *Huftierforschung/Ungulate Research.* 2006.
94 Cherix, D., Gonseth, Y., Pasche, A. (Éds.), *Faunistique et écologie des invertébrés.* 2007.
95 Haller, R., *Integratives Geoinformationsmanagement in der Schutzgebietsforschung.* 2011.
96 Parolini, J.D., *Vom Kahlschlag zum Naturreservat. Geschichte der Waldnutzung.* 2012.
97 Kupper, P., *Wildnis schaffen. Geschichte des Schweizerischen Nationalparks.* 2012.
98 Schanz, F., Scheurer, T., Steiner, B. (Hrsg.), *Gewässerforschung.* 2012.
99/I Haller, H., Eisenhut, A., Haller, R. (Hrsg.), *Atlas des Schweizerischen Nationalparks.* 2013.
99/II Haller, H., Eisenhut, A., Haller, R. (Éds.), *Atlas du Parc National Suisse.* 2013.
100/I Baur, B., Scheurer, T. (Red.), *Wissen schaffen. 100 Jahre Forschung im Schweizerischen Nationalpark.* 2014.
100/II Baur, B., Scheurer, T. (Réd.), *Au cœur de la nature. Cent ans de recherches au Parc national suisse.* 2015.
101 Schläpfer, D., *Die Eisenberge am Ofenpass.* 2013.
102 Baur, B., Meier, T., Schmera, D., Baur, M., Baur, A., *Die Vielfalt der Landschnecken in der Val müstair.* 2014.
103 Backhaus, N., Cherix, D., Scheurer, T., Wallner, A. (Réd. / Red.), *Jusqu'où doit-on protéger la nature?/Wie viel Schutz(gebiete) braucht die Natur?* 2015.
104 Rupf, R., *Planungsinstrumente für Wandern und Mountainbiking in Berggebieten unter besonderer Berücksichtigung der Biosfera Val Müstair.* 2015.
105/I Haller, H., *Wilderei im rätischen Dreiländereck.* 2016.
105/II Haller, H., *Bracconaggio nel triangolo retico.* 2017.
106 Wartmann, B., Wartmann, C., *Die Orchideen des Schweizerischen Nationalparks, der Val Müstair und angrenzender Gebiete.* 2017.
107 Baur, B., Rohner, J., Scheurer, T. (Red.), *Erinnerungen an Pioniere des Schweizerischen Nationalparks.* 2017.
108 Haller, R., Rapp, M., Hämmerle, A. (Hrsg.), *Am Puls der Natur. Der Nationalpark und sein Direktor im Spannungsfeld zwischen Forschung, Management und Politik.* 2018.
109 Schütz M., Anderwald P., Risch A.C. (Red.), *Nahrungsnetze im Schweizerischen Nationalpark.* 2020.
110 Gubler S., Robinson Ch. T. (Hrsg.), *Alpine Ökosysteme im Schweizerischen Nationalpark* 2025.